移动通信原理与系统

主编 李翠然 蒋占军 李 旭 谢健骊

西南交通大学出版社
·成 都·

内 容 简 介

本书主要讲授现代移动通信的基本组成、基本原理、基本技术和当前广泛应用的典型移动通信系统。全书共分9章：概述、移动通信组网原理、移动信道中的电波传播、数字移动通信关键技术、GSM/GPRS 数字蜂窝移动通信系统、窄带 CDMA 数字蜂窝移动通信系统、第三代（3G）数字蜂窝移动通信系统、移动数据传输、未来移动通信展望。每章均配有思考练习题，帮助读者巩固所学的知识，启发思路，引导读者深入思考。每章的"小结"部分对该章的内容进行概括。

本书在选材上，参考了最新的相关文献，因而在内容上充分反映了当代移动通信技术的最新进展。本书可以用作高等工科学校通信与电子系统、无线电技术专业的本科生高年级教材，也可用作通信工程技术人员的参考书。

图书在版编目（CIP）数据

移动通信原理与系统 / 李翠然等主编. —成都：
西南交通大学出版社，2010.1（2016.1 重印）
ISBN 978-7-5643-0542-0

Ⅰ.①移… Ⅱ.①李… Ⅲ.①移动通信 – 通信系统
Ⅳ.①TN929.5

中国版本图书馆 CIP 数据核字（2010）第 001746 号

移动通信原理与系统

主编　李翠然　蒋占军　李　旭　谢健骊

*

责任编辑　高　平
特邀编辑　张　阅
封面设计　本格设计

西南交通大学出版社出版发行
四川省成都市二环路北一段 111 号西南交通大学创新大厦 21 楼　邮政编码：610031
发行部电话：028-87600564
http：//www.xnjdcbs.com
成都蓉军广告印务有限责任公司印刷

*

成品尺寸：185 mm×260 mm　　印张：16.25
字数：423 千字
2010 年 1 月第 1 版　　2016 年 1 月第 2 次印刷
ISBN 978-7-5643-0542-0
定价：28.00 元

图书如有印装问题　本社负责退换
版权所有　盗版必究　举报电话：028-87600562

前 言

随着社会、经济的发展，移动通信得到了越来越广泛的应用。在我国，第三代的个人通信系统已开始全面部署，同时 B3G 和 4G 的试验、研发也已开始。在这种情况下，通信工程等专业的学生和科技人员迫切需要一本涵盖较新内容的移动通信教材。

本书是根据对全国统编"移动通信"教材的基本要求，参考国内外最新的专著、教材和文献资料，以作者数年来为本科生、研究生讲授移动通信的讲稿为基础，经过多次修订后写成的。

全书共分 9 章，主要讲授现代移动通信的基本组成、基本原理、基本技术和典型的移动通信系统。其内容以当前广泛应用的移动通信系统和代表发展趋势的移动通信新技术为背景，力求能反映近年来国内外移动通信的发展状况。前 4 章为移动通信的基础内容。其中，第 1 章全面概述了移动通信的特点、类型、主要技术及发展趋势。第 2 章讲述移动通信组网原理，主要内容包括区域覆盖方式、信道分配策略、干扰和系统容量、多信道共用技术等。第 3 章讨论移动信道的电波传播，讲述了移动信道特征、传播损耗模型计算及相应计算方法。第 4 章对移动通信中的多址、语音编码、信道编码、调制、均衡、交织及分集等关键技术进行了详细讲述。第 5 章介绍了 GSM 系统和 GPRS 系统，包括 GSM 电信业务、GSM 网络结构和接口、GSM 的无线传输和移动性管理、呼叫接续等，同时对 GPRS 系统原理进行了介绍。第 6 章描述了 CDMA 空中接口协议，CDMA 前向、反向信道，CDMA 系统的容量、功率控制、切换，CDMA 分集技术。第 7 章介绍了 3G 移动通信系统及其关键技术，内容涉及 3G 系统的发展和主流标准的制定、系统结构和接口、三种主流标准的无线传输技术、物理层关键技术以及 3G 系统的演进。第 8 章探讨了移动数据传输，分别讲述了 WLAN 和 WiMAX 的技术和应用，并描述了它们的发展趋势。第 9 章对未来移动通信进行了展望。

本书可以用作高等工科学校通信与电子系统、无线电技术专业高年级的教科书，也可作通信工程技术人员的参考书。

本书第 1、2、3 和第 7 章部分章节由李翠然编写；第 4、6、9 章和第 7 章部分章节由蒋占军编写；第 5、8 和第 7 章部分章节由谢健骊编写。全书由谢健骊、李翠然校稿，李旭审定。

在本书的编写过程中得到了西南交通大学、北京交通大学以及兰州交通大学有关部门的帮助和支持，在此表示由衷的感谢。

鉴于编者水平，难免有不妥之处，欢迎读者指正。

编 者
2009 年 12 月

目 录

第1章 概 述 ········ 1
1.1 移动通信的特点 ········ 1
1.2 移动通信的工作方式 ········ 2
1.3 移动通信的工作频段 ········ 4
1.4 几种典型的移动通信系统 ········ 5
1.5 移动通信关键技术 ········ 11
1.6 移动通信的发展 ········ 14
本章小结 ········ 16
思考练习题 ········ 16

第2章 移动通信组网原理 ········ 17
2.1 大区制移动通信网 ········ 17
2.2 频率复用和小区制移动通信网 ········ 18
2.3 移动通信网的信道分配策略 ········ 23
2.4 干扰和系统容量 ········ 25
2.5 多信道共用技术 ········ 32
2.6 越区切换 ········ 37
本章小结 ········ 39
思考练习题 ········ 39

第3章 移动信道中的电波传播 ········ 41
3.1 三种基本传输机制 ········ 41
3.2 无线电波传播概述 ········ 44
3.3 自由空间的无线电传播 ········ 44
3.4 阴影衰落 ········ 45
3.5 多径衰落 ········ 46
3.6 电波传播路径损耗模型 ········ 58
本章小结 ········ 63
思考练习题 ········ 63

第4章 数字移动通信关键技术 ······ 66
4.1 多址接入技术 ······ 66
4.2 信源编码技术 ······ 68
4.3 信道编码技术 ······ 78
4.4 数字调制技术 ······ 82
4.5 扩频技术 ······ 90
4.6 时域均衡技术 ······ 96
4.7 分集技术 ······ 100
本章小结 ······ 106
思考练习题 ······ 107

第5章 GSM/GPRS 数字蜂窝移动通信系统 ······ 109
5.1 引 言 ······ 109
5.2 GSM 的特点和业务 ······ 109
5.3 GSM 系统结构与接口 ······ 111
5.4 GSM 无线接口 ······ 115
5.5 GSM 语音/数据的无线传输 ······ 123
5.6 GSM 的移动性管理与呼叫接续 ······ 125
5.7 GPRS 系统 ······ 135
本章小结 ······ 148
思考练习题 ······ 148

第6章 窄带 CDMA 数字蜂窝移动通信系统 ······ 150
6.1 概 述 ······ 150
6.2 IS-95 前向信道 ······ 155
6.3 IS-95 反向信道 ······ 158
6.4 IS-95 前向链路与反向链路比较 ······ 160
6.5 IS-95 链路增强技术 ······ 161
本章小结 ······ 164
思考练习题 ······ 165

第7章 第三代（3G）数字蜂窝移动通信系统 ······ 166
7.1 概 述 ······ 166
7.2 WCDMA 系统 ······ 176
7.3 CDMA2000 系统 ······ 187
7.4 TD-SCDMA 系统 ······ 194
7.5 3G 系统的演进 ······ 203
本章小结 ······ 205
思考练习题 ······ 206

第8章 移动数据传输 ... 207
8.1 无线局域网（WLAN）技术 ... 207
8.2 无线城域网（WiMAX）技术 ... 215
8.3 移动蜂窝网和数据网的融合 ... 220
本章小结 ... 223
思考练习题 ... 223

第9章 未来移动通信展望 ... 224
9.1 从3G到4G ... 224
9.2 智能天线技术 ... 227
9.3 多输入多输出（MIMO）技术 ... 230
9.4 分布式天线系统 ... 235
本章小结 ... 237
思考练习题 ... 237

附录 缩略词 ... 238

参考文献 ... 250

第1章 概 述

随着社会的发展，人们对通信的要求也越来越高。人们希望能在任何地方、任何时候与通信的另一方进行信息交流。这里所说的"信息"，不仅指双方的通话，还包括数据、图像、传真等多媒体业务。显然，没有移动通信，这种愿望是无法实现的。

顾名思义，移动通信是指通信双方或至少其中一方在运动状态中进行信息传递的通信方式。移动体与固定点之间、移动体相互之间信息的交换都可以称为移动通信。其中移动体可以是人，也可以是车、船、飞机等处在移动状态中的物体，如图1.1所示。

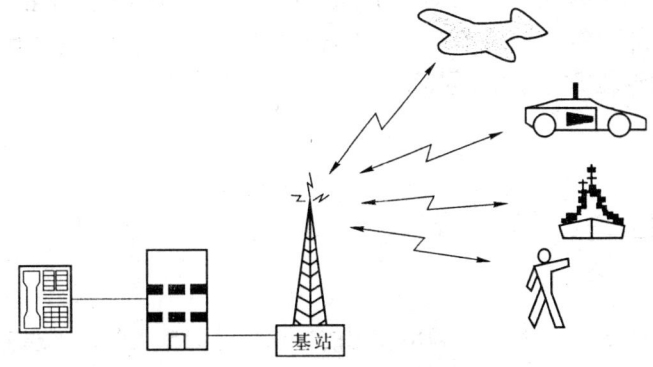

图1.1 移动通信的概念

由于移动通信能让人们在任何地方、任何时候与通信的另一方进行信息交流，不受时间和空间的限制，交流信息机动灵活、迅速可靠，它被认为是实现理想通信目标的重要手段。现代通信技术的进步和发展基于微电子学的发展，特别是半导体、集成电路和计算机技术等，为通信设备的数字化和小型通信服务的综合化奠定了基础。移动通信、卫星通信和光纤通信一起被列为现代通信领域的三大新兴的通信技术手段。自20世纪80年代以来，移动通信得到了广泛的应用。

1.1 移动通信的特点

与其他通信方式相比，移动通信具有下列特点：

(1) 电波传播环境十分恶劣。移动台经常运动于建筑物和障碍物之间，其接收信号是由直射波、反射波或散射波等多条路径合成的。由于多径传播造成瑞利衰落，使接收场强的振幅和相位快速变化，通常信号电平衰落深度可达20～40 dB，衰落速率与运动速度和工作频率有关。

(2) 多普勒频移产生调频噪声。由于移动台的运动，接收信号有附加频率变化，即存在多普勒频移效应。多普勒频移产生的附加调频或寄生调相均为随机变量，会对调频或调相信号带来干扰。在高速移动电话系统中，多普勒频移影响 300 Hz 左右的话音，足以产生令人不舒适的失真。

（3）受噪声和多种干扰的影响。移动通信网可能受到城市噪声、各种车辆发动机点火噪声和微波炉干扰噪声等的影响。另外，移动通信网是多频道、多无线电台同时工作的通信系统，当移动台工作时，往往受到来自其他电台的干扰，如同频干扰、邻频干扰、互调干扰以及远近效应（近端无用信号压制远处有用信号的现象）等。因此，抗干扰措施在移动通信系统设计中至关重要。

（4）对设备的要求更为苛刻。一方面要求设备体积小、质量轻、省电、操作简单和携带方便；另一方面由于移动台位置不断变化，接收机和发射机之间的距离不断变化，使得接收电平变化较大，要求接收设备有大的动态范围。

（5）通信系统复杂。因为移动台可以在整个移动通信区域内自由运动，为了实现可靠而有效的通信，移动通信网必须具备很强的管理和控制功能，如位置登记、越区切换、信道分配、漫游控制以及通信的计费、鉴权等。

（6）通信容量有限。在移动通信中，用户数和可利用的频道数之间的矛盾特别突出。为此，一方面要开辟和开发新的频段；另一方面，应该采用多种有效利用频率的技术（如窄带化、缩小频带间隔、频道重复利用等）。此外，有限频谱的合理分配和严格管理是有效利用频率资源的前提，这是国际和各国频谱管理机构的重要职责。

1.2 移动通信的工作方式

移动通信按照用户的通话状态和频率使用的方法可分为单工制、半双工和双工制。此外，还有以下多种分类方法：按使用对象可分为民用设备和军用设备；按使用环境可分为陆地通信、海上通信和空中通信；按多址方式可分为频分多址（FDMA）、时分多址（TDMA）和码分多址（CDMA）等；按覆盖范围可分为广域网和局域网；按业务类型可分为电话网、数据网和综合业务网；按服务范围可分为专用网和公用网。

本节主要介绍移动通信的三种工作方式。

1. 单工通信

单工通信，是指通信双方设备交替地进行收信和发信。根据通信双方是否使用相同的频率，单工制又分为同频单工和双频单工。

同频单工是指通信双方使用相同的频率 f_1 工作，发送时不接收，接收时不发送。平常各接收机处于守候状态，即把天线接至接收机等候被呼。当甲要发话时，它就按下其送受话器的按讲开关 PTT（Push To Talk），一方面关掉接收机，另一方面将天线接至发射机的输出端，使发射机处于发射状态。这时，乙方则处于接收状态，即可实现由甲至乙的信息传输，如图 1.2 所示。同样，也可实现乙至甲的信息传输。这种工作方式的收发信机是轮流工作的，其优点是：设备简单；收、发天线可以共用，不需要天线共用装置；组网方便，移动台之间可直接通话，不需基站转接；由于不按键时发射机不工作，因而功耗小。其缺点是：只适用于组建甚小容量的通信网，不适宜接入公众网的移动系统;同频基站间干扰较大;当附近有邻近频率的电台工作时,就会造成强干扰(为了避免干扰,要求相邻频率的间隔很宽,因此频率利用率低);操作上不方便,往往人为地造成通话断断续续,听不到整句话。

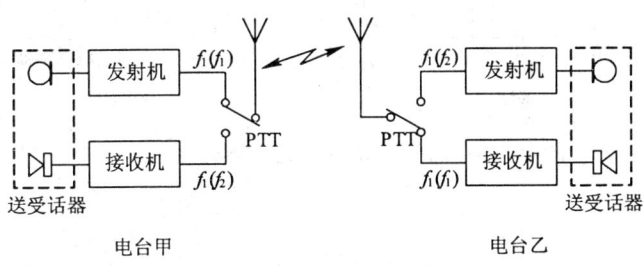

图 1.2 单工通信方式

异频单工通信方式中,收发信机使用两个不同的频率 f_1 和 f_2 分别进行发送和接收。同一部电台的发射机和接收机还是交替进行工作的,这一点是与同频单工相同的。

2. 双工通信

双工制有频分双工(FDD,也称异频双工)和时分双工(TDD,也称同频双工)两种方式。频分双工是指通信双方的收发信机均同时工作,即任一方讲话时,可以听到对方的语音,如图 1.3 所示。频分双工制的优点是:收与发用两个不同的频率(有一定频率间隔要求),可大大提高抗干扰能力;用户使用方便,不需收发控制操作,适合于公网。其缺点是:移动台不能互相直接通话,而要通过基站转接;发射机通常处于连续发射状态,因此功耗大;移动台需要天线共用装置。

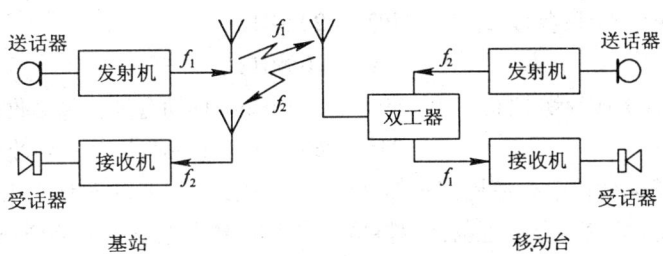

图 1.3 双工通信方式

需要指出的是,在数字移动通信中,有采用时分双工来传输信息的双工通信方式。在这种方式中,收/发双方采用相同的载频,但处于不同的时隙收/发。

3. 半双工通信

半双工通信,是指收/发信机分别使用两个不同频率的按键通话方式,如图 1.4 所示。这种方式是基站和移动台分别使用两个频率,基站是双工通话,而移动台为单工的"按讲"方式,因此称为半双工制。其优点是:移动台设备简单,耗电少;受邻近电台干扰小。其缺点是:移动台需要按键发话,操作不方便。半双工通信一般适用于专用移动通信系统。

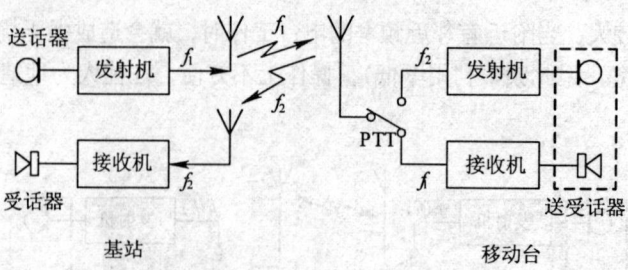

图 1.4 半双工通信方式

1.3 移动通信的工作频段

频谱是宝贵的资源,为了有效使用有限的频率,对频率的分配和使用必须服从国际和国内的统一管理,否则就会造成互相干扰或资源浪费。

我国无线电管理委员会关于陆地移动通信使用频段的规定基本与国际上的规定一致,其中国际上分配 900 MHz 频段为固定、移动、广播和无线电定位业务使用,我国将 900 MHz 频段中的 806~821 MHz 和 851~866 MHz 分配给集群移动通信;825~845 MHz 和 870~890 MHz 分配给部队使用;大容量公用陆地移动通信的频段为 890~915 MHz 和 935~960 MHz。

原邮电部根据国家无线电管理委员会规定的频段于 1992 年 10 月,在《移动电话网络技术体制》中规定取 160 MHz 频段、450 MHz 频段、900 MHz 频段作为移动通信工作频段:

160 MHz 频段: 138~149.9 MHz
150.05~167 MHz
450 MHz 频段: 403~420 MHz
450~470 MHz
900 MHz 频段: 890~915 MHz(移动台发,基站收)
935~960 MHz(基站发,移动台收)

可见,早期的移动通信主要使用甚高频(VHF)频段(30~300 MHz)和特高频(UHF)频段(300~3 000 MHz)。现在的移动通信使用特高频(UHF)频段(300~3 000 MHz)和超高频(SHF)频段(3~30 GHz)的范围。

目前的 2G 蜂窝移动通信系统均使用 800 MHz 频段(IS-95 CDMA)、900 MHz 频段(AMPS、TACS、GSM)、1 800 MHz 频段(GSM1800,该频段用于微蜂窝系统)。

第三代移动通信系统(3G)主要工作在 2 000 MHz 频段上,世界各国和地区对其频率分配的方式各不相同。

1. 国际电联 ITU

(1) 1992 年,世界无线电管理委员会(WARC)划分给未来公共陆地移动通信系统(FPLMTS),即 IMT-2000 的频率范围是 1 885~2 025 MHz 和 2 110~2 200 MHz。其中,1 980~2 010 MHz(地对空)和 2 170~2 200 MHz(空对地)频段用于卫星移动业务(MSS)。

(2) 在世界无线电会议 95（WRC95）上，又确定了 2005 年以后的 MSS 划分范围是 1 980～2 025 MHz 和 2 160～2 200 MHz。

(3) 2000 年国际电联代表在土耳其的伊斯坦布尔召开的世界无线电会议（WRC）上，规定了 3 个新的全球频段，这标志着建立全球无线系统新时代的开始。这些频段是 805～960 MHz，1 710～1 885 MHz 和 2 500～2 690 MHz。

2. 欧　洲

欧洲于 1987 年正式提出了通用移动通信系统（UMTS）的概念。UMTS 的目标是提供宽带多媒体业务，业务速率达 2 Mb/s。UMTS 面对第三代移动通信的频率规划为 1 900～2 025 MHz 和 2 110～2 200 MHz；陆地业务频段为 1 900～1 980 MHz、2 110～2 170 MHz 和 2 010～2 025 MHz；卫星移动通信业务频段为 1 980～2 010 MHz 和 2 170～2 200 MHz。在陆地业务频段中，1 900～1 920 MHz 为单向链路或者 TDD 技术；1 920～1 980 MHz 为 FDD 上行；2 110～2 170 MHz 为 FDD 下行。

3. 日　本

日本的第二代移动通信系统制式没有与国际标准统一，但其在第三代移动通信的研究方面已明确指出，要与国际电联的要求相一致。它们的频率划分基本与欧洲 UMTS 的划分相同。其频率划分范围是 1 918～2 010 MHz 和 2 110～2 200 MHz，其中 1 895～1 918 MHz 划分给了个人便携电话系统（PHS）。

4. 美　国

美国个人通信系统（PCS）的频率划分范围是 1 850～1 990 MHz，共 140 MHz。该频段按主要贸易区（MTA）和基本贸易区（BTA）进一步划分为 6 个执照频段和 1 个非执照频段。其中主贸易区、基本贸易区和无执照频段均采用 FDD 方式，分别占 90 MHz 频段、30 MHz 频段和 20 MHz 频段。

5. 中　国

2009 年 1 月 20 日，继工业和信息化部向国内三大电信运营商发放 3G 牌照后，3G（第三代移动通信标准）频段正式分配，三大运营商分别获得了相应的 3G 频段。其中中国电信获得的频段是 1 920～1 935 MHz 和 2 110～2 125 MHz；中国移动获得的频段是 1 880～1 900 MHz 和 2 010～2 025 MHz；中国联通获得的频段是 1 940～1 955 MHz 和 2 130～2 145 MHz。

1.4　几种典型的移动通信系统

移动通信系统是移动体之间以及固定用户与移动体之间，能够建立许多信息传输通道的通信系统。

大多数人对日常生活中使用的移动通信系统都很熟悉，车库门开启遥控器、家庭娱乐设备遥控器、无绳电话、手持对讲机、寻呼机和蜂窝电话等都是无线通信系统的例子。随着移动通信应用范围的扩大，移动通信系统的类型也越来越多。下面将分别简述几种典型的移动通信系统。

1.4.1 无线电寻呼系统

无线电寻呼系统是一种单向通信系统，它用来给用户发送简短消息。根据不同的服务种类，消息可以是数字、字母或声音，也可以发送标题新闻、股票行情和传真。无线电寻呼系统既可作公用也可作专用，仅规模大小有差异而已。公用寻呼系统由无线寻呼控制中心、寻呼发射台及寻呼接收机组成。专用寻呼系统由用户交换机、寻呼控制中心、发射台及寻呼接收机组成。

无线电寻呼系统的组成如图 1.5 所示。其中，寻呼控制中心与市话网相连，市话用户要呼叫某一"寻呼机"用户时，可拨寻呼中心的专用号码，寻呼中心的话务员记录所要寻找的用户号码及要代传的消息，并自动地在无线信道上发出呼叫；这时，被呼用户的寻呼接收机会发出呼叫声，并能在液晶屏上显示主呼用户的电话号码及简要消息。不同寻呼系统的复杂性和覆盖区域有很大的不同。简单的寻呼系统只能覆盖 2~5 km 的范围，而大范围寻呼系统能覆盖全球。

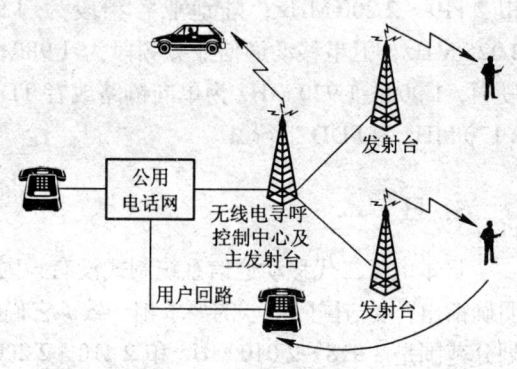

图 1.5 无线电寻呼系统

1.4.2 无绳电话系统

初期的无绳电话十分简单，只是把普通的电话单机分成座机和手持机两部分，座机通过电话线与公用电话交换网相连，手持机与座机之间用无线电连接，如图 1.6 所示。第一代模拟无绳电话系统是在 20 世纪 70 年代后期引入市场的，因它能在一定范围内自由移动通话，且技术简单、安装方便、成本低，受到人们的普遍欢迎。但由于模拟无绳电话存在着一些固有缺陷，如频率利用率低、容量小、服务范围不大（仅限于室内，并且只能达到几十米远）、相互干扰严重、音质差、难于保密、不易进行数据通信等。因此，人们开始进行数字无绳电话的开发研究。

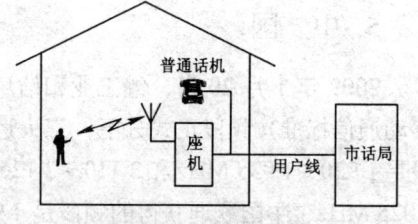

图 1.6 无绳电话系统示意图

1987 年，英国首先推出一种数字无绳电话 CT2，它标志着无绳电话开始从模拟制式向数字制式过渡。其后，世界上许多国家纷纷进行数字无绳电话的开发。1992 年，欧洲电信标准协会（ETSI）推出了数字无绳电话系统 DECT 标准；1993 年底，日本颁布了 PHS 标准；1994 年，美国推出了个人接入通信系统（PACS）标准。

第二代数字无绳电话允许用户在如市中心这样的许多室外场所使用。例如，在办公楼、居民楼群之间、火车站、机场、繁华街道、商业中心及交通要道设立电信点（Telepoint）（类似蜂窝系统的基站），此基站与有线电话网连接，形成一种微蜂窝或微微蜂窝网，无绳电话用户只要看到这种基站的标志，就可使用手持机呼叫，这就是所谓的公用无绳电话，典型的第二代无绳电话基站能覆盖几百米的范围。

无绳电话是一种以有线电话网为依托的通信方式，也可以说它是有线电话网的无线延伸。具有发射功率小、省电、设备简单、价格低廉、使用方便等优点，因而发展十分迅速，目前数字式无绳电话系统（低功率无线系统）在我国得到了广泛的应用（我国使用的标准是 PHS）。公用无绳电话系统的功能完全类似于蜂窝移动通信系统，不仅具有固定电话的功能，而且可以在低速移动环境下具有越区切换功能。

1.4.3 集群移动通信系统

集群移动通信系统属调度性专用通信网，广泛用于企业、车站、码头、机场等。"集群"是英文"Trunking"或"Trunked"的意译。它是共享资源、分担费用、共享信道设备及服务的多用途、高性能的无线调度系统。

集群移动通信系统主要由移动台（车载台和手机）、调度台（或指令台）、基站转发器、系统管理终端以及有关的控制部分等组成，如图 1.7 所示。

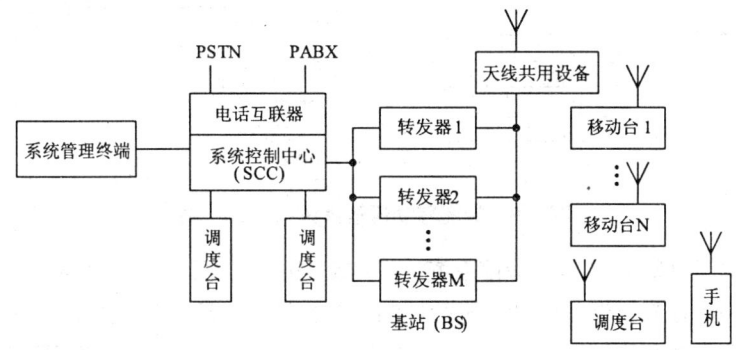

图 1.7 集群移动通信系统示意图

集群系统中，当用户开机要求通话时，中心控制台按动态信道指派的方式将系统内的空闲信道分配给要求通信的用户。若要求无线对无线的连接，则基站起到多信道转发器作用；若要求无线转有线，则需经过一个交换矩阵将有线线路与无线信道连接起来。通信完毕后，此信道又被系统收回。这样每个用户都可以使用系统全部的通信信道，大大提高了频率的利用率。通话全过程由计算机控制，使网络的功能容易根据实际情况调整，更好地为用户服务，因而该系统具有实用性。

集群系统属于专用调度移动通信，它的工作方式为半双工（或异频单工）、大区制，可以覆盖较大范围，一般半径为 30～40 km。但现在使用单位较多，已不限于做调度性质的用途了。一般还要求它能与市话网互联，有的还要求双工工作，或扩大覆盖范围，多个小区工作等。

1.4.4 蜂窝移动通信系统

蜂窝式公用陆地移动通信系统是一种全自动拨号、全双工的通信系统。蜂窝系统能在有限的频带范围内容纳大量用户。获得高容量的原因，是由于它将每个基站发射站的范围限制到称为"小区（cell）"的小块地理区域。这样，相距不远的另一个基站里可以重复使用系统中相同的无线信道。一种被称为"切换"（handoff）的技术，确保了当移动用户从一个小区移动到另一个小区时不会中断通话。

图 1.8 给出了典型的蜂窝移动通信系统结构图。移动通信无线服务区由许多正六边形小区覆盖而成，呈蜂窝状，通过接口与公众通信网（PSTN、PSDN）互联。移动通信系统包括移动交换子系统（SS）或称网络交换子系统（NSS）、基站子系统（BSS）、移动台（MS）和操作维护管理子系统（OMS 或 OSS），是一个完整的信息传输实体。

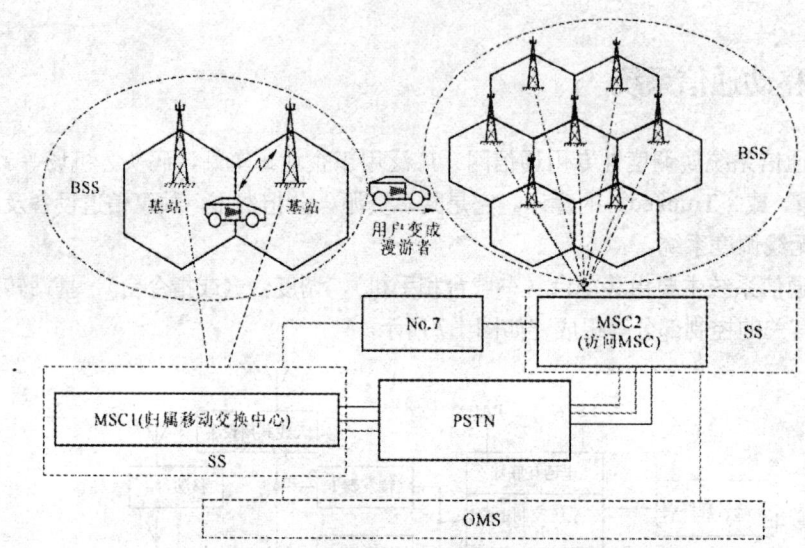

图 1.8 蜂窝移动通信系统的基本结构

移动交换子系统（SS）是移动通信系统的控制交换中心，又是与公众通信网的接口。其主要功能包括：对呼叫的建立、保持和清除进行控制以及移动性管理和安全性管理等。它由很多功能实体构成，各功能实体间的信令传输都符合国际电话与电报顾问委员会（CCITT）No.7 信令系统协议。基站子系统（BSS）通过无线接口与移动台相连，负责无线传输及无线资源管理。另一方面，基站子系统与移动交换子系统（SS）中的移动交换中心（MSC）相连，实现移动用户和固定网之间的通信连接。移动台（MS）是移动通信网中用户使用的设备。它实际上是由移动终端设备和用户数据两部分组成的，移动终端设备称为移动设备；用户数据存放在一个与移动设备可分离的数据模块中，此数据模块称为用户识别卡（SIM）。移动台通过无线接口接入移动通信网，即具有无线传输与处理功能。操作维护管理子系统（OMS）负责对全网进行操作与维护。

每个移动用户通过无线链路和某一个基站通信，在通话过程中，可能会切换到其他任何一个基站；基站将小区中所有用户通过有线或微波线路连接到 MSC；MSC 协调所有基站的操作，并将整个蜂窝系统连到 PSTN 上。

1.4.5 卫星移动通信系统

卫星通信主要用于海上、空中和地形复杂而人口稀少的地区。卫星通信是利用人造地球卫星作为中继站转发无线电波，在两个或多个地球站之间进行的通信。图 1.9 示出了卫星移动通信系统的基本结构,它一般包括空间段、地面段和控制段三部分。

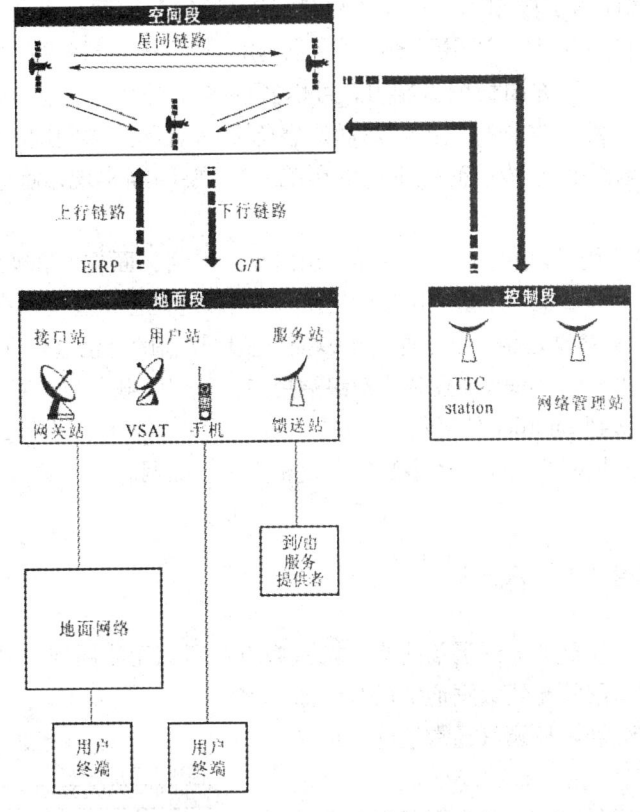

图 1.9 卫星通信系统的基本结构

空间段主要包含空中的一颗或几颗卫星,在空中对发来的信号起中继放大和转发作用。现代卫星通信广泛采用频率复用技术,以增加转发器数目,节约宝贵的频率资源。地面段由多个业务地球站组成,与地球站的服务类型相关,这些站的大小很不一样,天线直径从几十米到几十厘米。① 用户站。如手机、便携设备、移动站和 VSAT 等,可以将用户直接连接到空间段。② 接口站。又称关口站,它将空间段与地面网络互连。③ 服务站(如枢纽站)。它通过空间段,从用户处收集或向用户分发信息。控制段由所有地面控制和管理设施组成,它既包括用于监测和控制(跟踪、遥测和指令系统)这些卫星的地球站,又包括用于业务和星上资源管理的地球站。

不同的卫星移动通信系统其地球轨道有可能不同。卫星轨道可以分为地球同步轨道(GEO,高度约为 35 800 km)和非地球同步轨道(NGEO,即中、低轨道。低轨道高度为 700~1 500 km,中轨道高度约 10 000 km 左右)两类。为了使地面用户只借助手机便可实现卫星移动通信,许多人都把注意力集中于中、低轨道卫星移动通信系统,因为中、低轨道卫星可以较好地实现全球覆盖,时延较小,同时可以使用小口径的天线,减小波束的投射范围,从而获得更好的全球频率再用系数。一般来说,卫星轨道越高,所需的卫星数目越少;卫星轨道越低,所需的卫星数目越多。

目前提出的各种实现卫星移动通信的系统以美国的中低轨道卫星移动通信系统最具代表性,如低轨道铱(Iridium)系统,它采用 8 轨道 66 颗星的星状星座,卫星高度为 765 km;另外还有全球星(Global star)系统,它采用 8 轨道 48 颗星的莱克尔星座,卫星高度约 1 400 km;奥德赛(Odessey)系统,采用 3 轨道 12 颗星的莱克尔星座,中轨高度为 10 000 km;白羊(Aries)系统,采用 4 轨道 48 颗星的星状星座，高度约 1 000 km 等。

卫星通信与其他通信手段相比，主要优点是：① 通信距离远，且费用和通信距离无关。② 工作频段宽，通信容量大，适用于多种业务传输。③ 通信线路稳定可靠，通信质量高。④ 以广播方式工作，具有大面积覆盖能力，可以实现多址通信和信道的按需分配，因而通信灵活机动。⑤ 可以自发自收进行监测。然而，它仍面临如下技术问题：① 需要先进的空间和电子技术。② 要解决信号传播时延带来的影响。③ 要圆满实现多址连接；要保证卫星能高度稳定、可靠地工作。

卫星通信的主要应用领域包括：① 国际和国内长途电话。面临海底光缆的激烈竞争，提供备份业务或传送峰值业务。② 无线电和电视广播。向广阔地区提供直播到家的语音和电视广播。③ 海上、地面和空中的移动通信。卫星通信可以提供全球覆盖的移动通信业务，对边远地区的用户和旅游者最具吸引力。④ Internet 业务。对终端用户，可以下载节目；对 Internet 业务提供商，可以利用卫星将节目送到 Internet 骨干网上，如校校通工程中农村地区学校的联网。⑤ 用于固定通信网络。如 VSAT 卫星网络、未来的多媒体通信和宽带广域网。

1.4.6 无线局域网（WLAN）

无线局域网是计算机间的无线通信网络，如图 1.10 所示。无线局域网主要适用于不需布线、快速组网、移动范围有限的无线数据通信场合，如机场、宾馆、酒店、会展、校园（通常把这些地方称为"热点"）等。

最早的无线局域网是 1971 年在夏威夷大学投入运行的 AlohaNet 系统。AlohaNet 使分散在 4 个岛上的 7 个校区里的计算机利用无线的方式和主校区的中心计算机通信。1985 年，美国联邦通信委员会（FCC）授权普通用户可以使用工业、科学及医学（ISM）频段，从而把无线局域网推向商业化发展。1997 年，IEEE 802.11 无线局域网标准制定完成。1998 年各供应商推出了大量基于 IEEE 802.11 标准的无线网卡和访问节点。20 世纪 90 年代中期，欧

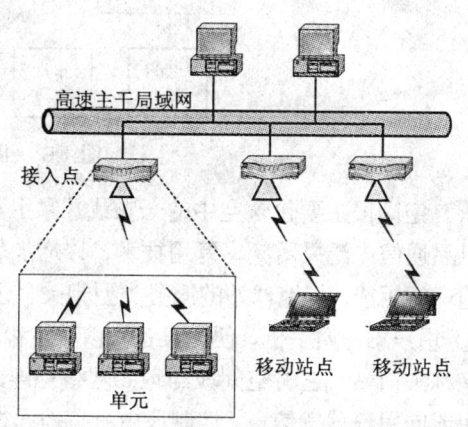

图 1.10 无线局域网结构示意图

洲出现了高性能无线局域网（HIPERLAN）标准，它致力于提供与 IEEE 802.11 相似的能力。与此同时，欧洲、北美和日本的标准化组织开始协调频谱分配和终端用户的数据速率。随着无线数据速率的提高，全球标准开始融合，WLAN 的新应用不断出现。

历经十几年的发展，IEEE 802.11 家族已经从最初的 IEEE 802.11 发展到了目前 IEEE 802.11a、IEEE 802.11b、……、IEEE 802.11n 等，目前无线局域网已在各个行业得到了广泛应用，且增长迅速。

1.4.7 无线个域网（WPAN）

在过去的 20 年内，无线技术产生了革命性的飞跃，用户对于"将有线变为移动"有着巨大

的需求。蓝牙作为一种无线数据与语音通信的开放性标准，以低成本的近距离无线连接为基础，为固定与移动设备通信环境建立一个特别连接。蓝牙技术现在已逐步引入到移动电话和便携型电脑中，它免去了连接电缆的不便，而通过无线通信建立连接，如图 1.11 所示。

不同的国家为蓝牙分配了不同的频段，美国和多数欧洲国家使用 2.4 GHz 的 ISM 频段（2 400～2 483.5 MHz）。IEEE 802.15 标准委员会的成立，为蓝牙、连接手持 PC 的 PAN、PDA、手机、投影仪和其他设备的开发提供了一个国际论坛。

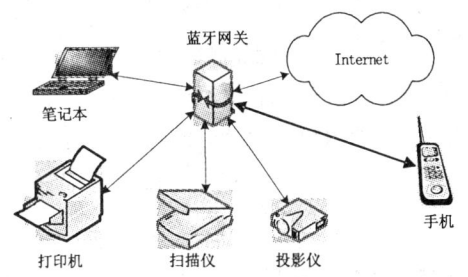

图 1.11 基于蓝牙标准的无线个域网实例

1.5 移动通信关键技术

1.5.1 多址接入技术

简单地说，多址技术就是指频率资源的共享问题。我们知道，在蜂窝式移动通信系统中，有许多用户台要同时通过一个基站和其他用户台进行通信，因而必须对不同用户台和基站发出的信号赋予不同的特征，目的就是使基站能从众多用户台的信号中区分出是哪一个用户台发出的信号，而各用户台又能识别出基站发出的信号中哪个是发给自己的信号，解决这个问题的方法称为多址技术。有差别才能有鉴别，多址技术的基础是信号特征上的差异。一般来说，信号的这种差异可以表现在某些参数上，例如信号的工作频率、信号的出现时间、信号具有的特定波形以及信号所处的空间位置等。其要求就是各信号的特征彼此独立，或者说正交，或者说任意两个信号波形之间的互相关函数值为 0。

移动通信中常用的多址方式有三种：频分多址（FDMA）、时分多址（TDMA）和码分多址（CDMA）。此外，在中国提出的 3G 标准 TD-SCDMA 中采用了空分多址（SDMA）。根据理论分析，CDMA 蜂窝移动通信系统与 FDMA 模拟蜂窝移动通信系统或 TDMA 数字蜂窝移动通信系统相比，具有更大的通信容量。

1.5.2 组网技术

移动通信组网涉及的技术问题非常多，主要有以下几个方面：

（1）频率资源的共享问题，即多址技术。

（2）区域覆盖和信道配置问题。区域覆盖问题就是指究竟是采用大区制方式还是小区制方式来覆盖整个服务区，即在整个服务区内要设置多少个基站的问题；信道配置问题就是指如何将频道分配给各个蜂窝小区的用户使用。

（3）移动通信系统的网络结构问题。包括通信网络有哪些基本组成部分、移动网内部的网络互连以及移动网与固定网之间的互连、移动通信网络中功能实体之间的各种接口。

(4) 网络的控制和移动性管理方面的问题。为保证全网用户有序地进行通信，必须对网内的设备实施各种控制，这些控制信号的总体称为信令系统。只有在信令的控制之下，才能将主叫用户与被叫用户的线路（有线或无线）连接起来，使双方通信。同时从移动通信的特点来看，还需要解决好移动性管理问题，如越区切换的问题。我们知道，根据统计资料表明，移动通信网的中断事件大都发生在越区切换的时候，因此，如何实现有效的越区切换是关键问题；另外，网络需要知道移动用户当前所处的位置，这就需要解决移动性管理问题。

此外，还有蜂窝移动通信组网中的干扰问题以及多信道共用技术等方面。

1.5.3 移动无线信道中的电波传播特性

移动无线信道是变参信道。移动无线信道与固定信道相比呈现出许多特点，移动台天线一般比较低（低于 3 m），当行进于城市、建筑群或地形阻挡时会受阻，陆地移动信道的主要特征就是多径衰落（也就是说，发射的信号要经过直射、反射、散射等多条传播路径才能到达接收端，而且随着移动台的移动，各条传播路径上的信号幅度、时延及相位随时随地发生变化，所以接收到的信号的电平是起伏、不稳定的，这些多径信号相互叠加就会形成衰落）。而移动信道的多径衰落特性取决于无线电波的传播特性和传播环境。

电波传播的特性是研究任何无线通信系统首先要遇到的问题。传播特性如何直接关系到通信设备的能力、天线高度的确定、通信距离的计算以及为实现有效可靠的通信所必须采用的技术措施等一系列系统设计问题。不同频段的无线电波，其传播方式和特点是不同的。在陆地移动通信中，现在主要使用特高频（UHF）频段和超高频（SHF）频段。对于工作于 UHF 和 SHF 频段的移动通信来说，电波传播的方式主要是直射波、折射波、反射波、绕射波、散射波以及它们的合成波。

1.5.4 语音编码技术

在数字移动通信中，发送端必须把模拟话音转换成数字信号，接收端将数字信号还原成为模拟话音。通常，语音编码技术有波形编码、声源编码和混合编码三种。

混合编码是近年来提出的一种新的语音编码技术，它将波形编码和声源编码结合起来，力图保持波形编码的高质量的优点以及参量编码的低速率的优点。混合编码数字语音信号中既包括若干语音特征参量也包括部分波形编码信息。混合编码可将比特率压缩到 4～16 Kb/s，在 8～16 Kb/s 范围内能达到良好的话音质量。可以看出，混合编码是适合数字移动通信的语音编码技术。

1988 年制定的泛欧 GSM 规则脉冲激励长期预测编码（RPE-LTP）以及 1989 年美国电子工业协会制定的矢量和激励线性预测编码（VSELP）方案，是目前世界上主要的两种数字移动通信语音编码方案，它们都属于混合编码。GSM 系统采用的是 RPE-LTP 方案，日本 PDC 系统和北美的窄带 CDMA 系统（IS-95）采用的是 VSELP 方案。

1.5.5 调制技术

在数字移动通信系统中，数字调制是重要的信号变换环节。移动通信的频带资源有限，因此对数字调制技术的主要要求是：已调信号的频谱窄和带外衰减快（即所占频谱窄，或者说频谱利用率高）；易于采用相干或非相干解调；抗噪声、抗干扰的能力强以及适宜在衰落信道中传输。

在实际应用中，有两类用得最多的数字调制方式：

(1) 线性调制技术。主要包括 PSK、QPSK、DQPSK、O-QPSK、$\pi/4$-DQPSK 和多电平 PSK 等调制方式。例如，美国的 IS-54 和日本的 PDC 蜂窝网络均采用 $\pi/4$-DQPSK 调制方式，北美 IS-95 蜂窝系统采用 QPSK 和 O-QPSK 方式。

(2) 恒定包络（连续相位）调制技术。主要包括 MSK、GMSK、GFSK 和 TFM 等调制方式。例如，泛欧 GSM 蜂窝移动通信网络采用的是 GMSK 调制方式。

另一种获得迅速发展的数字调制技术是正交振幅调制（QAM），它是一种振幅和相位联合调制技术。根据移动信道特性的好坏可自适应地改变 QAM 的进制数，从而适应移动信道的时变性。此外，正交频分复用（OFDM）技术也是近些年的研究热点。OFDM 由于在高速数据传输中具有良好的抗符号间干扰（ISI）性能，它和 CDMA 技术的结合将是未来移动通信系统最具竞争实力的方案。

1.5.6 抗衰落技术

信号在信道中传输时，将会受到信道中各种噪声和干扰的影响，此外，损耗和衰落也会使通信质量变得很差。

移动通信系统中的抗衰落措施主要有：

1. 信道编码

数字移动通信中，由于传输特性不理想以及各种干扰和噪声的影响，将产生传输差错。信道编码可以显著地改善数字信息在传输过程中由于各种噪声和干扰造成的误码，提高系统可靠性。在移动通信中几乎都采用前向纠错编码（FEC），它分为分组码和卷积码两大类。

2. 交织技术

卷积编码只能纠正有限连续错误比特。但在陆地移动信道，大多数误码的产生并不是单个发生也不是随机的离散的，而可能是长突发形式。移动信道的干扰、衰落等往往产生的是较长的突发误码，因此采用交织的目的就是使误码离散化、使突发差错信道变为离散差错信道，接收端纠正随机离散差错，能够改善整个数据序列的传输质量。但是，交织对慢衰落效果不明显，慢衰落将产生长期持续差错，将超出一般纠错码纠正连续错误的能力，交织无法将其离散化。

3. 分集技术

分集技术是克服多径衰落的一个有效方法。采用这种方法，接收机可对多个携有相同信息且衰落特性相互独立的接收信号在合并处理之后进行判决。由于衰落具有频率、时间和空间的选择性，因此分集技术包括频率分集、时间分集和空间分集等。

4. 自适应均衡技术

自适应均衡是根据传输失真的时变特性，自适应的进行补偿，使其接近不失真传输要求。一般来说，一个有限抽头的横向滤波器不可能完全消除码间串扰，但当抽头数较多时可以将串扰减小到相当小的程度。

5. 扩频技术

CDMA 技术就是以扩频技术为基础的。扩频通信是一种新的通信制式，是指在系统中传输的已调信号的带宽远大于调制信息占有带宽的信息传输方式。理论分析表明，各种扩频系统的抗干扰性能都大体上与扩频信号的带宽和所传信息带宽之比成正比。扩频通信的基本思想就是，用宽带信号来传输信息，从而提高通信的抗干扰能力。

1.6 移动通信的发展

1.6.1 早期移动通信的发展

可以说，从无线电通信发明之日起移动通信就产生了。1897 年，M·G·马可尼完成的无线通信试验就是在固定站与一艘拖船之间进行的，距离为 18 海里。

移动通信的发展，可以追溯到 20 世纪 20 年代。无线移动通信早期主要应用在船舶、航空、列车等专用领域。20 世纪 20 年代至 40 年代，为早期发展阶段。在这期间，主要完成了通信实验和电波传播试验工作，在短波频段（3~30 MHz）上实现了小容量专用移动通信系统，其代表是美国底特律市警察使用的车载无线电系统。这种系统话音质量差，自动化程度低，仅限于专用，不能与公众网相连。

20 世纪 40 年代中期到 60 年代初期，公用移动通信业务开始问世。其代表是 1946 年在美国圣路易斯城建立的称为"城市系统"的公用汽车电话网，它是世界上第一个公用电话网。继而，西德、法国、英国等国也陆续研制出了公用移动电话系统。这一阶段的特点是开始从专用移动网向公用移动网过渡，自动化程度有所提高。

20 世纪 60 年代中期至 70 年代中期，这一阶段是移动通信系统改进和完善的阶段。在此期间，各国陆续推出了改进的移动通信系统。典型代表是美国推出了改进型移动电话系统 IMTS。这一阶段的特点是使用了新频段，采用大区制实现了中小容量的系统，自动化程度进一步提高。20 世纪 60 年代美国贝尔实验室提出了蜂窝组网理论，使无线移动通信摆脱了 40 年代大区制的结构，为无线通信的大规模商用奠定了基础。随着 70 年代通信技术和半导体器件的发展，移动通信逐渐成熟起来。移动通信以其特有的灵活、便捷的优点符合了现代社会人们对通信技术的要求，成为 20 世纪 80 年代中期以来发展最为迅速的通信方式。

1.6.2 现代移动通信的发展

从 20 世纪 80 年代至今，现代移动通信系统从第一代发展到第三代，进入了一个飞速发展的时期。

第一代蜂窝移动通信系统（1G）出现于 20 世纪 80 年代早期，其主要技术是模拟调频、频分多址（FDMA），主要业务是话音，包括模拟蜂窝和无绳电话系统。它以模拟方式工作，使用频段为 800/900 MHz（早期曾使用 450 MHz），故称之为蜂窝式模拟移动通信系统。其典型的商用代表有美国的 AMPS、英国的 TACS、北欧的 NMT-450、日本的 HCMTS 等。这种模拟系统的主要缺点是频谱利用率低、抗干扰能力差、系统保密性差、制式太多而互不兼容、不利于用户漫游以及移动终端要进一步实现小型化、低功耗、低价格的难度都较大。模拟蜂窝技术由于系统容量小也不适合多媒体通信业务的需要，在日益激烈的市场竞争中已被逐步淘汰。

第二代蜂窝移动通信系统（2G）出现于 20 世纪 90 年代，其主要技术是采用时分多址（TDMA）和码分多址（CDMA）、数字调制方式等数字传输技术以及先进的呼叫处理技术，充分利用了大规模集成技术和低速语音编码技术的最新成就以及采用了独立信道传送信令，提高了系统容量，使系统性能大为改善。其典型的系统的欧洲的 GSM/DCS1800、美国的 D-AMPS（电子工业协会（EIA）标准 IS-54 和后来的 IS-136）以及基于直扩技术的窄带 CDMA 系统（IS-95）、日本的 PDC 等。第二代移动通信系统的主要业务是话音，同时提供低速电路型数据业务（9.6 Kb/s 或 14.4 Kb/s），引入 GPRS 后分组速率可超过 100 Kb/s。TDMA 数字蜂窝系统较第一代模拟蜂窝系统有许多优势，如频谱效率提高、系统容量增大、保密性能好以及标准化程度提高等。但在用户密度急剧增长及其对数据业务需求不断提高的情况下，TDMA 系统受空中接口以及网络能力的限制，难以满足新的业务需求。针对以上问题，CDMA 蜂窝移动通信系统日益成为关注的焦点。CDMA 系统采用了扩频通信技术，大幅度地提高了频率利用率，具有容量大、覆盖范围广、手机功耗小、话音质量高的突出优点，将移动通信技术推向新的发展阶段，即第三代移动通信系统。

第三代蜂窝移动通信系统（3G）最初的研究工作始于 1985 年，1998 年 6 月 30 日为 ITU 规定的提交 3G 无线传输技术（RTT）建议的最后期限，共有 10 个组织向 ITU 提交了地面系统 RTT 方案。特别值得一提的是，中国电信科学技术研究院（CATT）代表中国也提交了自己的候选方案（TD-SCDMA），这说明我国政府主管部门高度重视第三代移动通信的发展，决心从制定标准起就涉足 3G 系统，以改变我国以往跟着国外标准跑的局面。

自 1999 年芬兰在全球率先发放了 3G 许可证以来，全球 3G 许可证发放数量便在总体上呈上升趋势。根据 UMTS 论坛和 CDMA 发展组织（CDG）的最新统计数据，截至 2008 年 5 月，全球 3G 用户已经突破 6.7 亿。其中，使用 CDMA2000 的用户近 4.38 亿，其中亚洲用户为 2.23 亿，占全球 CDMA2000 用户数的 51%；WCDMA 用户约 2.2 亿，其中亚洲用户为 9 840 万，2008 年 1 季度用户数比上一年增长 74%；TD-SCDMA 网络服务目前仅在中国、韩国等少数国家有服务和网络，用户约 5.5 万。

2008 年的北京奥运将 3G 业务推向了新的起点。在奥运会期间，志愿者和体育代表团已使用无线宽带上网、奥运手机电视、奥运视频点播、奥运快讯、奥运多媒体彩铃、无线一键通（POC）等 6 项基于 3G 技术的服务。同年，中国电信业开始重组，组建后的新中国电信将利用 CDMA 网络发展 CDMA2000；新中国联通将 GSM 升级为 WCDMA；而新中国移动将基于 GSM 网络发展 TD-SCDMA。面对 3G 时代即将同台共技的 WCDMA 以及 CDMA2000，中国自主知识产权的 3G 标准 TD-SCDMA 将面临严峻的考验和激烈的竞争。国内第三代移动通信（3G）牌照于 2009 年 1 月 7 日正式发放，中国移动获得了有中国自主知识产权的 TD-SCDMA 牌照，中国电信和中国联通分别获得 CDMA2000、WCDMA 牌照。工业和信息化部此前预计，今明两年 3 家运营商 3G 网络建设总投资将达到 2 800 亿元，2009 年的 3G 网络投资将达到 1 500 亿元。

中国的 2G、3G 网络将长期并存。我国无线移动通信仍处在高速发展的大好形势之中，我国移动电话普及率约占 50%，已超过固定电话用户数，居世界第一位。

3G 在全球布局后，第四代移动通信系统（4G）的路如何走一直是行业关注的热点问题。从 2005 年开始，国际上 3GPP 和 3GPP2 两个 3G 标准化组织就开始制订新一轮的 3G 演进标准。2008 年，ITU 开始向全世界征求"B3G（后 3G）"候选标准，同年 10 月世界无线电大会（WRC）确定了 4G 频率。2009 年 3 月，ITU 开始收集各国的 4G 标准提案。

当前和今后一段时间，我国无线移动通信的发展，主要是 3G 和 B3G/4G 的发展。

本章小结

本章首先介绍了移动通信的概念及技术特点、移动通信的工作方式及工作频段，接下来对当今世界范围内发展的几种典型移动通信系统进行了概要性的描述。显而易见，21 世纪无线移动通信技术将成为无处不在的信息传输方式，在 2G 移动通信标准向 3G、4G 标准的演进过程中涉及的关键技术包括：多址接入技术、组网技术、移动无线信道中的电波传播特性、语音编码技术、调制技术、抗衰落技术等，这些技术将在第 4 章进行详细讲解。随后，本章讲述了全球移动通信的发展历程以及我国移动通信行业的发展特点和思路。基于本章描述，读者能够对移动通信的发展前景和技术特点有较深入的理解。有了这样的基础，读者可以继续学习本书其余章节的内容。

思考练习题

1.1 什么叫移动通信？移动通信有哪些特点？
1.2 移动通信使用的频段名称及频段范围？试举例说明。
1.3 移动通信有哪三种工作方式？各自的特点和应用场合是什么？
1.4 常用的移动通信系统包括哪几种类型？
1.5 在移动通信系统中，常用的多址方式有哪几种？分别举出采用各种多址方式的典型蜂窝移动通信系统。
1.6 移动通信中常用的抗衰落技术有哪些？
1.7 IMT 2000 包括哪三种主流标准？采用了何种双工方式？
1.8 试讨论如 ITU-R、ETSI、WARC、CWTS 等地区和国家标准组织的职能。

第 2 章 移动通信组网原理

移动通信网就是承载移动通信业务的网络，主要用于完成移动用户之间、移动用户与固定用户之间的信息交换。一些移动通信网直接向社会公众提供移动通信业务，与公共交换电话网（PSTN）联系密切，并经专门的线路进入公共交换电话网，我们称之为公用移动通信网。也有的移动通信网是一些专用网，并不对公众开放，不进入电话网，或与 PSTN 的互连较少，如工业企业中的无线电调度、公安指挥、交通管理、海关缉私、医疗救护等部门使用的无线电话网，通常称为专用的移动通信网。

自 20 世纪 70 年代以来，移动通信由简单的对讲系统和单频单工专用系统，发展成为可自动与地面固定网拨号连接的全双工蜂窝式公众通信网。这种通信网能完成多点之间的信息传输，可容纳成千上万个用户，能跨城市、跨地区，甚至跨国联网。所以，对移动通信的研究，除了本身的规范外，还需研究不同容量和用途的最佳组网方式和合适的制式。本书主要讨论公用移动通信网，它是国家公共电信网的一部分，是由电信部门经营和管理的。

2.1 大区制移动通信网

一般来说，移动通信网的服务区域覆盖方式可分为两类：一类是小容量的大区制，另一类是大容量的小区制（蜂窝系统）。

大区制是指一个基站覆盖整个服务区，如图 2.1 所示。为了增大基站覆盖区半径，基站天线架设得很高，可达几十米至百余米；发射功率很大，一般为 50～200 W；实际覆盖半径达 30～50 km。

由于电池容量有限，通常移动台发射机的输出功率较小，移动台发射功率大小是决定大区制系统覆盖区大小的重要因素。上、下行的传输增益差可达 6～12 dB 或更大，使平坦地区上、下行传输距离差大于 1 倍，为此可采取分集接收等技术来保证上行链路的通信质量。如图 2.1 中虚线所示，可在业务区内的适当地点设立分集接收台，位于远端移动台的发送信号可以由就近的分集接收台分集接收，放大后由有线或无线链路传至基站。

大区制方式的优点是网络结构简单，成本

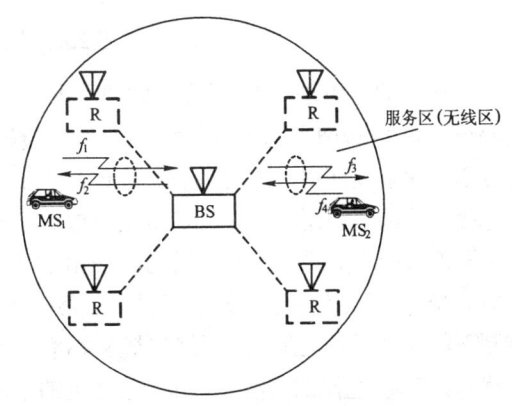

图 2.1 大区制移动通信示意图

低；但是大区制系统的基站频道数是有限的，容量不大，不能满足用户数目日益增长的需要，一般用户数只有几十至几百个。因此，大区制只适用于中小城市、工矿区以及专业部门，是发展专用移动通信网可选用的制式。

2.2 频率复用和小区制移动通信网

任何移动通信网都有一定的服务区域，无线电波辐射必须覆盖整个区域。当通信网的服务范围很大，或者地形复杂，则需若干个无线小区（cell）才能覆盖整个服务区。

2.2.1 构成及特点

当用户数很多时，话务量相应增大，需要提供很多频道才能满足通话要求。所以从频率重复利用的观点出发，将整个服务区划分成若干个无线小区（cell），每个小区设立一个基站负责与小区内移动用户的无线通信，这种方式称为小区制。同时，又可在移动业务交换中心（MSC）的统一控制下，保证移动用户只要在其服务区内，不论在哪一个基站的覆盖区都能实现小区间移动用户通信的转接，以及移动用户与市话用户的联系，如图2.2所示。

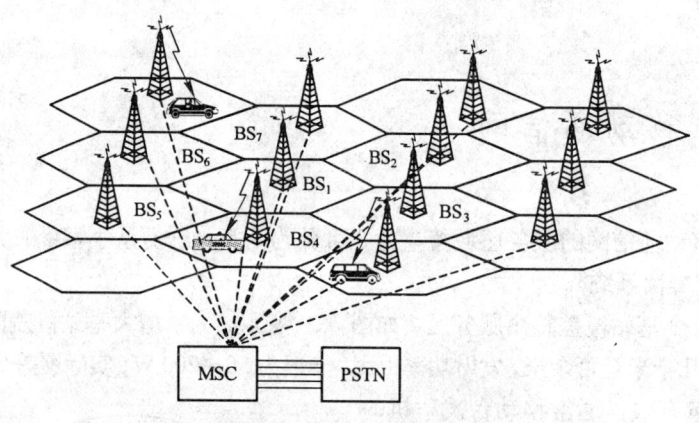

图2.2 小区制移动通信网

小区制的特点是：① 提高了频率利用率，增大了系统容量。这是因为分成若干个小区以后，相隔一定距离的小区可以同时使用相同的信道组。也就是说，在一个很大的服务区内，同一组信道可以多次重复使用，因而增加了单位面积上可供使用的信道数，提高了服务区的容量密度，有效地提高了频率利用率。并且随着用户数的不断增长，每个覆盖区还可以继续划小，以适应用户数不断增长的实际需要。可以看出，采用小区制能够有效地解决信道数量有限和用户数量增大的矛盾。② 小区制中由于基站功率减小，且相邻的基站使用不同的信道组，则基站之间（以及它们控制下的移动用户之间）的干扰就最小。③ 小区制中因为采用了频率复用技术，因此带来同频道干扰问题。④ 组网的灵活性。即无线小区的范围可根据实际用户数的多少灵活确定。⑤ 网络结构复杂。在通话过程中若移动用户跨越小区边界，为了保证通信不中断，必须自动切换信道，且随着无线小区的划小，切换的次数就加大，这种越区切换要求基站之间要能进行信息交换，为此需要交换设备，且各基站至交换局都需要有一定的中继线，这将使建网成本和复杂性增加。

2.2.2 条（带）状服务区

条状服务区是指用户的分布呈条状，如公路、铁路、狭长城市、海岸等就需要用若干个小区的条状网络才能进行覆盖，如图 2.3 所示。

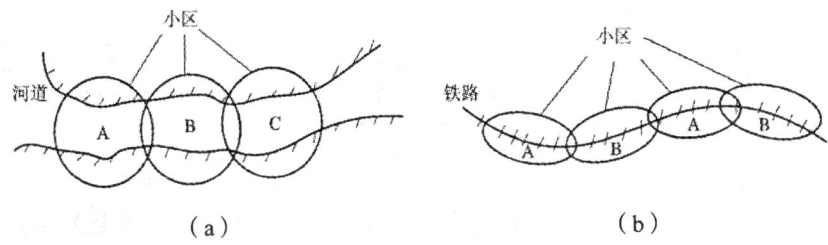

图 2.3 条状服务区

基站天线若用全向辐射，覆盖区形状是圆形的，如图 2.3（a）所示。条状网宜采用有向天线，使每个小区呈扁圆形，如图 2.3（b）所示。

条状网可以进行频率复用。频率复用意味着在一个给定的覆盖区域内，存在着许多使用同一组频率的小区。这些小区称为同频小区，同频小区之间的干扰称为同频干扰。为了克服同频干扰，常采用双频组频率配置和三频组频率配置。若以采用不同信道组的两个小区组成一个区群（在一个区群内各小区使用不同的频率，不同的区群可使用相同的频率），则称为双频制；若以采用不同信道组的三个小区组成一个区群，称为三频制。从造价和频率资源的利用而言，双频制最好；但从抗同频道干扰而言，则双频制最差，还应考虑多频制。

条状覆盖使用的蜂窝基本原理与面状覆盖类似，只是在小区频率组的分配和重叠区的问题上要单独考虑。在铁路或公路的覆盖中，移动台往往处于高速移动状态，信号的场强变化复杂，很难确定相邻小区的覆盖边界，通常从场强的平均变化这一意义上来理解覆盖区域。为了保证在覆盖区域尽可能不出现弱场区，要保证相邻小区间有一定的重叠范围。确定重叠区的大小是一个很复杂的问题，如果重叠区太小，可能会出现弱场区；重叠区太大则同频干扰增大，越区切换时间太长，不易控制，因此要恰当设计重叠区域的大小。

在条状覆盖中，一般以圆形小区为模型进行分析和设计。图 2.4 为 n 频制带状网络示意图。

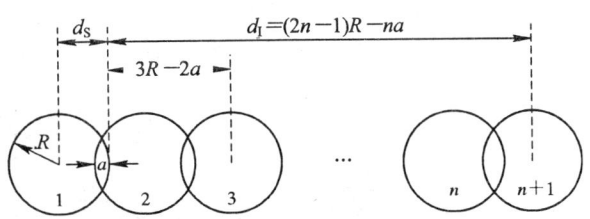

图 2.4 带状网的信干比示意图

在图 2.4 中，假设小区半径为 R，相邻小区的交叠宽度为 a，第 $n+1$ 区与第 1 区为同频道小区。很明显，当移动台处于覆盖区边缘时，遭受同频干扰影响最为严重。据此，可算出信号传输距离

d_S 和同频道干扰传输距离 d_I 之比。若认为传输损耗近似与传输距离的四次方成正比,则得到采用双频制、三频制及 n 频制的移动台载干比 C/I 或信干比 S/I(即有用信号功率和同频小区的干扰功率的比值),见表 2.1。

表 2.1 带状网的同频干扰

参 数		双频制	三频制	n 频制
$\dfrac{d_S}{d_I}$		$\dfrac{3R-2a}{R}$	$\dfrac{5R-3a}{R}$	$\dfrac{(2n-1)R-na}{R}$
$\dfrac{C}{I}$/dB	$a=0$	19	28	$40\lg(2n-1)$
	$a=R$	0	12	$40\lg(n-1)$

由表 2.1 可知,根据 C/I 的设计要求,可求出重叠区的宽度 a。以上情况只考虑了与移动台最近的一个同频干扰小区的情况。同时可看出:对信干比要求较高的系统,小区数多,因而频率组多,基站数也增加。

2.2.3 面状服务区

当服务区不呈条状而是一个宽广的平面时,称为面状服务区。在平面区域内划分小区,通常组成蜂窝式的网络。在带状网中,小区呈线状排列,区群的组成和同频道小区距离的计算都比较方便;而在平面分布的蜂窝网中,这是一个比较复杂的问题。

1. 小区形状

小区形状应该是规则结构。在移动通信中,如果基站使用全向发射天线,人们很容易联想到应该采用圆形的小区。但是从电磁波传播的角度考虑,圆形并不是最理想的形状。如图 2.5 所示,使用圆形的面状覆盖存在许多重叠区域和无覆盖区域。为确保无盲区地完全覆盖,通常使用多边形的小区。

数学上可以证明,要用正多边形无空隙、无重叠地覆盖一个平面的区域,可取的形状只有正三角形、正方形、正六边形三种,如图 2.6 所示。那么这三种形状中哪一种最好呢?在辐射半径 R 相同的条件下,表 2.2 对三种小区图形进行了比较,可知正六边形小区的中心间隔和覆盖面积都是最大的,且重叠区域宽度和重叠区域的面积又最小。因此,对于同样大小的服务区域,采用正六边形构成小区所需的小区数最小,是最经济的一种方式。而且,六边形最接近圆形的辐射模式,

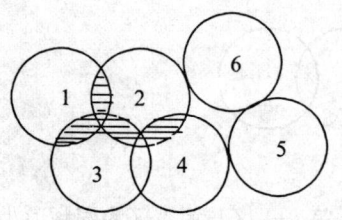

图 2.5 圆形小区的覆盖

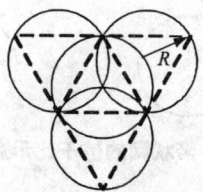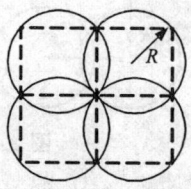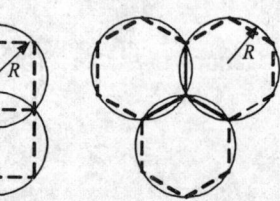

图 2.6 小区形状

全向基站天线和自由空间传播的辐射模式就是圆形的。正六边形的网络类似蜂窝，因此，把小区形状为正六边形的小区制移动通信网称为蜂窝网。

表2.2　三种形状小区参数的比较

参　数	正三角形	正方形	正六边形
邻小区距离	R	$\sqrt{2}R$	$\sqrt{3}R$
小区面积	$1.3R^2$	$2R^2$	$2.6R^2$
重叠区宽度	R	$0.59R$	$0.27R$
重叠区面积	$1.84R^2$	$1.4R^2$	$0.54R^2$
重叠区与小区面积比	1.41	0.57	0.21
所需最小频率数	6	4	3

需要指出的是，正六边形的小区形状只具有理论分析和设计上的意义，在实际工程中，一个小区的无线覆盖是不规则的形状，这取决于电波传播的条件和天线的方向性。

2. 频率复用和簇的构成

蜂窝式移动通信网通常是先由若干邻接的无线小区组成一个无线区群（或称为簇，Cluster），再由若干簇构成整个服务区。我们把由若干个使用全部频率的小区组成的集合称为一个簇，把不同簇中使用相同频率的小区称为同频小区，任意两个同频小区之间的距离称为同频复用距离。

簇的构成应满足两个条件：一是簇之间可以邻接，且无空隙无重叠地覆盖整个服务区；二是相邻簇中，同频小区之间的距离相等。满足上述条件的簇形状和簇内小区数不是任意的。可以证明，簇内的小区数应满足下式，即

$$N = i^2 + ij + j^2 \tag{2.1}$$

式中，i，j 为相邻同频小区间的相隔小区数，均取正整数且不同时为零。由此可算出 N 的可能取值，见表2.3；N=3、4、7 时的簇的构成如图2.7所示。

表2.3　簇内小区数 N 的取值

j \ i	0	1	2	3	4
1	1	3	7	13	21
2	4	7	12	19	28
3	9	13	19	27	37
4	16	21	28	37	48

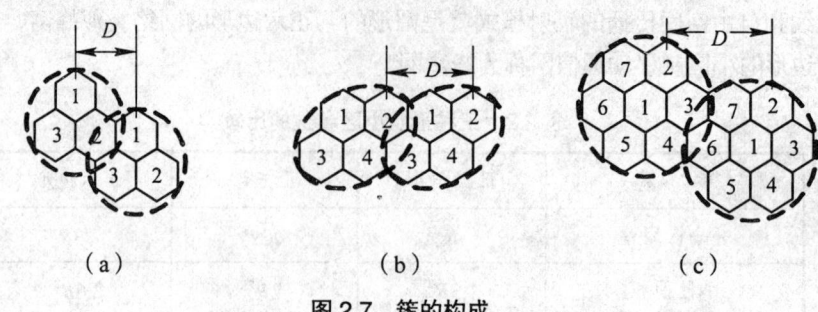

图 2.7 簇的构成

图 2.7 说明了频率复用的思想,图中标有相同数字的小区使用相同的信道组。即在蜂窝系统中,系统会给每一个小区的基站分配一组信道,只要相隔距离足够远,相同的信道可以在另一个小区重复使用。考虑一个共有 S 个可用双向信道的蜂窝系统,如果每个簇含 N 个小区,每个小区分配 k 个信道($k<S$),那么可用无线信道的总数为

$$S = kN \tag{2.2}$$

如果簇在系统中共同复制了 M 次,则信道的总数 C 可作为容量的一个度量,有

$$C = MkN = MS \tag{2.3}$$

由式(2.3)可看出,蜂窝系统的容量直接与簇在某一固定范围内复制的次数成比例。N 称为簇的大小,典型值取 4、7 或 12。如果簇的大小 N 减小而小区的大小保持不变,则需要更多的簇来覆盖给定范围,从而获得更大的容量(C 值更大)。N 的值表现了移动台或基站在保证通信质量的同时,可以承受的干扰(主要是同频干扰)。从设计的观点来看,当满足给定的同频干扰防护门限时,N 取可能的最小值,目的是为获得某一给定覆盖范围上的最大容量。蜂窝系统的频率复用因子为 $1/N$,因为一个簇中的每个小区都只分配到系统中所有可用信道的 $1/N$。

3. 同频复用距离

簇内小区数不同的情况下,可用下面的方法来确定同频(信道)小区的位置和复用距离。如图 2.8 所示,自某一小区 A 出发,先沿任一条边的垂线方向跨 i 个小区,逆时针旋转 60° 再跨 j 个小区,这样就到达同信道小区 A。在正六边形的六个方向上,可以找到六个相邻同信道小区,所有 A 小区之间的距离都相等。

同频复用距离 D 是指最近的两个同频点小区中心之间的距离。设小区的辐射半径为 R,则同频复用距离可用下式计算,即

$$D = \sqrt{3N} \cdot R \tag{2.4}$$

可见,簇内小区数 N 越小,同频小区之间的距离越近,抗同频干扰的性能越差,但频率利用率越高。

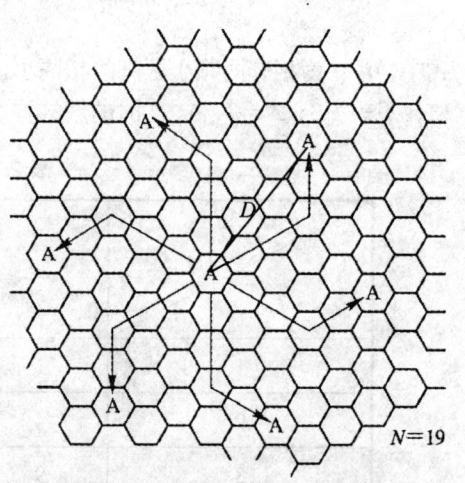

图 2.8 确定同频小区的方法
(此例中 $N=19$,$i=3$,$j=2$)

这说明，同频干扰是限制簇内小区数减少的约束条件。设 D_c 是获得给定信号同频干扰比所需的同频复用距离，则在 $D > D_c$ 的条件下，N 应取最小值，因为 N 越小，频率利用率越高。

4. 中心激励与顶点激励

前述内容中都认为基站设在小区的中央，采用全向天线形成圆形覆盖区，称此方式为"中心激励"方式，如图 2.9（a）所示。假如小区内有大的障碍物，如孤立的山岳或高大建筑物，中心激励方式难免会有辐射的阴影区。这时可将基站设计在每个小区六边形的三个顶点上，每个基站采用三副 120° 扇形辐射的定向天线，分别覆盖三个相邻小区的各三分之一区域，每个小区由三副 120° 扇形天线共同覆盖，这就是所谓"顶点激励"方式，如图 2.9（b）所示。

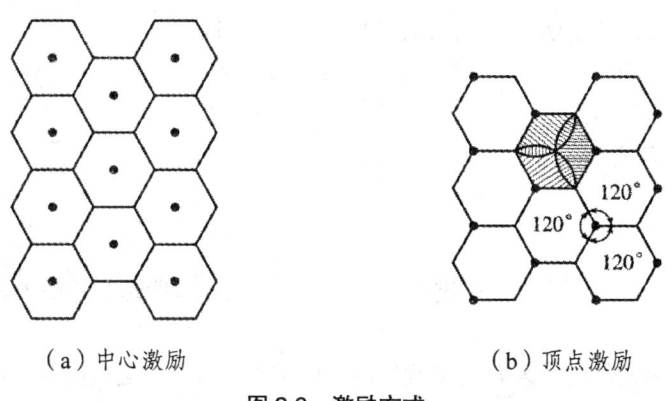

（a）中心激励　　　　　　　　　　（b）顶点激励

图 2.9　激励方式

2.3　移动通信网的信道分配策略

信道分配问题就是指如何将信道分配给各个蜂窝小区的用户使用。在 CDMA 系统中，所有用户可以使用相同的工作频率，因而无需进行信道分配。信道配置主要针对 FDMA 和 TDMA 系统。

信道分配是频率复用的前提。蜂窝系统的信道分配分为两个步骤：首先要将所有的频率资源分组，其次以动态的或固定的方法为用户分配信道。选择哪一种信道分配策略将会影响系统的性能，特别是在移动用户从一个小区切换到另一个小区时的呼叫处理方面。

2.3.1　固定信道分配

在固定的信道分配策略中，给每个小区分配一组事先确定好的信道。小区中的任何呼叫都只能使用该小区中的空闲信道。如果该小区中的所有信道都已被占用，则呼叫阻塞，用户得不到服务。由蜂窝通信网的构成可知，根据同频复用距离确定簇内小区数，若每个簇由 N 个无线小区组成，则需要 N 个信道组，每个信道组的信道数可由无线区的话务量决定。

固定信道分配方法有两种：一种是分区分组分配法，另一种是等频距分配法。

1. 分区分组分配法

分区分组分配法所遵循的分配原则是：尽量减小占用的总频段，以提高频段的利用率；一个簇内不能使用相同的信道，以避免同频干扰；小区内采用无三阶互调的相容信道组，以避免互调干扰。

设给定的频段以等间隔划分为信道，按顺序分别标明各信道的号码为 1，2，3，…。若每个簇内有 7 个小区，每个小区需 6 个信道，按上述原则进行分配，可得到各小区采用的信道号码为：

    第一信道组   1，5，14，20，34，36
    第二信道组   2，9，13，18，21，31
    第三信道组   3，8，19，25，33，40
    第四信道组   4，12，16，22，37，39
    第五信道组   6，10，27，30，32，41
    第六信道组   7，11，24，26，29，35
    第七信道组   15，17，23，28，38，42

2. 等频距分配法

等频距分配法是按等频率间隔来进行信道分组的。只要频距选得足够大，就可以有效地避免邻道干扰。

等频距分配可根据簇内小区数 N 来确定同一信道组内各信道之间的频率间隔。例如，第一组用 ($1, 1+N, 1+2N, 1+3N, \cdots$)，第二组用 ($2, 2+N, 2+2N, 2+3N, \cdots$) 等。若 $N = 7$，则信道的配置为：

    第一信道组   1，8，15，22，29，…
    第二信道组   2，9，16，23，30，…
    第三信道组   3，10，17，24，31，…
    第四信道组   4，11，18，25，32，…
    第五信道组   5，12，19，26，33，…
    第六信道组   6，13，20，27，34，…
    第七信道组   7，14，21，28，35，…

固定信道分配方法的优点是：各基站只需配置与所分配的信道相应的设备，其管理和控制过程简单。缺点是：当一个无线区的信道全忙时，即使邻区的信道空闲也不能使用，故信道的利用还不够充分。尤其是当移动用户相对集中时，将会导致呼损率的增大。

目前的蜂窝系统普遍采用固定信道分配法。

2.3.2 动态信道分配

动态信道分配策略不是将信道固定地分配给每个小区，而是多个小区可以使用相同的信道。在这种方式中，信道都由 MSC（移动交换中心）来管理和执行分配。当每次呼叫请求到来时，为它服务的基站就向 MSC 请求一个信道。MSC 只分配以下条件的某一信道：这个小区没有使用该信道；而且，任何为了避免同频干扰而限定的最小同频复用距离内的小区也都没有使用该信道。

动态信道分配策略降低了阻塞的可能性，因为系统中的所有可用信道对于所有小区都可用。但是由于在动态分配的过程中要求 MSC 连续实时地收集关于信道占用情况、话务量分布情况以及所有信道的无线信号强度指示等数据，这增加了系统的存储和计算量，成本较高。但是与固定信道的分配方式相比，信道利用率可以提高 20%～50%。

此外，还可采用混合信道分配方式，其中一种方案称为借用策略，如果某小区自己的信道都已被占用，那么允许该小区从相邻小区中借用信道。由 MSC 来管理这样的借用过程，并且保证一个信道的借用不会中断或干扰接触小区的任何一个正在进行的呼叫。

2.4 干扰和系统容量

干扰是制约蜂窝系统容量的重要因素。干扰来源包括同小区中的另一移动台、相邻小区中正在进行的通话、使用相同频率的其他基站，或者无意中渗入蜂窝系统频带范围内的任何非蜂窝系统。在移动通信系统中，基站或移动台接收机必须能在其他通信系统产生的众多较强干扰信号中，检出较弱的有用信号。如图 2.10 所示是这种情况下的一个典型例子。基站在接收远距离移动台信号时，往往不仅受周围其他噪声源的影响，而且受到较近的另一个基站的干扰及本系统另一个或多个移动台的干扰。话音信道上的干扰会造成串话，使用户听到很大的背景噪声；信令信道上的干扰则会导致误码率的升高，使呼叫遗漏或阻塞。因此，移动通信与固定无线通信相比，对干扰的限制更为严格，对收、发信设备的抗干扰特性要求更高。

蜂窝移动通信系统中的两种主要干扰是同频干扰和邻频干扰。

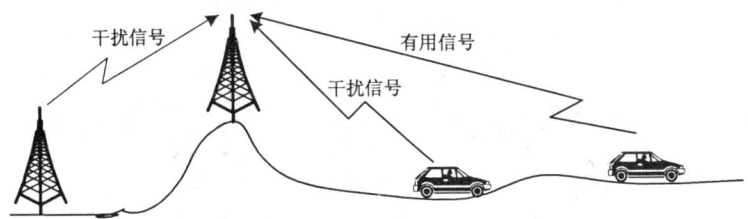

图 2.10　移动通信中的干扰示意图

2.4.1 同频干扰

我们已经知道，同频小区之间的干扰称为同频干扰，它是由频率复用所引起的。

为了减小同频干扰和保证接收信号质量，必须使接收机输入端的有用信号功率与同频干扰功率之比大于或等于射频防卫度（即达到主观上规定的接收质量时所需的射频信号对干扰信号的比值）。从这点出发，可以研究同信道复用距离。当然，射频防卫度不仅取决于通信距离，还与调制方式、电波传播特性、通信可靠度、无线小区半径和选用的工作方式等因素有关。

同频干扰不能简单地通过增大发射机的功率来克服，因为这样会导致相邻小区之间的干扰。为了减少同频干扰，同频小区必须在物理上隔开一个最小的距离，为传播提供充分的间隔。

如果每个小区的大小都差不多，基站也都发射相同的功率，那么同频干扰比例与发射功率无关,而变为小区半径 R 与相距最近的同频小区的中心之间距离 D 的函数。增加 D/R 的值,同频小区间的空间距离和小区的覆盖距离之比就会增加,因此,来自同频小区的射频能量就会减少而使干扰降低。参数 Q(称为同频复用比例)与簇的大小有关,见式 (2.5) 和表 2.4。对于正六边形小区来说,根据式 (2.4),Q 可表示为

$$Q = \frac{D}{R} = \sqrt{3N} \tag{2.5}$$

因为簇的大小 N 较小,所以 Q 的值越小,则容量越大;但是 Q 的值越大,传播质量就越好,因为此时的同频干扰越小。在实际的蜂窝系统中,需要对这两个目标进行协调和折中。

表 2.4 不同 N 值的同频复用比

簇内小区数 N	3	4	7	9	12
同频复用比 Q	3	3.5	4.58	5.2	6.0

1. 全向小区 S/I 的计算

同频干扰分两种情况:① 前向链路干扰,即 MS 接收信号和同频干扰。② 反向链路干扰,即 BS 接收信号和同频干扰。设 BS 为全向天线覆盖,中心小区受到第一层上 6 个同频小区干扰,中心小区中的 BS 和 MS 都可能遭受同频干扰。通常内部噪声总是远小于干扰电平。由计算证明,当干扰较大时,中心小区的 MS 由 6 个干扰基站引起的信干比 S/I 与 BS 接收到由 6 个小区中 MS 干扰引起的信干比的数值相同,此时称为平衡系统。在平衡系统中,可根据任一种情况计算 S/I。这里考虑 MS 接收信号和同频干扰,如图 2.11 所示。

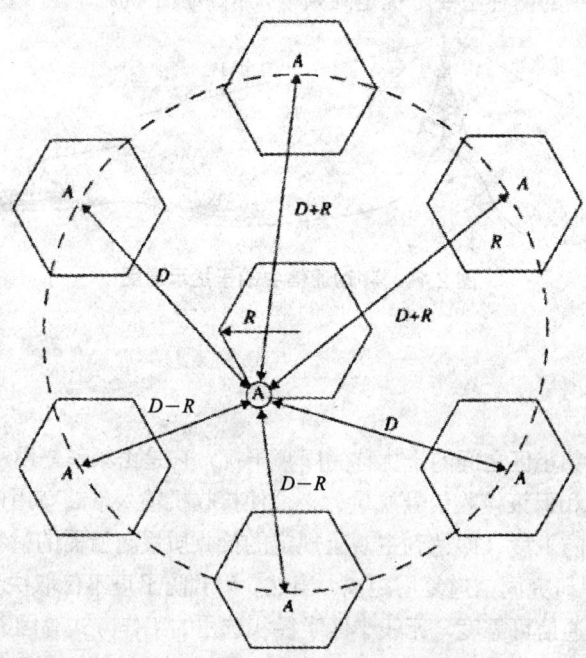

图 2.11 第一层同频干扰小区图例

设 i_0 为同频干扰小区数,那么前向链路移动台的接收信干比(S/I 或 SIR)就可以表示为

$$\frac{S}{I} = \frac{S}{\sum_{i=1}^{i_0} I_i} \tag{2.6}$$

式中，S 是来自目标基站中的想获得的信号功率；I_i 是第 i 个同频干扰小区的基站信号对移动台的干扰功率。我们试图在 S/I 和同频复用距离之间建立起联系，来对小区的覆盖进行规划。对移动无线信道的传播测量表明，在任一点接收到的平均信号强度随发射机和接收机之间距离的幂定律而衰减。可用下式来估算距离发射天线 d 处接收到的平均信号功率 P_r，即

$$P_r = P_0 \left(\frac{d}{d_0}\right)^{-n} \tag{2.7}$$

式中，P_r 是接收功率；P_0 是距发射天线 d_0 处的参考点的功率；n 是路径衰减指数。设 D_i 是第 i 个干扰源与移动台间的距离，则移动台接收到的来自第 i 个干扰小区的功率与 $(D_i)^{-n}$ 成正比。

假设每个同频基站的发射功率相等，路径衰减指数也相同，则移动台的接收信干比可以近似的表示为

$$\frac{S}{I} = \frac{R^{-n}}{\sum_{i=1}^{i_0} (D_i)^{-n}} \tag{2.8}$$

通常在被干扰小区周围，干扰小区是多层的，一般第一层起主要作用。仅考虑第一层的同频干扰小区，如果认为各 D_i 的值相等，则式（2.8）可进一步简化为

$$\frac{S}{I} = \frac{(D/R)^n}{i_0} = \frac{(\sqrt{3N})^n}{i_0} \tag{2.9}$$

由式（2.9）可知，簇的大小 N 决定了移动台的接收信干比，同时也决定了系统的容量，见式（2.3）。由此可知，只要指定一个能够保证话音质量的接收门限电平，就可以确定簇的大小和频率复用的方案了。对一般的模拟移动通信系统，主观的测试表明，当 S/I 大于或等于 18 dB 时就可以提供足够好的话音质量。若设路径衰减指数 $n=4$，根据式（2.9）可得出，为了达到这个要求，簇的大小 N 最小必须为 6.49。所以，N 取值为 7。数字移动通信系统所需的 S/I 为 7～10 dB，所以可以采用较小的 N 值。值得注意的是，以上的讨论是基于正六边形小区、基站使用全向天线的情况。当使用定向天线时，同频干扰的小区数会减少，计算 S/I 时要充分考虑 i_0 的取值和基站的位置。

在实际设计中由于移动台在小区中位置的变化，基站位置偏差，传播环境的起伏，小区形状的扭曲，实际得到的 S/I 值要比式（2.9）的理论计算结果差。最坏情况下的 S/I 值，用同频干扰 BS 到被干扰 MS 的真实距离代入式（2.8），假设 $n=4$，则有

$$\frac{S}{I} = \frac{R^{-4}}{2(D-R)^{-4} + 2(D+R)^{-4} + 2D^{-4}} \tag{2.10}$$

以上分析可以看出，同频干扰决定了链路性能，同时也确定了频率复用方案和蜂窝系统的容量。

2. 降低同频干扰的措施

同频干扰决定了链路性能，同频干扰轻则带来通话的背景噪声，重则出现令人烦恼的串话，甚至导致通话中断。降低同频干扰已成为蜂窝移动通信工程设计、运营工作维护的重要课题。

解决同频干扰可以采取以下几种措施：

（1）定向天线覆盖。引入定向天线覆盖，利用天线空间定向隔离，可以减小同频干扰的小区数 i_0，从而提高接收信干比，减小同频干扰。经常使用的有 $N=7$、120°扇形区，$N=4$、60°扇形区或 120°扇形区，$N=3$、120°扇形区的复用方案。

（2）优化同频复用距离和频率分配方案。根据传播环境和业务量的变化情况，调整同频复用距离和频率分配方案，以适应不同的 S/I 要求。

（3）天线高度和功率控制。调整天线高度可以改变小区的覆盖范围，天线高度与覆盖区直径应成一定比例，一般两者之比需大于 0.1。在一些特定环境，如平坦地面或山谷，降低天线高度可以减小本站对其他同频站的干扰。城区内 BS 天线应尽可能保持等高，目前一般控制在 50~60 m 的高度。发射功率的选定应在满足 S/I 要求下保证小区边缘的通信概率，以免造成室内盲区。

（4）天线俯仰角的调整。通过调整俯仰角减少同频干扰，实际上是减少天线在干扰方向上的增益同时增强覆盖区内信号强度以提高 S/I。实现俯仰角的调整需要注意以下两点：俯仰角度应以保证本覆盖区增益最大，而对同频干扰区边缘信号干扰最小为原则；选择高增益定向天线特别是垂直方向图较为尖锐的天线，实施俯仰角调整对 S/I 改善更为有效。

2.4.2 邻频干扰

来自所使用的信号频率的相邻频率产生的信号干扰称为邻频干扰。邻频干扰是由于接收滤波器的阻带衰减不够陡峭，使得相邻频率的信号泄漏到传输带宽内而引起的。只有当两个相邻频率的接收机距离很近，干扰信号的强度超过了接收机灵敏度时，邻频干扰才会对接收机的正常工作造成影响。

邻频干扰可通过降低发射机的带外辐射、提高接收滤波器的精度和合理的信道分配而减到最小程度。通常用接收机的邻频选择性来表示抗邻频干扰的能力，它主要由接收中频滤波器的阻带衰减特性决定。因为每个小区只是分给所有可用信道中的一部分，因此可以通过避免在相邻小区之间分配连续的频率，同时使相邻小区之间的频率间隔最大来减小邻频干扰。

2.4.3 移动台的功率控制

在移动通信网多信道工作时，多个移动台发射机在不同距离、不同信道同时向基站发射信号，结果造成对基站接收机的各种干扰。抑制这些干扰的有效措施之一，是使每个用户所发射的功率一直在当前服务基站的控制之下，即对移动台进行自动功率控制。这是为了保证每个用户所发射的功率都是所需的最小功率，以保持反向信道链路的良好质量。功率控制不仅有利于延长用户设备的电池寿命，还可以显著减小系统中反向信道的 S/I。功率控制对于允许每个小区中的每个用户都共享同一无线信道的 CDMA 扩频通信系统来说尤为重要。

2.4.4 蜂窝系统容量的改善

随着无线服务需求的提高，分配给每个小区的信道数最终变得不足以支持所要达到的用户数。随着用户数的不断增加，需要一些蜂窝设计技术来给单位覆盖区域提供更多的信道。在实际应用中，用小区分裂（Cell Splitting）、小区扇形化（Sectoring）和覆盖区分区域（Coverage Zone）等技术来增大蜂窝系统容量。小区分裂通过增加基站的数量来增加系统容量，而小区扇形化和覆盖区分区域（分区微小区）依靠基站天线的定位来进一步减小同频干扰以提高系统容量。

1. 小区分裂

小区分裂是将拥塞小区分成更小的小区，每个小区都有自己的基站并相应的降低天线高度和减小发射机功率。由于小区分裂提高了信道的复用次数，因而使系统容量有了明显提高。

假设系统中所有小区都按小区半径的一半来分裂，如图 2.12 所示。为了用这些更小的小区来覆盖整个服务区域，将需要大约为原来小区数目 4 倍的小区。小区数的增加将增加覆盖区域内的簇数目，这样就增加了覆盖区域内的信道数量，从而增加了容量。

图 2.12 为小区分裂的例子，基站放置在小区角上，假设基站 A 服务区域内的话务量已经饱和（即基站 A 的阻塞超过了可接受的阻塞率）。因此该区域需要新的基站来增加区域内的信道数目，并减小单个基站的服务范围。从图中可注意到，最初的基站 A 被 6 个新的微小区基站所包围，更小的小区是在不改变系统的频率复用计划的前提下增加的（即同频复用比 Q 保持不变）。例如，标为 G 的新的微小区基站安置在两个使用同样信道的、也标为 G 的原基站中间。图中其他新的微小区基站也是一样的。由此可以看出：这种方案是在原基

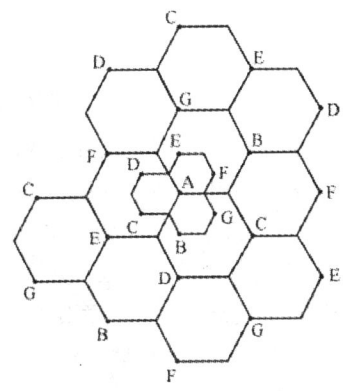

图 2.12 按小区半径的一半进行小区分裂的示意图

站顶点激励的基础上展开的，是在两个同信道的原基站连线的中心点上加设新的基站，小区分裂只是按比例缩小了簇的几何形状。

对于图中的小区分裂方案，新小区基站间距减为原来的一半，基站覆盖面积变为原来的 1/4，各新小区之间的频率复用关系和原小区之间的关系是相同的，即每个原区与每个新区均可使用相同的频道，结果是在原区范围内可使用的信道数便增为原来的 4 倍。倘若在此基础上分裂 k 次，那么原区中可容纳的业务量增为

$$T_n = 4^k T_0 \tag{2.11}$$

式中，T_0 为分裂前原小区业务量。

新的微小区基站发送功率也应该相应下降。新小区的发射功率可通过检查在新的和旧的小区边界接收到的功率并令它们相等而得到，即

$$P_r[\text{在旧小区边界}] = P_0 R^{-n} \tag{2.12}$$

$$P_r[\text{在新小区边界}] = P_T (R/2)^{-n} \tag{2.13}$$

式中，P_0 和 P_T 分别为原小区和新小区的基站发射功率；n 为路径损耗指数。令 $n=4$，并令接收到

的功率都相等，则

$$P_T = \frac{P_0}{16} \tag{2.14}$$

也就是说，为了用微小区填充原来的覆盖区域，而又要达到 S/I 要求，发送功率要降低 12 dB。若分裂 k 次，则新的微小区基站发送功率降为

$$P_T = P_0 - 12k \quad (\text{dB}) \tag{2.15}$$

2. 小区扇形化

如前所述，小区分裂通过减小小区半径和不改变同频复用因子值，增加了单位面积上的信道数，从而获得容量的提高。

另一种增大系统容量的方法就是保持小区半径不变，而设法减小同频复用因子值。小区扇形化技术可增大 S/I，从而允许簇的大小减小，容量的提高正是通过减小簇中小区的数量以提高频率复用来实现的。

小区扇形化是在原小区的基础上，将中心设置基站的全向覆盖区分裂为几个定向天线的小区，其中每个定向天线辐射某一特定的扇区。

由于使用了定向天线，小区将只接收同频小区中一部分小区的干扰，从而减小了同频干扰，提高了系统容量。同频干扰减小的因素取决于使用扇区的数目。通常一个小区划分为 3 个 120° 扇区或是 6 个 60° 扇区，如图 2.13（a）、(b) 所示。采用扇区化技术以后，在某个小区中使用的信道就分为分散的组，每组只在某个扇区中使用。

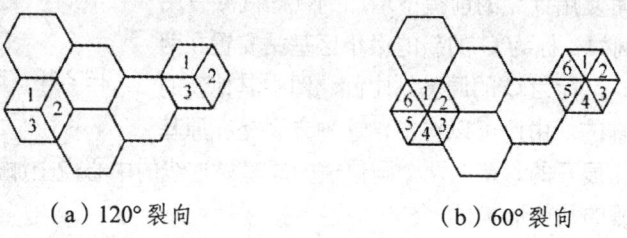

（a）120° 裂向　　　　　（b）60° 裂向

图 2.13　扇区划分

假设为 7 小区复用，对于 120° 扇区，第一层的干扰源数目可由 6 个下降到 2 个。这是因为 6 个同频小区中只有 2 个能接收到相应信道组的干扰。参考图 2.14，考虑在有"5"的中心小区右边扇区的移动台所收到的干扰。在中心小区的右边有 3 个标为"5"的同频小区的扇区，3 个在左边。在这 6 个同频小区中，只有 2 个小区具有可以辐射进入中心小区的天线模式，因此中心小区的移动台只会受到来自这两个小区的前向链路的干扰。这种情况下的 S/I 可以根据式 (2.9) 计算出为 24.2 dB，这对于 2.4.1 节中全向天线的情况是一个显著的提高。2.4.1 节中实际系统的理论值 S/I 为 17.8 dB，最坏的 S/I 为 17 dB。S/I 的提高允许无线工程师减小簇的大小 N 来增大频率复用和系统容量。

提高 S/I 继而增加系统容量所带来的不利方面，即导致每个基站的天线数目的增加，以及由于基站的信道也要划分而使中继效率降低。由于扇区化减小了某一个信道组的覆盖范围，同时切换次数也将增加。幸运的是，许多现代化的基站都支持扇区化，允许移动台在同一个小区内进行

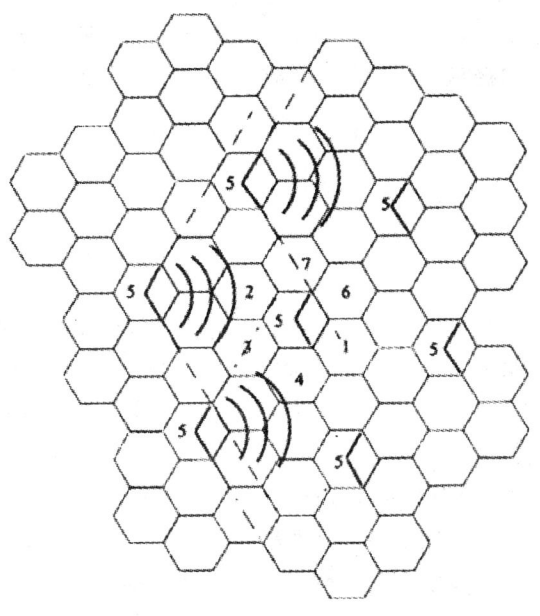

图 2.14　120°扇区划分如何减小同频小区干扰的图例

扇区与扇区之间的切换,而不需要 MSC 的干预,因此切换不是关键问题。但是,由于中继效率下降,话务量会有所损失,所以一些运营商不使用扇区化技术。

3. 覆盖区分区域

当使用小区扇形化时需要增加切换次数,这就导致移动系统的交换和控制链路的负荷增加。为了解决这个问题,可以采用覆盖区分区域技术。如图 2.15 给出了基于 7 小区复用的微小区概念。在这个方案中,每 3 个 (或者更多) 区域站点 (在图 2.15 中以 Tx/Rx 表示) 与一个单独的基站相连,并且共享同样的无线设备。各微小区用同轴电缆、光导纤维或微波链路与基站连接。多个微小区和一个基站组成一个小区。当移动台在小区内移动时,由信号最强的分区微小区来服务。这种方法优于扇形化方法,因为它的天线安放在小区的外边缘,并且基站的任意信道都可由基站分配给任一个分区微小区。

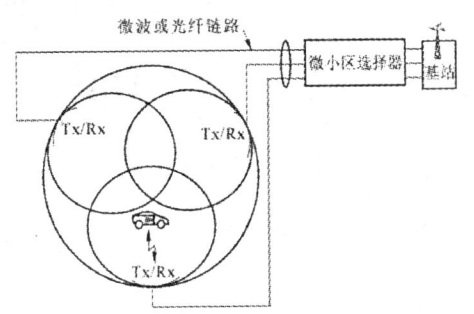

图 2.15　分区微小区的概念

当移动台在小区内从一个分区微小区行驶到另一个分区微小区时,它使用同样的信道。因此,与扇区化不同,当移动台在小区内的分区微小区之间行驶时不需要 MSC 进行切换。基站只是简单地将信道切换给另一个分区微小区使用。因此,对于某一个信道而言,它只在移动台行驶在某一分区微小区内时使用。这样,基站辐射被限制在局部,从而减小了干扰水平。这样,小区内的信道在空间和时间上分配给 3 个分区微小区,同时按照通常的方式进行同信道复用。这种技术在高速公路或市区业务集中带特别有用。

分区微小区技术的优点在于,小区既可保证覆盖半径,又能够减小蜂窝系统的同频干扰。因为一个大的中心基站已由多个在小区边缘的小功率发射机 (微小区发射机) 来代替。同频干扰的

2.5 多信道共用技术

减小提高了信号质量,从而允许簇的大小减小,因而增大了系统容量,同时没有扇区化引起的中继效率的下降。目前,许多蜂窝系统和个人通信系统正在采纳这种分区微小区结构。

我们知道,移动通信的频率资源非常紧缺,不可能为每个移动台预留一个信道,只可能为每个基站配置好一组信道,供该基站所覆盖区域内的所有移动台共用。所谓多信道共用就是指,在一个无线区内的 N 个信道为该无线区内的所有用户共用。这种占据信道的方式相对于独立信道方式而言,可以明显提高信道利用率。

例如,一个无线区有 N 个信道,将用户也分成 N 组,每组用户分别被指定在某一个信道上工作,不同信道组内的用户不能互换信道,这就是独立信道方式。当某一个信道被某一个用户占用时,则在他通话结束前,属于该信道的其他用户都处于阻塞状态,无法通话。但是,与此同时一些其他信道却处于空闲状态,而又得不到运用。这样就造成了有些信道在紧张排队,而另一些信道却处于空闲状态,显然,信道得不到充分利用。如果采用多信道共用方式,即在一个无线小区内的 N 个信道为该小区内所有用户共用,则当 k($k<N$)个信道被占用时,其他需要通话的用户可以选择剩下的任一空闲信道通话。因为任何一个移动用户选取空闲信道和占用信道的时间都是随机的,所以所有信道同时被占用的概率远小于单个信道被占用的概率。因此,多信道共用可明显提高信道的利用率。

多信道共用技术支撑着移动网的呼损率、呼叫中断率、系统容量等性能指标。下面我们来讨论多信道共用技术与若干性能指标的关系。

2.5.1 话务量、呼损率和系统用户数

1. 话务量

话务量是度量通信系统业务量或繁忙程度的指标。在移动电话系统中,话务量可分为流入话务量和完成话务量。

流入话务量 A,是指单位时间内(通常是 1 小时)发生的平均呼叫次数与每次呼叫平均占用信道时间的乘积,即可表示为

$$A = \lambda S \tag{2.16}$$

式中,λ 为每小时的平均呼叫次数;S 为每次呼叫平均占用信道的时间。

如果 S 以小时为单位,则话务量 A 的单位是爱尔兰(Erlang,简称 Erl)。1 爱尔兰就表示平均每小时内用户要求通话的时间为 1 小时。

例如,设在 100 个信道上,平均每小时有 2 100 次呼叫,平均每次呼叫时间为 2 min,则这些信道上的呼叫话务量为

$$A = 2\,100 \times 2/60 = 70 \quad (\text{Erl}) \tag{2.17}$$

从一个信道看，它充其量在 1 个小时内不间断地进行通信，那么它所能完成的最大话务量也就是 1 爱尔兰。由于用户发起呼叫是随机的，不可能不间断地持续利用信道，所以一个信道实际所能完成的话务量必定小于 1 爱尔兰。也就是说，信道的利用率不可能达到百分之百。

2. 呼损率

多个用户共用信道时，通常总是用户数大于信道数。当有空闲信道时，新发起的呼叫能够被接续，呼叫成功；当信道全都被占用时，新发起的呼叫不能被接续，呼叫失败。在系统流入的话务量中，完成接续的那部分话务量称作完成话务量，未完成接续的那部分话务量称作损失话务量。若令 λ_0（$\lambda_0 < \lambda$）为单位时间内呼叫成功的次数，则完成话务量 A_0 为

$$A_0 = \lambda_0 S \tag{2.18}$$

流入话务量 A 与完成话务量 A_0 之差，即为损失话务量。损失话务量与流入话务量的比例定义为呼损率 B，可表示为

$$B = \frac{A - A_0}{A} = \frac{\lambda - \lambda_0}{\lambda} \tag{2.19}$$

B 用来说明呼叫损失的概率。

显然，呼损率 B 愈小，成功呼叫的概率越大，用户就越满意。因此，呼损率也称为系统的服务等级（GoS），是衡量系统接续质量的主要指标。例如，某系统的服务等级为 5%，即说明该系统内的用户每呼叫 100 次，其中有 5 次未被接通。但是，对于一个已建成的通信网来说，要想使呼损降低，只有让呼叫流入的话务量减少，即容纳的用户数少一些，这是我们不希望的。可见呼损率和话务量是一对矛盾，要折中处理。

对于多信道共用的移动通信网来说，根据话务理论，呼损率 B、共用信道数 n 和流入话务量 A 三者的定量关系可用爱尔兰公式表示。爱尔兰呼损公式为

$$B = \frac{A^n / n!}{\sum_{i=1}^{n} A^i / i!} \tag{2.20}$$

式（2.20）就是电话工程中非常实用的 Erlang 公式。在给定呼损率 B 的条件下，则可根据上式计算出 A 和 n 的对应关系，见表 2.5。

表 2.5 Erlang 公式中 B、A 和 n 之间的关系

n \ B	1%	2%	3%	5%	7%	10%	20%
1	0.010	0.020	0.031	0.053	0.075	0.111	0.250
2	0.153	0.223	0.282	0.381	0.470	0.595	1.000
3	0.455	0.602	0.715	0.899	1.057	1.271	1.980
4	0.869	1.902	1.259	1.525	1.748	2.045	2.945
5	1.361	1.657	1.875	2.218	2.504	2.881	4.010

续表 2.5

A\B n	1%	2%	3%	5%	7%	10%	20%
6	1.909	2.276	2.543	2.960	3.305	3.758	5.109
7	2.501	2.935	3.250	3.738	4.139	4.666	6.230
8	3.128	3.627	3.987	4.543	4.999	5.597	7.369
9	3.783	4.345	4.748	5.370	5.879	6.546	8.552
10	4.461	5.048	5.529	6.216	6.776	7.551	9.685
11	5.160	5.842	6.328	7.076	7.687	8.437	10.857
12	5.876	6.615	7.141	7.950	8.610	9.474	12.036
13	6.607	7.402	7.967	8.835	9.543	10.470	13.222
14	7.352	8.200	8.803	9.730	10.485	11.473	14.413
15	8.108	9.010	9.650	10.633	11.434	12.484	15.608
16	8.875	9.828	10.505	11.544	12.390	13.500	16.608
17	9.652	10.656	11.368	12.461	13.353	14.522	18.010
18	10.437	11.491	12.238	13.385	14.321	15.548	19.216
19	11.230	12.333	13.115	14.315	15.294	16.579	20.424
20	12.031	13.182	13.997	15.249	16.271	17.613	21.635

采用多信道共用技术能够提高信道利用率，呼损率不同情况下，信道的利用率也是不同的。信道利用率可用每个信道平均完成的话务量来表示，即

$$\eta = \frac{A_0}{n} = \frac{A(1-B)}{n} \tag{2.21}$$

3. 用户忙时话务量与系统用户数

在工程设计中，为了计算系统能容纳的用户数，需要知道每用户的忙时话务量。每个用户在 24 小时内的话务量是不均匀的，网络设计应按最忙时的平均话务量来进行计算。最忙 1 小时的话务量与全日的话务量之比称为忙时集中系数 K，可表示为

$$K = \frac{忙时话务量}{全日话务量} \tag{2.22}$$

忙时集中系数一般为 10%～15%。每个用户的忙时话务量必须由统计方法确定。假设每一用户每天平均呼叫次数为 C，每次呼叫平均占用信道的时间为 T（秒/次），集中系数为 K，则每用户的忙时话务量为

$$a = CTK\frac{1}{3\,600} \tag{2.23}$$

例如，每天平均呼叫 3 次，每次的呼叫平均占用时间为 120 s，忙时集中度为 10%，则每个用户忙时话务量为 0.01 Erl/用户。一些移动电话通信网的统计数字表明，对于公用移动通信网，每个用户忙时话务量可按 0.04 Erl 计算；对于专用移动通信网，业务性质不同，每用户忙时话务量亦不同，一般可按 0.06 Erl 计算。

当用户的忙时话务量确定后，每个信道所能容纳的用户数 m 可由下式计算，即

$$m = \frac{A/n}{a} = \frac{A/n}{CTK\dfrac{1}{3\,600}} \tag{2.24}$$

此时，系统所能容纳的用户总数为

$$M = mn = \frac{A}{a} \tag{2.25}$$

【例 2.1】 某移动通信系统的一个无线小区有 8 个信道（1 个控制信道，7 个话音信道），每天每个用户平均呼叫 10 次，每次占用信道平均时间为 80 s，呼损率要求 10%，忙时集中系数为 0.125。问该无线小区能容纳多少用户？

解：(1) 根据呼损的要求及信道数（$n = 7$），求总话务量 A。可以利用公式（2.20），也可查表 2.5，得

$$A = 4.666 \quad (\text{Erl})$$

(2) 求每个用户的忙时话务量 a，有

$$a = CTK\frac{1}{3\,600} = 0.027\,8 \quad (\text{Erl/用户})$$

(3) 求每个信道能容纳的用户数 m，有

$$m = \frac{A/n}{a} \approx 24$$

(4) 系统所容纳的用户数，有

$$mn = 168$$

根据前述分析，可得到如下结论：① 当无线区的共用信道数一定时，呼损率越大，系统的流入话务量越大，信道利用率越高，系统能容纳的用户数越多。但是，呼损率越大，服务质量越低，设计通信网时要折中考虑。② 采用多信道共用技术可以提高信道利用率。在 B 一定的条件下，随着共用信道数 n 的增加，信道利用率 η 也相应的提高，相当于增加了额外信道数，这就是所谓信道转换效应。但是，η 随着 n 的增加而提高的速率越来越小。另外，由于共用的信道数越多，设备越复杂，互调产物越多，因此，共用信道数也不宜过多。

2.5.2 信道的自动选择方式

在多信道共用系统中，每个基站（BS）控制的小区内有 n 个信道提供给 $n \times m$ 个用户共用。那么，当某一用户需要通信而发出呼叫时，怎样从这 n 个信道中选取一个空闲信道呢？

空闲信道的选取方式主要可分为两类：一类是专用呼叫信道方式（或称"共用信令信道"方式）；另一类是标明空闲信道方式。

1. 专用呼叫信道方式

这种方式是在给定的多个共用信道中，选择一个信道专门作为呼叫信道，以完成建立通信联系的信道分配，而其余信道作为话务信道。移动用户只要不在通话时就停在呼叫信道上守候。当移动用户要发起呼叫时，就在上行专用呼叫信道发出呼叫请求信号，基站收到请求后，在下行专用呼叫信道给主叫的移动用户指定当前的空闲话音信道，移动台根据指令转入空闲信道通话。通话结束后再自动返回到专用呼叫信道守候。当移动台被叫时，基站在下行专用呼叫信道上发出寻呼信号，被呼移动台应答后即按基站的指令转入某一空闲话音信道进行通信。

由上述工作过程可以看出，一旦建立通信之后，专用呼叫信道便是空闲的，可以接纳另一次呼叫请求。专用呼叫信道处理一次呼叫过程所需时间很短，一般约在几百毫秒，所以，建立一个专用呼叫信道就可以处理成百上千个用户。因此，它适用于共用信道数较多的系统，即大容量用户的系统。我国 900 MHz 蜂窝式移动电话网就是采用这种方式进行信道选择的。

2. 标明空闲信道方式

标明空闲信道方式可分为"循环定位"、"循环不定位"和"循环分散定位"等多种方法。

(1) 循环定位方式：没有专用的呼叫信道，由 BS 临时指定一个信道做呼叫信道，并在该临时呼叫信道上发空闲信号。平时所有未通话的移动台都自动对全部信道进行扫描搜索，一旦在某个信道上收到空闲信号，就停留在该信道上。因此在平时，所有移动台都集中守候在临时呼叫信道上，当某个用户呼通后，就在此信道上通话。此时，基站要另选一个空闲信道作为临时呼叫信道发空闲信号，于是所有未通话的移动台接收机都自动转到新的临时呼叫信道上守候（定位）。可见，在循环定位方式下，其呼叫信道是临时的、不断改变的。一旦临时呼叫信道转为通话信道，BS 要重新确定某空闲信道为临时呼叫信道，并发空闲信号。移动台一旦收不到空闲信号就不断进行信道扫描。这种方式信道利用率高（全部信道都可用作通话）、接续快；但由于所有不通话的移动台都守候在一个临时呼叫信道上，同抢概率大。因此，这种方式只适合于小容量系统。

(2) 循环不定位方式：这种方式是在循环定位方式的基础上，为减少同抢概率而出现的一种改进方式。

循环不定位方式中的基站在所有不通话的空闲信道上都发出空闲信号，网内移动台自动扫描空闲信道，并随机地停靠在就近的空闲信道上（不定位）。避免了像循环定位方式那样，所有不通话的移动台都在一个临时呼叫信道上从而引起的主叫抢占情况。当基站呼叫移动台时，必须选择一个空闲信道先发出时间足够长的召集信号（其他空闲信道停发空闲信号），而后再发出选呼信号。网内移动台由于收不到空闲信号重新进入扫描状态，一旦扫到召集信号就停在该信道上等候被呼。一旦发现自己未被呼中，重新处于不停的信道扫描状态。从以上工作过程可以看出，循环不定位方式的优点是减少了同抢概率。但移动台被呼的接续时间比较长。而且，系统的全部信道（不管通话与不通话）都处于工作状态。这种多信道的常发状态，会引起严重的互调干扰。

(3) 循环分散定位方式：为克服循环不定位方式时移动台被呼的接续时间比较长的缺点，人们提出一种循环分散定位方式。在循环分散定位方式中，基站在全部不通话的空闲信道上都发空闲信号，网内移动台分散停靠在各个空闲信道上。移动台主呼是在各自停靠的空闲信道上进行的，保留了循环不定位方式的优点。基站呼叫移动台时,其呼叫信号在所有的空闲信道上发出,并等待应答信号。这种方式接续快、效率高、同抢概率小。但是,这种方式基站的接续控制比较复杂。此外,在组网应用时,必须认真考虑多信道常发信号带来的干扰。

标明空闲信道方式,主要用于小容量移动电话网。

2.6 越区切换

为保证通信的连续性,当正在通话的移动台从一个小区移动到另一个小区(或在同一小区中不同扇区之间进行移动)时,MSC 自动将呼叫转移到新小区的信道上,该过程称为越区切换。

随着移动通信系统容量的不断增加,小区不断缩小,进行越区切换的次数也不断增多。切换处理在任何蜂窝无线系统中都是一项重要的任务。

越区切换分为两大类:一类是硬切换,另一类是软切换。硬切换是指在新的连接建立以前,先中断旧的连接(如 GSM 系统)。而软切换是指既维持旧的连接,又同时建立新的连接,并利用新旧链路的分集合并来改善通信质量,当与新基站建立可靠连接之后再中断旧链路(如 CDMA 系统)。

2.6.1 切换门限值、切换过程和信道分配

1. 越区切换门限值

研究表明,越区切换常常会导致通信中断。为此,切换必须要很顺利地完成,并且尽可能少地出现,同时使用户察觉不到。为适应这些要求,系统设计者必须要指定一个启动切换的最恰当的信号强度。一旦将某个特定的信号强度指定为基站接收机中可接受话音质量的最小可用信号(一般在 $-100 \sim -90$ dBm 之间),稍微强一点的信号强度就可以作为启动切换的门限。其中的间隔表示为 Δ,不能太小也不能太大。如果 Δ 太大,就可能会有不需要的切换来增加 MSC 的负担,如果 Δ 太小,就可能会因信号太弱而掉话,而在此之前又没有足够的时间来完成切换。因此,必须谨慎地选择 Δ 以满足这些相互冲突的要求。

当 MSC 处理切换的时延过大时,就可能发生掉话情况。当话务量较大时就有可能导致时延过大,原因是 MSC 的负担太重,或是在邻近的基站中都已没有可用的信道(这时 MSC 就必须等到邻近基站有一个空闲信道为止)。

2. 切换过程

在决定何时切换时,很重要的一点是要保证所检测到的信号电平的下降不是因为瞬间的衰减,而是由于移动台正在离开当前服务的基站。为了保证这一点,在准备切换之前需要先对信号监视一段时间,以避免不需要的切换,同时保证在由于信号太弱而中断通信之前完成必要的切换。决定切换进行的时间长短取决于移动台的运动速度。如果在某一固定时间间隔内接收到的短期平均信号强度的坡度很陡,则要进行快速切换。

在目前的第二代系统(IS-95 系统和 GSM 系统)中,采用移动台辅助的越区切换(MAHO),

即由移动台测量其周围基站的信号强度,并将结果连续地报告给为它服务的基站。当从一个相邻小区的基站中接收到的信号强度比当前基站高出一定的电平且维持了一定的时间时,就准备进行切换。MAHO方法在切换频繁的微蜂窝环境下特别适用。

在一个呼叫过程中,如果移动台离开一个蜂窝系统到另一个具有不同MSC控制的蜂窝系统中,则需要进行系统间切换。当某个小区中移动台的信号减弱,而MSC又在它自己的系统中找不到一个小区来转移正在进行的通话,则该MSC就要做系统间切换。

3. 切换时的信道分配

越区切换时的信道分配是解决当呼叫要转换到新小区时,新小区如何分配信道的,使得越区失败的概率尽量小。不同的系统使用不同的策略和方法来处理切换请求。从用户的观点来看,正在进行的通话中断比偶尔的新呼叫阻塞更令人讨厌。为了提高用户所察觉的服务质量,人们已经想出了各种各样的办法,从而在分配话音信道时实现切换请求优先于初始呼叫请求。常用的做法是在每个小区预留部分信道专门用于越区切换。这种做法的特点是:因新呼叫使可用的信道数减少,呼损率增加,但减少了通话被中断的概率,从而符合人们的使用习惯。

2.6.2 实际切换中需要注意的问题

在实际的蜂窝系统中,当移动速度变化范围太大时,系统设计将会遇到许多问题。高速车辆只要几秒钟就可以驶过一个小区的覆盖范围,而步行用户在整个通话过程中可能不需要切换。特别是在为了提高容量而增加了微小区的地方,MSC很快就会因为经常有高速用户在小区之间穿行而不堪负荷。为此,已经提出了多种方案来处理同一时刻的高速和低速用户的通信,同时将MSC介入切换的次数减到最小。

面临的另一个问题是获得新小区站址的限制。蜂窝概念虽然可通过增加小区站点来增加系统容量,但在实际中,要在市区获得新的小区站点的物理位置,对于蜂窝服务的提供者来说是困难的。一些条例和其他非技术性的障碍,经常使得蜂窝提供者宁愿在一个已经存在小区的相同物理位置上安装基站和增加信道,也不愿去寻找新的站点位置。通过使用不同高度的天线(经常是在同一建筑物或发射台上)和不同强度的功率,在一个站点上设置"大的"和"小的"覆盖区域是可能的。这种技术称为伞状小区方法,用来为高速移动用户提供大面积的覆盖,同时为低速移动用户提供小面积的覆盖。图2.16给出了一个伞状宏小区和一些比它小的微小区同点设置的例子。伞状小区的方法使高速移动用户的切换次数下降到最小,同时为步行用户提供附加的微小区信道。每个用户的移动速度可能是由基站或是由MSC估计的,如果一个在伞状宏小区内的高速移动用户正在接近基站,而且它的速度正在很快地下降,则基站就能自己决定将用户转移到同点设置的微小区中,而不需要MSC的干涉。

在微小区系统中还存在另外一个实际的切换问题,就是小区拖尾。小区拖尾是由对基站发射强信号的步行用户所产生的。由于用户以非常慢的速度离开基站,平均信号能量衰减不快;即使当用户远离了小区的预定范围,基站接收的信号仍然可能高于切换门限,因此就不做切换,这会产生潜在的干扰和话务量管理问题,因为用户那时已深入到了相邻小区中。为了解决小区拖尾问题,需要仔细地调整切换门限和无线覆盖参数。

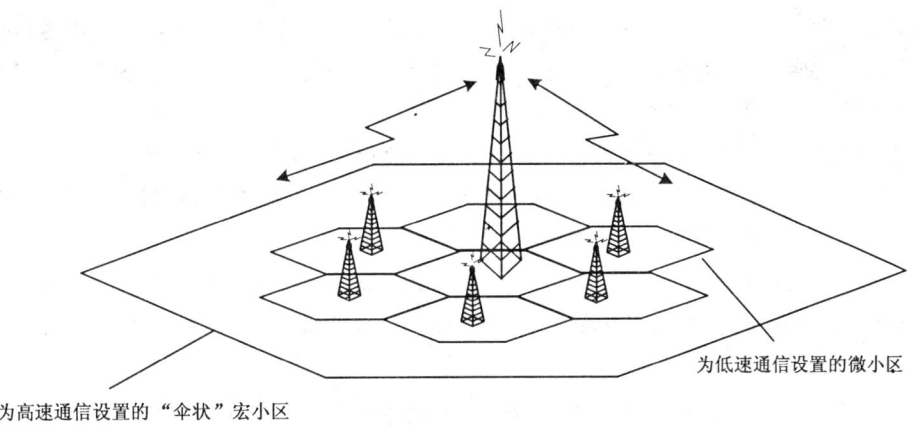

图 2.16 伞状小区设置

本章小结

本章主要介绍了公用移动通信网组网涉及到的一些技术问题，包括区域覆盖和信道分配策略、干扰和系统容量、多信道共用和越区切换等问题。

区域覆盖是指究竟是采用大区制方式还是小区制方式来覆盖整个服务区。即在整个服务区内要设置多少个基站的问题；信道分配是指如何将频道分配给各个蜂窝小区的用户使用。

干扰是制约蜂窝系统容量的重要因素。蜂窝移动通信系统中的两种主要干扰是同频干扰和邻频干扰。在实际应用中，小区分裂（Cell Splitting）、小区扇形化（Sectoring）和覆盖区分区域（Coverage Zone）等技术都以一定方式增大 S/I 以提高系统容量。

多信道共用技术允许大量的用户在一个小区内共享相对较小数量的信道，明显地提高了信道利用率，这一观点通过详细的实例进行了分析。为了设计一个能在特定服务等级（GoS）上处理特定容量的通信服务系统，需要理解话务量理论和排队论。

同时为保证通信的连续性，当移动台从一个小区移动到另一个小区时需要进行切换，有多种方法可以完成切换。

本章内容涉及到移动通信组网的基本理论和技术，有了本章的基础，读者可以继续学习与移动通信系统有关的基本原理。

思考练习题

2.1 移动通信的服务区域覆盖方式有哪两种？各自的特点是什么？

2.2 除了频率复用外，在实际应用中，常用哪三种技术来增大蜂窝系统容量？

2.3 为什么会存在同频干扰？同频干扰会带来什么样的影响？降低同频干扰的措施有哪些？

2.4 某一无线小区有 8 个信道，经统计每用户每天呼叫 3 次，每次占用信道 120 秒，忙时集中系数为 10%，阻塞率为 10%。若采用专用呼叫信道方式，试问系统能容纳多少用户？信道利用率是多少？

2.5 移动通信网的某个小区共有 100 个用户，平均每用户每天呼叫 5 次，每次占用信道 180 秒，集中系数为 15%。问：为保证呼损率小于 5%，需共用的信道数是多少？若允许呼损率达 20%，共用信道数可节省几个？

2.6 在平面服务区域内划分小区，为什么说最佳的小区形状是正六边形？

2.7 设某蜂窝移动通信网的小区辐射半径为 2 km，根据同频干扰抑制的要求，同频小区之间的距离应该大于 8 km，问该网的区群中小区的数目是多少？

2.8 若蜂窝系统的前向信道要求的信干比为 17 dB，假设第一层中有 6 个同频小区，且它们与移动台之间的距离都相同，路径损耗指数 $n=4$。讨论：当采用 $N=7$ 的频率复用模式时，能否满足信干比要求？

2.9 什么叫中心激励？什么叫顶点激励？采用顶点激励方式有什么好处？

2.10 什么是越区切换？软切换和硬切换的差别是什么？

2.11 移动通信中信道自动选择方式有哪四种？目前的大容量蜂窝移动电话系统常采用哪一种信道选择方式？

2.12 在越区切换时，采用什么信道分配方法可减少通信中断概率？它与呼损率有何关系？

第 3 章 移动信道中的电波传播

移动无线信道是变参信道。无线电波在传播的过程中会遭遇建筑群、树叶或地形的阻挡,使得发射的信号要经过直射、反射、散射等多条传播路径才能到达接收端,这些多径信号相互叠加会形成衰落,这种现象叫做多径衰落。移动信道的多径衰落特性取决于无线电波的传播特性和传播环境,这些环境包括地貌、人工建筑、气候特征、电磁干扰情况、通信体移动速度情况和使用的频段等。

有三种研究无线移动信道的基本方法:

(1) 理论分析。用电磁场理论和统计理论分析电波在移动环境中的传播特性,并用数学模型来描述移动信道。

(2) 现场电波实测。在不同的传播环境中,做电波传播实测实验,对实测数据进行统计分析,验证和校正理论分析结果。

(3) 计算机模拟。在硬件的支持下,利用计算机灵活快速地模拟各种移动环境。

3.1 三种基本传输机制

在移动通信系统中,影响传播的三种最基本的传输机制为反射、绕射和散射。这三种电波传播机制描述了信号在移动信道中衰落的情况。

3.1.1 反射与多径信号

1. 反射系数

当电磁波遇到比波长大得多的物体时发生反射,电波反射发生在物体界面上,例如地面、建筑物和墙壁表面。图 3.1 给出了从发射天线到接收天线的电波由反射波与直射波组成的情况。

为了简化,可以认为反射界面为平滑表面,即电波在反射点的反射角等于入射角。不同界面的反射特性用反射系数 R 表征,它定义为入射波与反射波的比值。它与入射角 θ、电波极化方式和反射介质的特性有关,用公式可以表示为

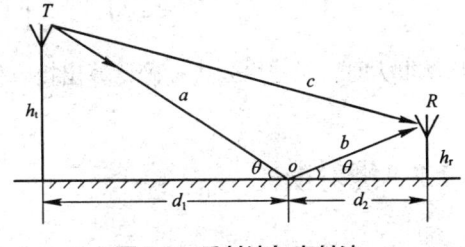

图 3.1 反射波与直射波

$$R = \frac{\sin\theta - z}{\sin\theta + z} \tag{3.1}$$

上式中，有

$$z = \frac{\sqrt{\varepsilon_0 - \cos^2\theta}}{\varepsilon_0} \quad (\text{垂直极化}) \tag{3.2}$$

$$z = \sqrt{\varepsilon_0 - \cos^2\theta} \quad (\text{水平极化}) \tag{3.3}$$

$$\varepsilon_0 = \varepsilon - \mathrm{j}60\sigma\lambda \tag{3.4}$$

式中，ε 为介电常数；σ 为电导率；λ 为波长。

2. 两径传播模型

图 3.1 所示为有一条直射波和一条反射波路径的两径传播模型。

由发射点发出的电波分别经过直射线 c 与地面反射路径 $a+b$ 到达接收点，h_t 和 h_r 分别表示发射天线和接收天线离地面的高度。

在此模型中，接收功率可用下式表示，即

$$P_\mathrm{r} = P_\mathrm{t}\left(\frac{\lambda}{4\pi d}\right)^2 G_\mathrm{R} G_\mathrm{T} \left|1 + R\mathrm{e}^{\mathrm{j}\Delta\phi} + (1-R)A\mathrm{e}^{\mathrm{j}\Delta\phi} + \cdots\right|^2 \tag{3.5}$$

上式右边绝对值符号内，第一项代表直射波，第二项代表反射波，第三项代表地表面波，省略号代表感应场和地面二次效应。

在陆地移动通信的大多数应用场合，地表面波的影响可以忽略，则上式可以简化为

$$P_\mathrm{r} = P_\mathrm{t}\left(\frac{\lambda}{4\pi d}\right)^2 G_\mathrm{R} G_\mathrm{T} \left|1 + R\mathrm{e}^{\mathrm{j}\Delta\phi}\right|^2 \tag{3.6}$$

式（3.6）中，P_r 和 P_t 分别为接收功率和发射功率；G_R 和 G_T 分别为接收和发射天线增益；R 为地面反射系数；d 为两天线距离；λ 为波长；$\Delta\phi$ 为两条路径的相位差，有

$$\Delta\phi = \frac{2\pi\Delta l}{\lambda} \tag{3.7}$$

式中，路径差 Δl 可表示为

$$\Delta l = a + b - c \tag{3.8}$$

考虑由 N 条路径构成的多径传播模型时，式（3.8）可以推广为

$$P_\mathrm{r} = P_\mathrm{t}\left(\frac{\lambda}{4\pi d}\right)^2 G_\mathrm{R} G_\mathrm{T} \left|1 + \sum_{i=1}^{N-1} R_i \mathrm{e}^{\mathrm{j}\Delta\phi_i}\right|^2 \tag{3.9}$$

当 N 很大时，无法用公式准确计算出接收信号的功率，必须用统计的方法计算接收信号功率。

3.1.2 绕射损耗

实际情况下的移动通信的地形环境很复杂，电波直射路径上会存在各种障碍物。当接收机和

发射机间的无线路径被障碍物尖锐的边缘阻挡时将发生绕射，引起的损耗称为绕射损耗。

设障碍物与发射点和接收点的相对位置如图 3.2 所示。图中，x 表示障碍物顶点 P 至直射线 TR 的距离，称为菲涅尔余隙。规定阻挡时余隙为负，如图 3.2（a）所示；无阻挡时余隙为正，如图 3.2（b）所示。

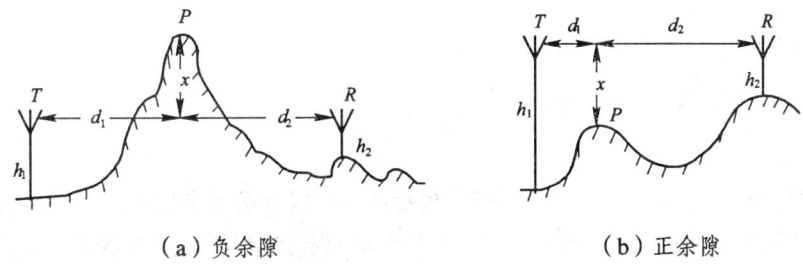

（a）负余隙　　　　　　　　（b）正余隙

图 3.2　障碍物与余隙

根据绕射理论，由障碍物引起的绕射损耗与菲涅尔余隙的关系如图 3.3 所示。

图 3.3 中，纵坐标为绕射引起的附加损耗，即相对于自由空间传播损耗的分贝数。横坐标为 x/x_1，其中 x_1 是第一菲涅尔区在 P 点横截面的半径，它可由下列关系式求得，即

$$x_1 = \sqrt{\frac{\lambda d_1 d_2}{d_1 + d_2}} \tag{3.10}$$

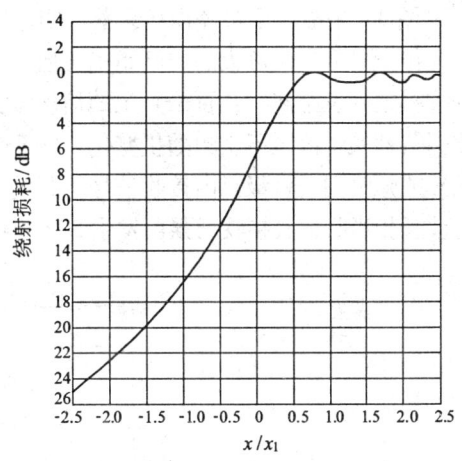

由图 3.3 可见，当横坐标 $x/x_1 > 0.5$ 时，则附加损耗约为 0，即障碍物对直射波传播基本上没有影响；当 $x=0$ 时，即直射线 TR 从障碍物顶点擦过时，绕射损耗约为 6 dB；当 $x<0$ 时，即直射线 TR 低于障碍物顶点时，损耗急剧增加。

图 3.3　绕射损耗与菲涅尔余隙的关系

3.1.3　散　射

在实际的移动无线环境中，接收信号比单独绕射和反射模型预测的要强。这是因为当电波遇到粗糙表面时，反射能量由于散射而散布于所有方向。当电波穿行的介质中存在小于波长的物体并且单位体积内阻挡体的个数非常巨大时，将发生散射，如树叶、街道标志和灯柱等都会引发散射，这样就给接收机提供了额外的能量。

远大于波长的平滑表面可建模成反射面，表面的粗糙程度经常产生不同的传播效果。当给定入射角 θ 时，表面平整度的参考高度 h_c 可表示为

$$h_c = \frac{\lambda}{8\sin\theta} \tag{3.11}$$

如果平面上最大突起高度 $h < h_c$，则认为表面是光滑的，反之则是粗糙的。对于粗糙表面，反射系数需要乘以一个散射损耗系数，以代表减弱的反射场。散射损耗系数可用公式表示为

$$\rho_s = \exp\left[-8\left(\frac{\pi\sigma_h \sin\theta}{\lambda}\right)^2\right] I_0\left[8\left(\frac{\pi\sigma_h \sin\theta}{\lambda}\right)^2\right] \tag{3.12}$$

式中，σ_h 为表面高度与平均表面高度的标准偏差；I_0 为第一类零阶贝塞尔（Bessel）函数。

3.2 无线电波传播概述

移动信道是一种时变信道，无线电信号通过移动信道时会遭受来自不同途径的衰减。一般说来，这些衰减可归为三类：路径传播损耗（由传输距离引起的衰落）、阴影衰落（由于传播环境中的地形起伏、建筑物及其他障碍物对电波遮蔽所引起的衰落）、多径衰落（由于移动传播环境的多径传输而引起的衰落，多径衰落是移动信道中最具特色的部分）。这三种衰减效应表现在不同距离范围内，下面用接收信号场强来说明这一点，如图3.4所示。

图3.4中描述了路径损耗衰落、阴影衰落及多径瑞利衰落的情况。图中的中值信号是由路径损耗传播模型在足够大的空间距离上所取的平均接收信号强度。路径损耗衰落描述的是发射机和接收机之间长距离（几百米）上的信号场强变化，也称为大尺度衰落。阴影衰落是围绕路径损耗传播特性的中值电平上的随机变化，符合对数正态分布。多径瑞利衰落描述的是短距离（几个波长）或短时间（秒级）内接收信号场强的快速波动。在多径衰落中，当移动台接收机的移动距离与波长相当时，其接收场强可发生 30~40 dB 的变化。

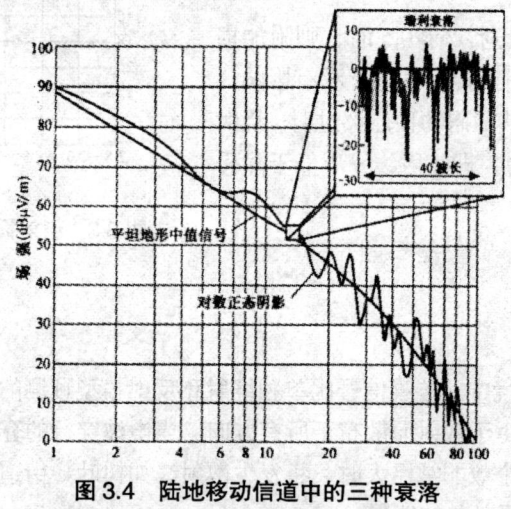

图3.4 陆地移动信道中的三种衰落

3.3 自由空间的无线电传播

无线电波在自由空间中的传播是电波传播研究中最基本的一种。自由空间是指在理想的、均匀的、各向同性的介质中传播，电波传播不发生反射、折射、绕射、散射和吸收现象，只存在由电磁波能量扩散而引起的传播损耗。自由空间传播模型用于预测接收机和发射机之间是完全无阻挡的视距路径（仅存在直射波）时接收信号的场强。卫星通信系统和微波视距无线链路是典型的自由空间传播。

根据电磁场理论，在自由空间传播条件下，接收信号功率 P_r 可以表示为

$$P_r = P_t \left(\frac{\lambda}{4\pi d}\right)^2 G_T G_R \tag{3.13}$$

式中，P_t 为发射机送至天线的功率；G_T 和 G_R 分别为发射和接收天线增益；λ 为波长（单位为 m）；d 为接收天线与发射天线之间的距离（单位为 m）。

在移动通信电路设计中，通常用传输损耗（亦称衰减）来表示电波通过传输媒质时的功率损耗。定义发送功率 P_t 与接收功率 P_r 之间的电平差值为传输损耗。当不考虑收发天线增益时的传输损耗 L_{fs}（以分贝表示）表达式为

$$L_{fs} = 10\lg\frac{P_t}{P_r} = 32.45 + 20\lg d(\text{km}) + 20\lg f \quad (\text{MHz}) \tag{3.14}$$

式中，f 为载频，其与波长 λ 的关系为

$$f = \frac{c}{\lambda} \tag{3.15}$$

式中，c 为光速，单位是 m/s。

由式（3.14）可以看出：自由空间基本传输损耗仅与频率 f 和距离 d 有关，当 f 和 d 增大一倍时，传输损耗将分别增加 6 dB。

由式（3.13）可知，自由空间中接收信号功率与距离的平方成反比。但在现实移动环境中，系统不可能工作在理想的自由空间，实际传输损耗要比按 $1/d^2$ 计算出的结果大许多。实际中 P_r 与 d 的一般关系为 $P_r \propto (1/d^n)$（在不同的传播条件下，n 可取 3 或 4 甚至更高）。

3.4 阴影衰落

在前面已经提到，陆地移动通信中接收信号场强会遭受三种衰落：路径损耗衰落、阴影衰落和多径衰落。本节将讨论阴影衰落。

阴影衰落是由于移动无线通信信道传播环境中的地形起伏、建筑物及植被（高大的树林）等障碍物对电波传播路径的阻挡而形成的电磁场阴影效应，导致移动台在运动中通过不同障碍物的阴影时，形成接收天线场强中值的变化，从而引起的衰落。

除了阴影效应外，气象条件变化也会引起信号中值电平的变化。当天气发生变化时，电波折射系数随时间发生变化，因此多径信号传播到固定接收点的时延也会发生变化。这样，就造成同一地点场强中值电平随时间的缓慢变化，即接收信号将产生衰落。但是，这种变化一般远小于由于阴影效应所引起的信号中值变化，常常可以忽略。

阴影衰落的特性是与环境密切相关的，可用电场实测的方法找出其统计规律。实测时，通常

把同一类地形、地物中的某一段距离（1~2 km）作为样本区间，每隔 20 m（小区间）左右观察信号电平的中值变动。对实测数据的统计分析表明，阴影衰落近似服从对数正态分布。所谓对数正态分布是指以分贝数表示的信号电平为正态分布。

图 3.5（a）和（b）分别画出了市区和郊区的阴影衰落分布曲线。绘制两种曲线所用的条件是：图 3.5（a）中，基站天线高度为 220 m，移动台天线高度为 3m；图 3.5（b）中，基站天线高度为 60 m，移动台天线高度为 3 m。由图可知，不管是市区还是郊区，阴影衰落均接近虚线所示的对数正态分布。标准偏差 σ 取决于地形地物和工作频率等因素，郊区比市区大，σ 也随工作频率升高而增大。

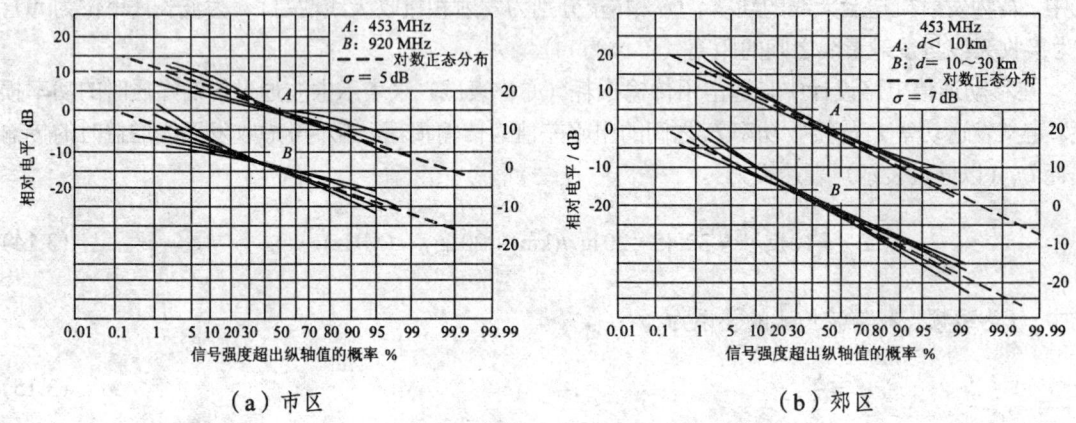

（a）市区　　　　　　　　　　（b）郊区

图 3.5　信号阴影衰落特性曲线

为了防止因衰落（包括多径衰落和阴影衰落）引起的通信中断，在信道设计中，必须使信号的电平留有足够的余量，以使中断率 R 小于规定指标，这种电平余量称为衰落储备。衰落储备的大小决定于地形、地物、工作频率和要求的通信可靠性指标。通信可靠性也称作可通率，用 T 表示，它与中断率的关系是 $T=1-R$。图 3.6 示出了可通率 T 分别为 90%、95%和 99%的三组曲线，根据地形地物、工作频率和可通率要求，由图可查得必须的衰落储备量。例如：$f=2\,\text{GHz}$，市区工作，要求 $T=99\%$，则由图可查得此时必须的衰落储备约为 25 dB。

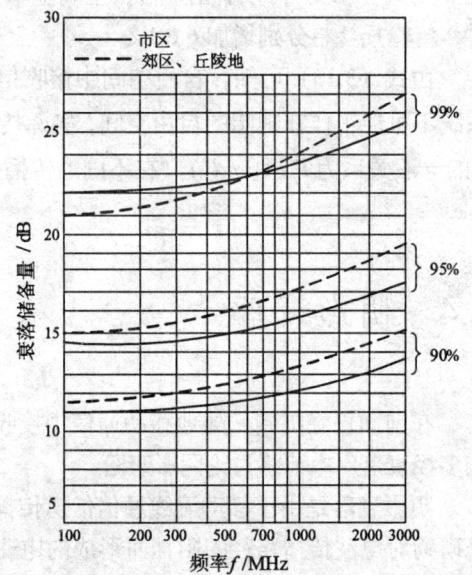

图 3.6　衰落储备量

3.5　多径衰落

3.5.1　多径衰落的基本特性

移动无线信道是弥散信道。电波通过移动无线信道后，信号在时域上或在频域上都会产生弥散，本来分开的波形在时间上或在频谱上会产生交叠，使信号产生衰落失真。

多径效应在时域上引起信号的时延扩展，相应地在频域上规定了相干带宽。当信号带宽大于相干带宽时就会发生频率选择性衰落。

多普勒效应在频域上引起信号频谱扩展，相应地在时域上规定了相干时间。当符号周期大于相干时间时就会发生时间选择性衰落。

在高楼林立的市区，移动台天线的高度比周围建筑物低很多，因此不存在从基站到移动台的单一视距路径，导致了衰落的产生。引起多径的主要原因是移动台周围的建筑物和各种反射体，包括车辆、行人等，入射波从不同方向传播到达接收端，具有不同的传播时延。在空间中任一点的移动台所收到的信号都由许多平面波组成，它们具有随机分布的幅度、相位和入射角。这些多径成分被接收天线按向量合并，使接收信号产生衰落。即使移动接收机处于静止状态，接收信号也会由于无线信道环境中物体的运动而产生衰落。

如果移动信道中的物体处于静止状态，并且运动只由移动台产生，则衰落只与空间路径有关。此时，当移动台穿过多径区域时，它将信号的空间变化看成瞬时变化。在空间点不同的多径波影响下，高速运动的接收机可以在很短时间内经过若干次衰落。更为严重的情况是，接收机可能停留在某个特定的衰落很大的位置上。在这种情况下，尽管可能由于行人或车辆改变了场模型，从而打破了接收信号长时间失效的情况，但要维持良好的通信状态仍非常困难。图 3.7 示出了接收机在几米范围内移动时，由于多径衰落引起的接收信号电平的快速变化。

图中，横坐标是时间或距离，纵坐标是相对信号电平（以 dB 计），信号电平的变动范围约为 30～40 dB。

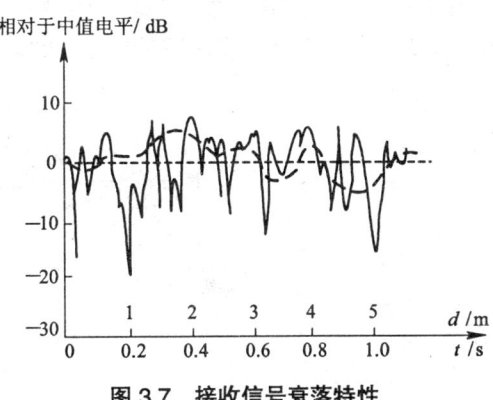

图 3.7　接收信号衰落特性

3.5.2　多普勒频移

由于移动台和基站的相对运动，每个多径波都经历了明显的频移过程。移动引起的接机信号频移称为多普勒频移。

如图 3.8 所示，当移动台以恒定速度 v 在长度为 d、端点为 X 和 Y 的路径上运动时，收到来自远端信号源 S 发出的信号。无线电波从源 S 出发，在 X 点和 Y 点分别被移动台接收时所走的路径差为 $\Delta l \approx d\cos\theta = v\Delta t\cos\theta$。这里 Δt 是移动台从 X 运动到 Y 所需的时间，θ 是 X 和 Y 与入射波的夹角。由于源端距离很远，可以假设 X、Y 处的 θ 是相同的。由路径差造成的接收信号相位差为

$$\Delta\varphi = \frac{2\pi\Delta l}{\lambda} = \frac{2\pi v\Delta t}{\lambda}\cos\theta \tag{3.16}$$

式中，λ 为波长。进一步地，可得出频率差为

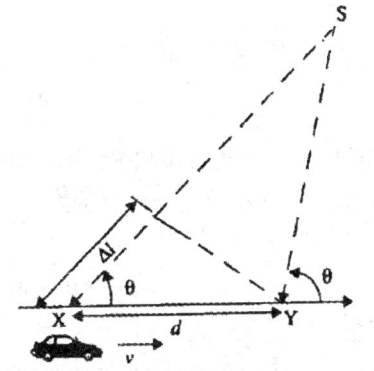

图 3.8　多普勒频移示意图

$$f_d = \frac{1}{2\pi} \cdot \frac{\Delta\varphi}{\Delta t} = \frac{v}{\lambda}\cos\theta = f_m \cos\theta \tag{3.17}$$

式中，$f_m = v/\lambda$ 为最大多普勒（Doppler）频移。

由式（3.17）可以看出，多普勒频移与移动台运动的方向、速度以及无线电波入射方向之间的夹角有关：若移动台朝向入射波方向运动，则多普勒频移为正（接收信号频率上升）；反之若移动台背向入射波方向运动，则多普勒频移为负（接收信号频率下降）。信号经过不同方向传播，其多径分量造成接收机信号的多普勒扩散，因而增加了信号带宽。

3.5.3 瑞利（Rayleigh）和莱斯（Rician）分布

1. 瑞利分布

在陆地移动通信中，尤其是城市地区，移动台往往受到各种建筑物和其他移动体的影响，使得到达移动台的信号是来自不同传播路径的信号之和，如图3.9所示。

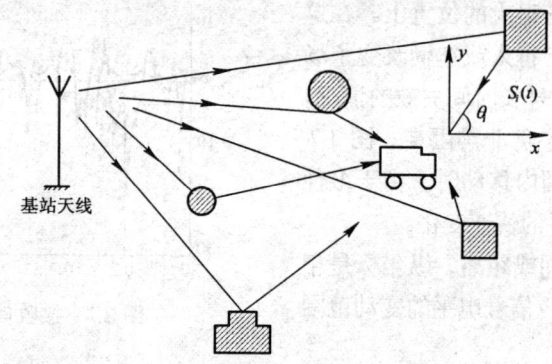

图 3.9 移动台接收 N 条路径信号

可以证明，多径接收信号的幅度服从瑞利分布，因而多径衰落通常又称为瑞利衰落。

为了对多径信号做出数学描述，首先给出下列两个假设：① 在收、发信机之间没有直射波通路。② 有大量反射波存在，且各个反射波的幅度和到达接收天线的方向角是随机的且满足统计独立。一般说来，在离基站较远、反射物较多的地区，是符合上述假设的。

设基站发射的信号为

$$S_0(t) = a_0 \exp[j(\omega_0 t + \varphi_0)] \tag{3.18}$$

式中，ω_0 为载波角频率；φ_0 为载波初相。考虑到多普勒频移，则经反射（或散射）到达接收天线的第 i 个接收信号可表示为

$$S_i(t) = a_i \exp\left[j\left(\varphi_i + \frac{2\pi}{\lambda}vt\cos\theta_i\right)\right]\exp[j(\omega_0 t + \varphi_0)] \tag{3.19}$$

式中，a_i 为第 i 个接收信号的振幅；φ_i 为电波到达相位（$\varphi_i = \frac{2\pi}{\lambda}l_i$，$l_i$ 为第 i 个信号传播路径长度）；θ_i 为入射角，它们都是随机变量。则 N 个信号的合成接收信号为

$$S(t) = \sum_{i=1}^{N} S_i(t) \tag{3.20}$$

令

$$\psi_i = \varphi_i + \frac{2\pi}{\lambda} vt\cos\theta_i$$

$$x = \sum_{i=1}^{N} a_i \cos\psi_i = \sum_{i=1}^{N} x_i \tag{3.21}$$

$$y = \sum_{i=1}^{N} a_i \sin\psi_i = \sum_{i=1}^{N} y_i \tag{3.22}$$

则 $S(t)$ 可写成

$$S(t) = (x + jy)\exp[j(\omega_0 t + \varphi_0)] \tag{3.23}$$

由于 x 和 y 都是独立随机变量之和，根据概率的中心极限定理，大量独立随机变量之和的分布趋向高斯分布，其中 x 和 y 具有零均值和相等的方差 σ。从数学上可知，两个正交高斯噪声信号之和的包络 $r(t)$ 服从瑞利分布，相位 $\varphi(t)$ 服从均匀分布。

包络 $r(t)$ 的概率密度函数为

$$p(r) = \begin{cases} \dfrac{r}{\sigma^2} e^{-\frac{r^2}{2\sigma^2}}, & 0 \leqslant r \leqslant \infty \\ 0, & r < 0 \end{cases} \tag{3.24}$$

相位 $\varphi(t)$ 的概率密度函数为

$$p(\varphi) = \frac{1}{2\pi}, \ 0 \leqslant \varphi \leqslant 2\pi \tag{3.25}$$

由式（3.24）可以得出瑞利衰落信号的一些统计量：

均值

$$r_{\text{mean}} = E[r] = \int_0^\infty r p(r) \mathrm{d}r = \sigma\sqrt{\frac{\pi}{2}} = 1.253\,3\sigma \tag{3.26}$$

方差

$$\sigma_r^2 = E[r^2] - E^2[r] = \int_0^\infty r^2 p(r)\mathrm{d}r - \frac{\sigma^2\pi}{2} = 0.429\,2\sigma^2 \tag{3.27}$$

当 $r = 1.177\sigma$ 时，有

$$\int_0^{1.177\sigma} p(r)\mathrm{d}r = \frac{1}{2} \tag{3.28}$$

式（3.28）表明，衰落信号的包络有 50% 的概率大于 1.177σ。这里的概率是指任意一个足够长的观察时间内，有 50% 时间信号包络大于 1.177σ。因此，1.177σ 常称为包络 r 的中值，即

$$r_{\text{median}} = 1.177\sigma \tag{3.29}$$

值得注意的是，中值常用于实际应用中。这是因为衰落数据的测量一般在实地进行，不能假设服从某一特定分布，采用中值而非均值，容易比较不同的衰落分布。瑞利分布的概率密度函数 $p(r)$ 与 r 的关系如图 3.10 所示。

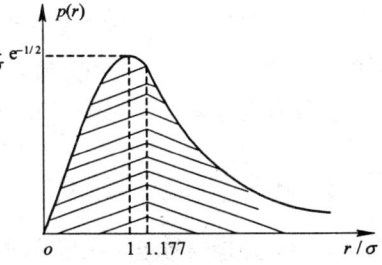

图 3.10 瑞利分布的概率密度函数

2. 莱斯分布

在移动通信中，如果存在一个起支配作用的直达波，如视距（LOS）传播，则接收信号的包络服从莱斯分布。莱斯分布的概率密度函数为

$$p(r) = \begin{cases} \dfrac{r}{\sigma^2} e^{-\frac{r^2+A^2}{2\sigma^2}} I_0\left(\dfrac{Ar}{\sigma^2}\right), & A \geq 0, r \geq 0 \\ 0, & r < 0 \end{cases} \tag{3.30}$$

式中，A 为主信号幅度的峰值；$I_0(\cdot)$ 是修正的 0 阶第一类贝塞尔函数。莱斯分布常用参数 K 来描述，K 定义为主信号的功率与多径分量方差之比，以 dB 表示为

$$K(\text{dB}) = 10 \lg \dfrac{A^2}{2\sigma^2} \quad (\text{dB}) \tag{3.31}$$

参数 K 是莱斯因子，完全决定了莱斯的分布。当 $A \to 0$、$K \to -\infty$，莱斯分布转变成瑞利分布。当直射波进一步增强（$A/2\sigma^2 \gg 1$），莱斯分布将趋进高斯分布。莱斯分布的概率密度函数如图 3.11 所示。

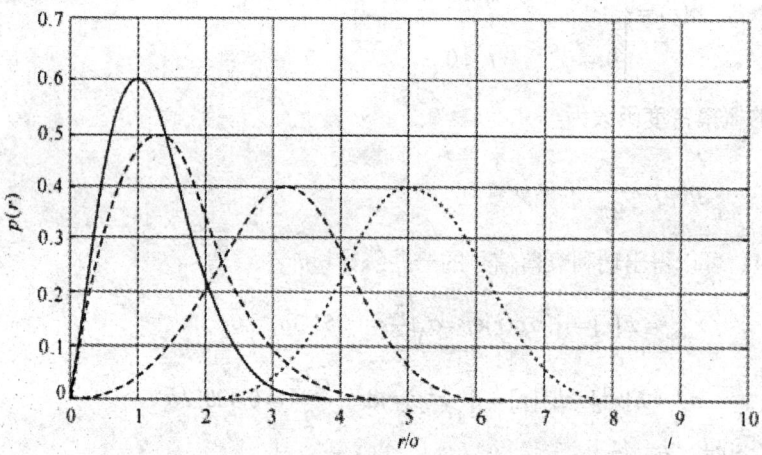

图 3.11 莱斯分布的概率密度函数

3.5.4 衰落特征量

上节已经指出，衰落接收信号的幅度服从瑞利分布，其特征由概率密度函数给出。但直接使用概率密度函数，有时并不方便。实用中，常常用一些特征量来表示衰落信号的幅度特点。这样的特征量有衰落率、电平通过率和衰落持续时间。

1. 衰落率和衰落深度

衰落率是指信号包络在单位时间内以正斜率通过中值电平的次数，即包络衰落的速率。衰落率与发射频率、移动台行进速度和方向以及多径传播的路径数有关。测试结果表明，当移动台的

行进方向朝着或背着电波传播方向时,衰落最快。平均衰落率可用下式表示为

$$A = \frac{v}{\lambda/2} = 1.85 \times 10^{-3} vf \quad (\text{Hz}) \tag{3.32}$$

式中,速度 v 的单位为 km/h;频率 f 的单位是 MHz。

由式(3.32)可知,频率越高、速度越快,则平均衰落率的值越大,即信号包络衰落变化的速度越快。

衰落深度是指信号有效值与该次衰落的信号最小值的差值。

2. 电平通过率

观察实测的衰落信号可以发现,衰落速率是与衰落深度有关的。深度衰落发生的次数较少,而浅度衰落发生得相当频繁。例如,电场强度从 $E = \sqrt{2}\sigma$ 衰减 20 dB 的概率约为 1%,衰减 30 dB 和 40 dB 的概率分别为 0.1% 和 0.01%。

定量地描述这一特征的参量就是电平通过率(LCR)。电平通过率 N_R 的定义为:信号包络在单位时间内以正斜率通过某一规定电平 R 的次数,它描述了衰落次数的统计规律。前面讨论的衰落率只是电平通过率的一个特例,即规定电平为信号包络的中值。

图 3.12 解释了电平通过率。图中,信号包络在时刻 1、2、3、4 以正斜率通过给定的电平 R,也就是在 T 期间内,信号电平 4 次衰落到电平 R 以下。这样,电平通过率为 $4/T$。

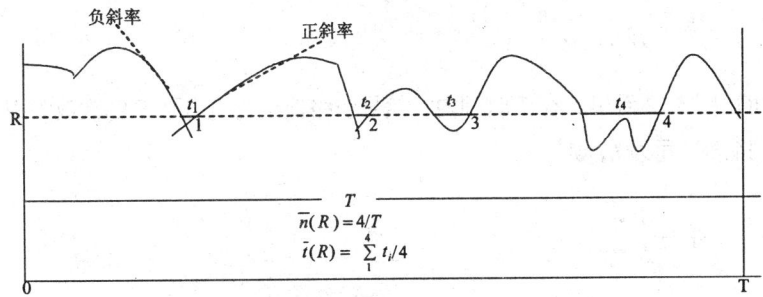

图 3.12 电平通过率和平均衰落持续时间

电平通过率在数学上可以表示为

$$N_R = \int_0^\infty \dot{r} p(R, \dot{r}) \mathrm{d}\dot{r} \tag{3.33}$$

式中,$\dot{R}$ 为信号包络 r 对时间的导函数;$p(R, \dot{r})$ 为 R 和 $\dot{r}$ 的联合概率密度。

由于电平通过率是随机变量,通常用平均电平通过率来描述。对于瑞利分布可得

$$N_R = \sqrt{2\pi} f_m \cdot \rho e^{-\rho^2} \tag{3.34}$$

式中,f_m 为最大多谱勒频移;$\rho = \dfrac{R}{\sqrt{2}\sigma} = \dfrac{R}{R_{rms}}$,其中,$R_{rms} = \sqrt{2}\sigma$ 为信号包络的均方根电平。

【例 3.1】 已知车辆速度为 60 km/h,工作频率为 1 000 MHz,求对于信号包络均方值电平 R_{rms} 的电平通过率。

解 由题给出，$R = R_{\text{rms}}$，所以 $\rho = 1$。由式 (3.34) 可得

$$N_R = 0.915 f_m$$

而 $f_m = v/\lambda = 55.5\ \text{Hz}$，所以

$$N_R = 45.75\ (\text{Hz})$$

3. 衰落持续时间

当接收信号电平衰落到接收机门限电平之下时，就可能造成话音中断或误码率突然增大。因此，了解接收信号包络低于某个门限的持续时间的统计规律，对工程设计具有重要意义。由于衰落是随机发生的，每次衰落的持续时间也是随机的，所以只能给出平均衰落持续时间。

平均衰落持续时间定义为信号包络低于某个给定电平值的概率与该电平所对应的电平通过率之比，即

$$\tau_R = \frac{P(r \leqslant R)}{N_R} \tag{3.35}$$

对于瑞利衰落，可得

$$\tau_R = \frac{1}{\sqrt{2\pi} f_m \rho}(e^{\rho^2} - 1) \tag{3.36}$$

τ_R 的意义可由图 3.12 看出。在 T 时间内，信号包络低于给定电平 R 的次数为 N（图中 $N = 4$），设第 i 次衰落的持续时间为 t_i，则

$$\tau_R = \frac{1}{N} \sum_{i=1}^{N} t_i \tag{3.37}$$

【例 3.2】 设移动台车速为 24 km/h，工作频率为 850 MHz，已知接收信号包络服从瑞利分布。求接收包络低于中值电平的平均衰落时间。

解 由 $f = 850\ \text{MHz}$，$v = 24\ \text{km/h}$，可得

$$f_m = \frac{v}{\lambda} = 18.9\ (\text{Hz})$$

本题给定电平为接收信号包络中值，则有

$$\rho = \frac{R}{R_{\text{rms}}} = \frac{1.117\sigma}{\sqrt{2}\sigma}$$

将 f_m、ρ 代入式 (3.36)，则

$$\tau_R = \frac{1}{\sqrt{2\pi} f_m \rho}(e^{\rho^2} - 1) = 25.3\ (\text{ms})$$

3.5.5 时延扩展与相关带宽

1. 时间色散参数

研究多径传播问题可以从不同角度进行。前面介绍的瑞利衰落特性、电平通过率和平均衰落持续时间是从接收信号包络变化来反映多径衰落特性的。现在从另一角度，即在时域中，研究脉冲信号经过多径传播后的时延特性。多径效应在时域上将造成数字信号波形的展宽，为了说明它对移动通信的影响，首先来看一个简单的例子（见图 3.13）。

假设基站发送一个极窄的脉冲信号 $S_0(t) = a_0 \delta(t)$，经过多径信道到达移动台时，由于存在着多条不同的传播路径、不同的路径长度，则发射信号沿各路径到达接收天线的时间就不一样，移动台接收信号呈现出一串脉冲，结果是脉冲宽度被展宽了，这种因多径传播造成信号时间扩散的现象称为多径时延扩展。

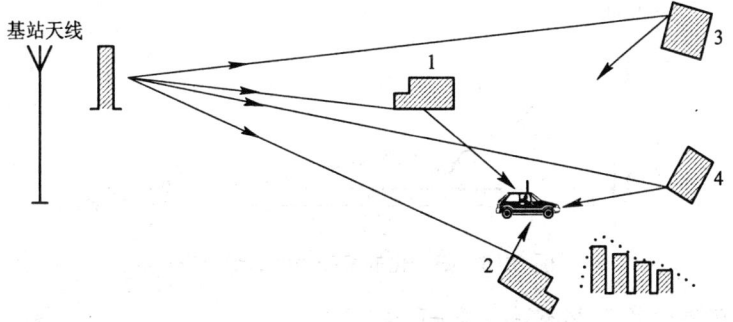

图 3.13　多径时间色散示例

需要指出的是，多径性质是随时间而变化的。如果进行多次发送脉冲试验，则接收到的脉冲序列是变化的，如图 3.14 所示。它包括脉冲数目 N 的变化、脉冲大小的变化及脉冲延时差的变化。

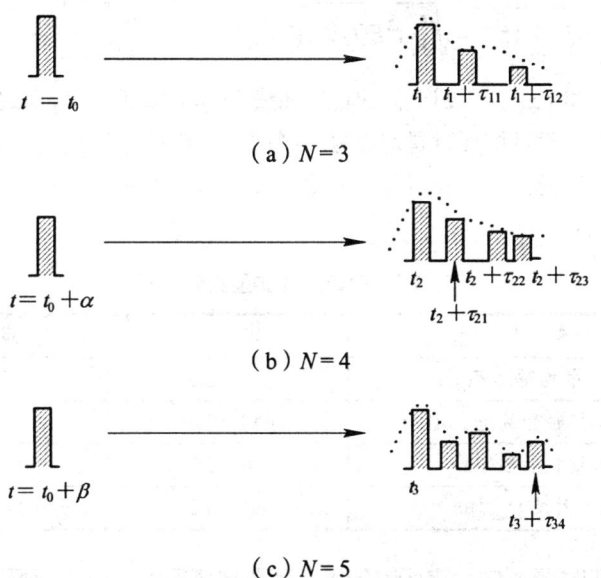

图 3.14　多径无线信道的时变响应示例

一般情况下，移动台所接收到的信号为来自 N 个不同路径的信号之和，即

$$S(t) = \sum_{i=1}^{N} a_i S_i[t - \tau_i(t)] \tag{3.38}$$

式中，a_i 是第 i 条路径的衰减系数；$\tau_i(t)$ 为第 i 条路径的相对延时差。

随着移动台运动和其周围散射体数目的增加，实际的传输情况比图 3.14 要复杂得多。接收信号中的各个时延脉冲可能是离散的，也可能连成一片。由于移动传输环境的复杂性，不同的地域、不同的地点、不同的时间，实测的时延差都不尽相同，要定量地给出时延扩展值，只能通过大量实测数据的统计平均获得。利用宽带伪噪声信号所测得的典型时延谱如图 3.15 所示。所谓时延谱是不同时延的信号分量具有的平均功率所构成的谱，$E(t)$ 是归一化的时延特性曲线。图中，横坐标为时延 t，$t=0$ 表示 $E(t)$ 的前沿，纵坐标为相对功率谱密度。宽带多径信道的时间色散特性通常用平均多径时延 $\bar{\tau}$ 和均方根（rms）时延扩展 Δ 来定量描述。

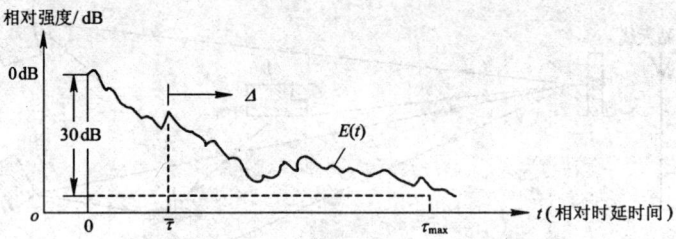

图 3.15　归一化的多径功率延迟分布

平均多径时延是功率延迟分布的一阶矩，定义为

$$\bar{\tau} = \int_0^\infty t E(t) \mathrm{d}t \tag{3.39}$$

均方值时延扩展是功率延迟分布的二阶矩，定义为

$$\Delta = \sqrt{\overline{\tau^2} - (\bar{\tau})^2} = \sqrt{\int_0^\infty t^2 E(t) \mathrm{d}t - (\bar{\tau})^2} \tag{3.40}$$

此外，还定义了一个参量 $\tau_{\max}$，即归一化的包络曲线 $E(t)$ 下降到 $-30\ \mathrm{dB}$ 时对应的时延差。

由式（3.40）给出的时延扩展 Δ 是对多径信道时延特性的统计描述，其含义是表示时延谱扩展的程度。Δ 值越小，时延扩展就越轻微；反之，Δ 越大，时延扩展就越严重。表 3.1 给出了时延扩展的一些实测数据。

表 3.1　时延扩展典型实测数据

参　数	市　区	郊　区
平均时延 $\bar{\tau}$ /μs	1.5～2.5	0.1～2.0
对应路径距离差 /m	450～750	30～600
时延扩展 Δ /μs	1.0～3.0	0.2～2.0
最大时延 $\tau_{\max}$ /μs	5.0～12	3.0～7.0

从表中给出的实测结果可知：市区的传播时延要比郊区大。一般情况下，均方值时延扩展 Δ 的典型值对于户外无线信道为微秒级，而对于室内无线信道则为纳秒级。

【例 3.3】 计算一下功率延迟分布的均方值时延扩展：

(1)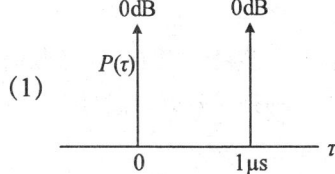

(2) 如果使用 BPSK 调制，则不使用均衡器通过此信道传输的最大比特速率是多少（设 $\Delta \leqslant$ 码元周期 $T_s/10$ 时，不存在符号间干扰 ISI）？

解 (1) $\overline{\tau} = \dfrac{(1)(0)+(1)(1)}{1+1} = 0.5 \ \mu s$

$\overline{\tau^2} = \dfrac{(1)(0)^2+(1)(1)^2}{1+1} = 0.5 \ \mu s^2$

$\Delta = \sqrt{\overline{\tau^2}-(\overline{\tau})^2} = \sqrt{0.5-(0.5)^2} = \sqrt{0.25} = 0.5 \ \mu s$

(2) 因为 $\Delta \leqslant \dfrac{T_s}{10} \Rightarrow T_s \geqslant 10\Delta \Rightarrow T_s \geqslant 5 \ \mu s$，则

$$R_b = \dfrac{1}{T_s} = 200 \quad (Kb/s)$$

2. 相干带宽

与时延扩展有关的一个重要概念是相干带宽，相干带宽是从均方值时延扩展 Δ 得出的一个确定关系值。当信号通过信道时，会引起多径衰落。那么，对于信号中不同频率分量，所遭受的衰落是否相同？为了解释这个问题，考虑频率分别为 f_1 和 f_2 两个信号的包络的相关性。设这两个信号的包络为 r_1 和 r_2，频率差为 $\Delta f = |f_1 - f_2|$，若信号衰落服从瑞利分布，则可推得其包络相关系数为

$$\rho_r(\Delta f, \tau) \approx \dfrac{J_0^2(2\pi f_m \tau)}{1+(2\pi \Delta f)^2 \Delta^2} \tag{3.41}$$

式中，$J_0(\cdot)$ 为零阶 Bessel 函数；f_m 为最大多普勒频移。由于讨论的是两信号在频域的相关性，可设 $\tau=0$，则上式可写为

$$\rho_r(\Delta f) = \dfrac{1}{1+(2\pi \Delta f)^2 \Delta^2} \tag{3.42}$$

相干带宽 B_c 是指某一特定频率范围，在该范围内，两个频率分量有很强的幅度相关性，即衰落具有一致性。而当频率间隔大于 B_c 时，它们就不相关了，即受信道影响大不相同，衰落不具有一致性。通常，我们把信号包络相关系数等于 0.5 时所对应的频率间隔称为相干带宽，即

$$B_c = \dfrac{1}{5\Delta} \tag{3.43}$$

3.5.6 多普勒频展与相干时间

时延扩展和相干带宽是用于描述信道时间色散特性的两个参数。然而，它们并未提供描述信

道时变特性的信息。这种时变特性或是由移动台与基站间的相对运动引起的，或是由信道路径中物体的运动引起的。多普勒频展和相干时间就是描述信道时变特性的两个参数。

前面已提到，由于移动台运动，接收信号会产生多普勒频移。在多径环境中，若接收信号为 N 条路径来的电波，其入射角都不完全相同，则当 N 较大时，多普勒频移就成为占有一定宽度的多普勒频展。典型的归一化多普勒功率谱可用下式表示为

$$S(f) = \frac{1}{\pi\sqrt{f_m^2 - (f - f_c)^2}}, \quad |f - f_c| < f_m \tag{3.44}$$

式中，$f_m = v/\lambda$ 为最大多普勒（Doppler）频移，也称多普勒频展 B_D。

图 3.16 给出了多普勒效应引起的接收功率谱。

由图 3.16 可看出：尽管发射信号频率为单频 f_c，但接收信号的功率谱 $S(f)$ 却展宽到 $[f_c - f_m, f_c + f_m]$。接收信号的功率谱展宽就是多普勒频展，即多普勒频展被定义为一个频率范围，在此范围内接收的多普勒频谱为非零值。

相干时间 T_c 是多普勒频展在时域的表示，多普勒频展的倒数就是对信道相干时间的度量，即

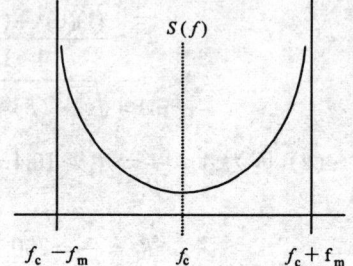

图 3.16 多普勒扩展功率谱

$$T_c = \frac{1}{f_m} \tag{3.45a}$$

相干时间是信道冲激响应维持不变的时间间隔的统计平均值。也就是说，相干时间就是指一段时间间隔，在此间隔内，两个到达信号有很强的幅度相关性。如果基带信号带宽的倒数大于信道相干时间，那么传输中基带信号可能会发生改变，导致接收机信号失真。通常将信号包络相关度为 0.5 时的时间间隔定义为相干时间，在式（3.41）中，令 $\tau = 0$，可得

$$T_c \approx \frac{9}{16\pi f_m} \tag{3.45b}$$

实际上，式（3.45b）常常过于严格。在现代数字通信中，一种普遍的定义方法是将相干时间定义为上面两式的几何平均，即

$$T_c \approx \sqrt{\frac{9}{16\pi f_m^2}} = \frac{0.423}{f_m} \tag{3.45c}$$

3.5.7 多径衰落类型

如上所述，信号通过移动无线信道传播时，其衰落类型取决于发送信号的特性及信道特性。信号参数（如带宽、符号周期等）和信道参数（如 rms 时延扩展和多普勒频展）之间的关系决定了不同的发送信号将经历不同的衰落类型。移动无线信道中的时间色散和频率色散机制可能导致 4 种显著的效应：当多径的时延扩展引起时间色散以及频率选择性衰落时，多普勒频展就会引起频率色散以及时间选择性衰落。这两种传播机制彼此独立。图 3.17 给出了 4 种不同类型衰落的发生条件。

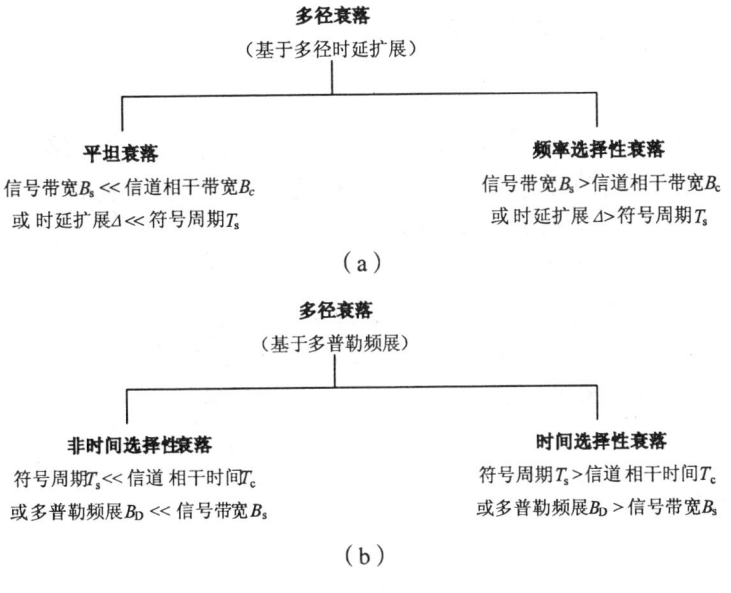

图 3.17 多径衰落类型

1. 多径时延扩展引起的衰落效应

多径特性引起的时间色散,导致了发送信号产生平坦衰落和频率选择性衰落。发生平坦衰落的条件是:信号宽带远小于信道相干带宽($B_s \ll 0.1B_c$),或时延扩展远小于符号周期($\Delta \ll 0.1T_s$)。此时,不同频率分量的衰落是相关的、一致的,信号波形没有多径时延引起的失真(但也有可能存在频率色散引起的失真)。发生频率选择性衰落的条件是:信号宽带大于信道相干带宽($B_s > B_c$),或时延扩展大于符号周期($\Delta > T_s$)。此时,不同频率分量的衰落是不一致的,引起信号波形失真。

2. 多普勒频展引起的衰落效应

多普勒频展引起的频率色散,导致了发送信号产生非时间选择性衰落和时间选择性衰落。发生非时间选择性衰落的条件是:符号周期远小于信道相干时间($T_s \ll T_c$),或多普勒频展远小于信号带宽($B_D \ll B_s$)。此时信道不会由于移动台运动的原因而导致信号失真(但也有可能存在时间色散引起的失真)。发生时间选择性衰落的条件是:符号周期大于信道相干时间($T_s > T_c$),或多普勒频展大于信号带宽($B_D > B_s$)。此时会由于频率色散引起信号失真。

3. 角度色散

多径环境和移动台运动等影响因素,使得移动信道对传输信号在时间、频率上造成了色散。类似地,根据信号功率谱密度(PSD)在角度上的分布(角度功率谱),定义了角度扩展,它等于功率角度谱的二阶中心矩的平方根。角度功率谱描述了功率谱在空间上的色散程度,角度扩展越大,表明散射环境越强,信号在空间的色散度越高。移动台和基站周围散射环境的不同,使得多天线系统中不同位置的天线经历的衰落也不同,称为空间选择性衰落。

发生非空间选择性衰落的条件是:天线空间距离远小于相干距离 D_c。发生空间选择性衰落的条件是:天线空间距离大于相干距离 D_c。

3.6 电波传播路径损耗模型

掌握基站周围所有地点处接收信号的平均强度及变化特点，可以为网络覆盖的研究及整个网络设计提供基础。然而，由于移动信道中电波传播的条件十分恶劣和复杂，要准确地计算信号场强中值或传播路径损耗是很困难的。无线通信工程上的做法是，根据测试数据找出各种地形地区下的传播损耗（或接收信号场强）与距离、频率以及天线高度之间的关系，建立基于不同环境的经验模型，在此基础上对模型进行校正，使其更加接近实际，更准确。在移动通信领域，常用的几种室外电波传播损耗预测模型有奥村（Okumura）模型、Hata 模型、COST-231 Hata 模型和 COST-231 Walfisch-Ikegami 模型（WIM）。

3.6.1 Okumura 模型

Okumura 模型是由奥村等人在日本东京使用不同的频率、不同的天线高度，选择不同的距离进行一系列测试，最后绘成经验曲线而构成的模型。这一模型的特点是：以准平滑地形大城市的场强中值或路径损耗作为基准，对于不同的传播环境给出相应修正因子。

1. 准平滑地形市区传播损耗中值

在城市街道地区，电波传播损耗取决于传播距离、工作频率、基站天线高度和移动台天线高度等。Okumura 模型中准平滑地形大城市地区的中值路径损耗由下式给出

$$L_T(\text{dB}) = L_{fs} + A_m(f,d) - H_b(h_b,d) - H_m(h_m,f) \tag{3.46}$$

式中，L_{fs} 为自由空间传播损耗；$A_m(f,d)$ 为大城市中（当基站天线高度 h_b=200 m、移动台天线高度 h_m=3 m 时），相对于自由空间的中值损耗，又称基本中值损耗；$H_b(h_b,d)$ 为基站天线高度增益因子，即实际基站天线高度相对于标准天线高度 h_b=200 m 的增益，为距离的函数；$H_m(h_m,f)$ 为移动台天线高度增益因子，即实际移动台天线高度相对于标准天线高度 h_m=3 m 的增益，为频率的函数。$A_m(f,d)$、$H_b(h_b,d)$ 和 $H_m(h_m,f)$ 在模型中都以图表形式给出，可参阅相关文献。

图 3.18 给出了基本中值损耗 $A_m(f,d)$ 与频率、距离的关系。图上，纵坐标刻度以 dB 计量，是以自由空间的传播损耗为 0 的相对值。换言之，曲线上读出的是基本损耗中值大于自由空间传播损耗的数值。由图可见，随着频率的升高和距离的增大，市区传播基本损耗中值都将增加。图中曲线是在基准天线高度情况下测得的，即基站天

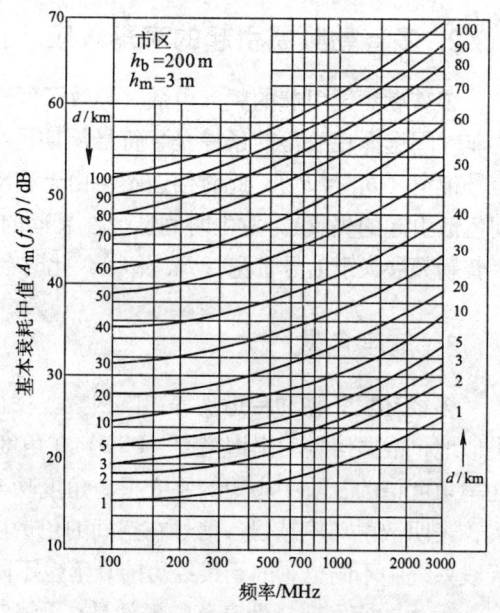

图 3.18 大城市准平滑地形基站中值损耗 $A_m(f,d)$ 的预测曲线簇

线高度 $h_b=200$ m，移动台天线高度 $h_m=3$ m。

2. 任意地形地区的传播损耗中值

任意地形地区情况下的中值路径损耗，可用下式表示为

$$L_A = L_T - K_T \tag{3.47}$$

式中，L_T 为准平滑地形市区的传播损耗中值；K_T 为地形地物修正因子，一般可写成

$$K_T = K_{mr} + Q_o + Q_r + K_h + K_{hf} + K_{js} + K_{sp} + K_s \tag{3.48}$$

式中，K_{mr} 为郊区修正因子；Q_o、Q_r 为开阔地或准开阔地修正因子；K_h、K_{hf} 为丘陵地修正因子及微小修正值；K_{js} 为孤立山岳修正因子；K_{sp} 为斜坡地形修正因子；K_s 为水陆混合地形修正因子。

另外，还有其他一些因素，也将影响移动通信的电波传播，如街道走向及道路宽度、建筑物的穿透损耗、植被损耗、隧道中的传播损耗等。具体计算时，应根据地形地区的不同情况，确定 K_T 包含的修正因子，如传播路径是开阔地上斜坡地形，那么 $K_T = Q_o + K_{sp}$，其余各项为零。

根据已得出的中值路径损耗，可求出接收到的信号功率。如果发射机送至天线的发射功率电平为 P_T（dB），则市区准平滑地形情况下的接收信号功率中值为

$$P_P = P_T - L_T \tag{3.49}$$

任意地形地区情况下接收信号的功率中值 P_{PC} 是以市区准平滑地形的接收功率中值 P_P 为基础，再加上地形地物修正因子 K_T 得出的，即

$$P_{PC} = P_P + K_T \tag{3.50}$$

【例 3.4】 某一移动信道，工作频率为 900 MHz，基站天线高度为 $h_b=200$ m，天线增益为 0，移动台天线高度为 $h_m=3$ m，天线增益为 0；在城市街道地区准平滑地形工作，通信距离为 10 km，试求：

(1) 传播路径损耗中值。
(2) 若基站发射机送至天线的信号功率为 10 W，求移动台天线得到的信号功率中值。

解 (1) 根据已知条件，由式（3.14）可得自由空间传播损耗中值为

$$L_{fs} = 32.45 + 20\lg d + 20\lg f = 32.45 + 20\lg 10 + 20\lg 900 = 111.5 \text{ (dB)}$$

由图 3.18 查得市区基本中值损耗值为

$$A_m(f, d) = A_m(900, 10) = 30 \text{ (dB)}$$

根据式（3.46）可得传播路径损耗中值为

$$L_T = L_{fs} + A_m(f, d) = 111.5 + 30 = 141.5 \text{ (dB)}$$

(2) 由式（3.49）可求得接收信号功率中值为

$$P_P = P_T - L_T = 10\lg 10 - 141.5 = -131.5 \text{ (dBW)} = -101.5 \text{ (dBm)}$$

3.6.2 Okumura-Hata 模型

Okumura 模型为成熟的蜂窝和陆地移动无线系统路径损耗预测提供了最简单和最精确的解决方案。由于它的实用性很强，已经成为日本现代无线系统规划的标准。该模型的主要缺点是对城区和郊区快速变化的反应较慢。预测和测试的路径损耗偏差为 10～14 dB。

奥村模型完全基于测量数据，Hata 根据 Okumura 模型中的各种曲线图给出了经验公式，其应用频率在 150～1 500 MHz 之间，适用于小区半径大于 1 km 的宏蜂窝系统，基站有效天线高度在 30～200 m 之间，移动台有效天线高度在 1～10 m 之间。Okumura-Hata 模型路径损耗计算的经验公式为

$$L_p(\text{dB}) = 69.55 + 26.16 \lg f - 13.82 \lg h_b - a(h_m) + \\ (44.9 - 6.55 \lg h_b) \cdot \lg d + C_{\text{cell}} + C_{\text{terrian}} \tag{3.51}$$

式中，f 为工作频率（MHz）；h_b 为基站天线有效高度（m）；h_m 为移动台天线有效高度（m）；d 为收、发天线之间的距离（km）；$a(h_m)$ 为移动台天线高度修正因子；C_{cell} 为小区类型校正因子；C_{terrian} 为地形校正因子，反映一些重要的地形环境因素对路径损耗的影响。

$a(h_m)$ 由下式给出，即

$$a(h_m) = \begin{cases} (1.1 \lg f - 0.7)h_m - (1.56 \lg f - 0.8) \ (\text{dB}), & \text{中、小城市} \\ 8.29(\lg 1.54 h_m)^2 - 1.1 \ (\text{dB}), & f \leqslant 300 \text{ MHz}, \ \text{大城市} \\ 3.2(\lg 11.75 h_m)^2 - 4.97 \ (\text{dB}), & f > 300 \text{ MHz}, \ \text{大城市} \end{cases} \tag{3.52}$$

C_{cell} 由下式给出，即

$$C_{\text{cell}} = \begin{cases} 0, & \text{城市} \\ -2\left[\lg(f/28)\right]^2 - 5.4 \ (\text{dB}), & \text{郊区} \\ -4.78(\lg f) - 18.33 \lg f - 40.98 \ (\text{dB}), & \text{乡村} \end{cases} \tag{3.53}$$

3.6.3 COST-231 Hata 模型

COST-231 Hata 模型是由欧洲研究委员会 COST-231 开发的 Hata 模型扩展版本，应用频率在 1 500～2 000 MHz 之间。COST-231 Hata 模型路径损耗计算的经验公式为

$$L_p(\text{dB}) = 46.3 + 33.9 \lg f - 13.82 \lg h_b - a(h_m) + \\ (44.9 - 6.55 \lg h_b) \cdot \lg d + C_{\text{cell}} + C_{\text{terrian}} + C_M \tag{3.54}$$

式中，C_M 为大城市中心校正因子，由下式给出

$$C_M = \begin{cases} 0 \ (\text{dB}), & \text{中等城市和郊区} \\ 3 \ (\text{dB}), & \text{大城市中心} \end{cases} \tag{3.55}$$

3.6.4 COST-231 Walfisch-Ikegami（WIM）模型

COST-231 Walfisch-Ikegami 模型广泛地用于建筑物高度近似一致的郊区和城区环境，它可用于宏蜂窝及微蜂窝作传播路径损耗预测，经常在移动通信系统（GSM/PCS/DECT/DCS）的设计中使用。

该模型中的主要参数有：建筑物高度 h_{Roof}（m）、基站天线高度 h_b（m）、移动台天线高度 h_m（m）、道路宽度 w（m）、建筑物的间隔 b（m）、入射电波与街道走向之间的夹角 ϕ（度）、建筑物高度与移动台天线高度之差 Δh_m（m）、基站天线高度与建筑物高度之差 Δh_b（m）。这些参数的定义如图 3.19 所示。

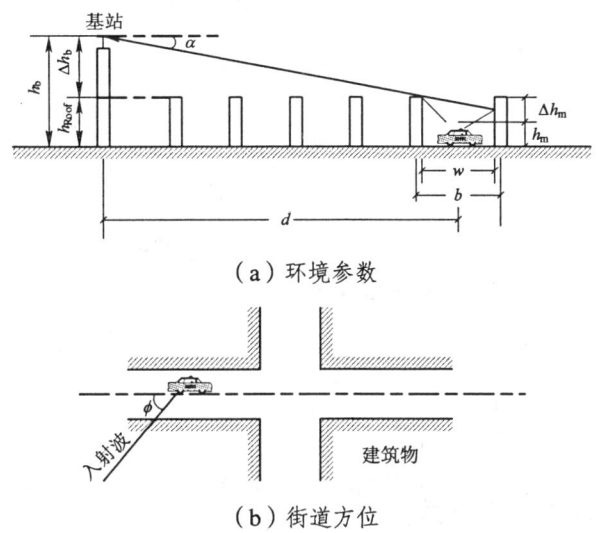

（a）环境参数

（b）街道方位

图 3.19 COST-231 Walfisch-Ikegami 模型中的参数定义

该模型的使用条件是：频率 f 的范围为 800～2 000 MHz，距离 d 的范围为 0.02～5 km，基站天线高度的范围为 4～50 m，移动台天线高度的范围为 1～3 m。

1）视距传播

视距传播路径损耗公式为

$$L_b(\text{dB}) = 42.6 + 26\lg d \ (\text{km}) + 20\lg f \ (\text{MHz}) \tag{3.56}$$

2）非视距传播

非视距传播路径损耗公式为

$$L_b(\text{dB}) = L_{\text{fs}} + L_{\text{rts}} + L_{\text{msd}} \tag{3.57}$$

式中：（1）L_{fs} 是自由空间传播损耗，即

$$L_{\text{fs}} = 32.45 + 26\lg d \ (\text{km}) + 20\lg f \ (\text{MHz}) \tag{3.58}$$

（2）L_{rts} 为屋顶至街道的绕射及散射损耗，即

$$L_{\text{rts}} = \begin{cases} -16.9 - 10\lg w + 10\lg f + 20\lg \Delta h_m + L_{\text{ori}}, & h_{\text{Roof}} > h_m \\ 0, & L_{\text{rts}} < 0 \end{cases} \tag{3.59}$$

式中，L_{ori} 是考虑到街道方向的实验修正值，且各项参数为

$$L_{ori} = \begin{cases} -10 + 0.354\phi, & 0° \leqslant \phi < 35° \\ 2.5 + 0.075(\phi - 35°), & 35° \leqslant \phi < 55° \\ 4.0 - 0.114(\phi - 35°), & 55° \leqslant \phi < 90° \end{cases} \tag{3.60}$$

(3) L_{msd} 为多重屏障的绕射损耗，即

$$L_{msd} = L_{bsh} + K_a + K_d \lg d + K_f \lg f - 9 \lg b \tag{3.61}$$

式中，L_{bsh} 和 K_a 表示由于基站天线高度降低而增加的路径损耗；K_d 和 K_f 为 L_{msd} 与距离 d 和频率 f 相关的修正因子，与传播环境有关，各项参数的值为

$$L_{bsh} = \begin{cases} -18\lg(1 + \Delta h_b), & h_b > h_{Roof} \\ 0, & h_b \leqslant h_{Roof} \end{cases} \tag{3.62}$$

$$K_a = \begin{cases} 54, & h_b > h_{Roof}\beta \\ 54 - 0.8 \times \Delta h_b, & h_b \leqslant h_{Roof} 且 d \geqslant 0.5 \text{ km} \\ 54 - 0.8 \times \Delta h_b \times (d/0.5), & h_b \leqslant h_{Roof} 且 d < 0.5 \text{ km} \end{cases} \tag{3.63}$$

$$K_d = \begin{cases} 18, & h_b > h_{Roof} \\ 18 - 15\left(\dfrac{\Delta h_b}{h_{Roof}}\right), & h_b \leqslant h_{Roof} \end{cases} \tag{3.64}$$

$$K_f = \begin{cases} -4 + 0.7\left(\dfrac{f}{925} - 1\right), & 用于中等城市及具有中等密度树林的郊区中心 \\ -4 + 1.5\left(\dfrac{f}{925} - 1\right), & 用于大城市中心 \end{cases} \tag{3.65}$$

在同一条件下，$f = 1\,800$ MHz 的传输损耗可用 900 MHz 的损耗值求得，即

$$L_{1\,800} = L_{900} + 10 \quad (\text{dB}) \tag{3.66}$$

一般来说，用 COST-231 Walfisch-Ikegami 模型作微蜂窝覆盖区预测时需要详细的街道及建筑物的数据，不宜采用统计近似值。当基站天线高度远小于屋顶高度时，采用此模型预测误差较大。

3.6.5 COST-231 室内电波传播路径损耗模型

随着个人通信系统（PCS）的出现，人们越来越关注室内无线电波传播的特点。室内无线信道有两个方面不同于传统的无线信道：覆盖距离更小，对于更小的收、发距离环境的变化更大；建筑物内的传播受到诸如建筑物的布置、材料结构和建筑物类型等因素的影响。

室内无线传播同室外无线传播具有同样的机理：反射、绕射和散射，但是对应的条件却有很大不同。例如，信号电平很大程度上依赖于建筑物内的门是开还是关。天线安装在何处也将影响电波传播，将天线安装在办公室桌面的高度与安装在天花板的情况会产生大不相同的接收信号。

室内无线传播是一个新的领域，在 20 世纪 80 年代初首次开始研究。常用的几种室内传播模

型有对数距离路径损耗模型、Ericsson 多重断点模型和衰减因子模型等。下列给出的室内（办公室）路径损耗的基础是 COST-231 模型，定义为

$$L(\text{dB}) = L_{fs} + L_c + \sum k_{wi} L_{wi} + n^{\left(\frac{n+2}{n+1} - b\right)} \cdot L_f \tag{3.67}$$

式中，L_{fs} 是发射机和接收机之间的自由空间传播损耗；L_c 为固定损耗；k_{wi} 为被穿透的 i 类墙的数量；L_{wi} 为 i 类墙的损耗；n 为被穿透楼层的数量；L_f 为相邻层之间的损耗；b 为经验参数。

注：L_c 一般设为 37 dB；对室内（办公室）环境，$n=4$ 是平均数。为了在适中的不利环境中计算容量，把该模型修正为 $n=4$。

室内路径损耗模型可用下面的简化形式表示为

$$L(\text{dB}) = 37 + 30 \lg d + 18.3 n^{\left(\frac{n+2}{n+1} - 0.46\right)} \tag{3.68}$$

式中，d 为收、发信机的距离间隔；n 为在传播路径中楼层的数目。

本章小结

本章首先介绍了无线电波在移动信道中的传播特性，在此基础上分析了大尺度衰落（包括路径损耗和阴影衰落）和小尺度衰落（也称多径衰落）对信号传输造成的影响，接下来阐述了几种典型的电波传播路径损耗预测模型。

在无线电波传播特性这一部分，主要介绍了电波的主要传播方式，包括直射、反射、绕射和散射。无线电波的传播特性和传播环境影响着信号的衰落特性。

移动无线信道中的衰落包括路径损耗衰落、阴影衰落和多径衰落。路径损耗衰落描述的是发射机和接收机之间长距离（几百米）上的信号场强变化。阴影衰落是由于传播环境中的地形起伏、建筑物及其他障碍物对电波遮蔽所引起的衰落。多径衰落是由于移动传播环境的多径传输而引起的衰落，它影响着本地接收信号的时延和信号电平的动态衰落范围，其衰落特性通常服从瑞利分布。重点讨论了多径所带来的时间色散、多普勒频展（由收发两端的相对运行所引起）所带来的频率色散和信道衰落问题。

在电波传播路径损耗模型这一部分，主要是让大家了解如何利用 Okumura 等经验模型和公式进行各种地形地区情况下的路径损耗和信号中值预测，即任意地形地区情况下路径损耗中值均是以准平滑地形市区的中值为基础，加上相应的各种地形地区的修正因子。此外，本章还给出了特定环境下应用的几种典型路径损耗预测模型。

思考练习题

3.1 简述陆地移动信道中电波传播的三种方式及特点。

3.2 经过多径传输，接收信号的包络与相位各满足什么分布？当多径中存在一个起支配作用的直达波时，接收端接收信号的包络满足什么分布？

3.3 什么是大尺度衰落？什么是小尺度衰落？

3.4 已知发射机送至天线的功率为 10 W，发射和接收天线增益均为 0，载频为 900 MHz 且在自由空间传播，求距离发射机 1 km 的接收机功率。

3.5 设某发射机的中心频率分别为 900 MHz 和 1 950 MHz。移动台行驶速度分别为 30km/h、80 km/h 和 120 km/h，求最大多普勒频移各是多少？试比较这些结果。

3.6 描述与一个静态发射机和一个移动接收机相关的所有物理环境，接收机处的多普勒频移等于 0、f_m、$-f_m$ 和 $f_m/2$。

3.7 如果某种特定调制方法在 $\Delta/T_s \leq 0.1$ 的任何时间内都能提供合适的 BER 性能，试通过观察图 3.20 中的射频（RF）信道来确定最小的符号间隔 T_s（即最大的符号速率）并估算相干带宽。

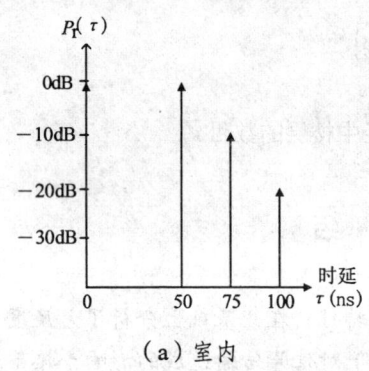 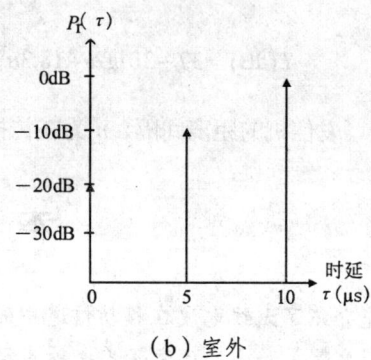

（a）室内　　　　　　　　　　　　　　（b）室外

图 3.20

3.8 设移动台速度为 60 km/h，工作频率为 1 000 MHz，试求 1 min 内信号包络衰减至信号均方根（rms）电平的次数。平均衰落持续时间为多少？

3.9 一辆汽车以恒定速度行驶，并接收到 900 MHz 的载频信号。测得信号电平低于 rms 电平值 10 dB 的平均衰落时段为 1 ms，则汽车在 10 s 内行驶了多远？10 s 内信号经历了多少次低于 rms 门限电平的衰落？

3.10 两个独立的复数（正交）高斯源有相同的分布，证明：它们相加后的和的幅度（包络）服从瑞利分布。假设高斯源均值为 0，方差为单位方差。

3.11 某市区实测均方根时延扩展为 2 μs，试求：① 信道的相干带宽值。② 当传输信号的带宽满足什么条件时，不会发生频率选择性衰落。

3.12 用 Matlab 语言产生一个瑞利衰落信号的时间序列，要求该序列有 8192 个样值。
（1）$f_d = 20$ Hz。
（2）$f_d = 200$ Hz。

3.13 图 3.21 示意了 900 MHz 的功率延迟分布的本地空间平均值。
（1）确定信道延迟扩展的 rms 值和平均多径时延。
（2）若在此信道中传输的调制符号的周期 $T < 10\Delta$ 就需要均衡器，试确定不需要均衡器所能传输的最大射频符号速率。

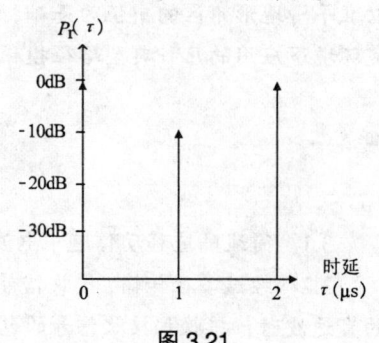

图 3.21

（3）若一个以 30 km/h 行驶的移动台接收到经信道传播的信号，若采用时间分集，问发射端发送信号的时间间隔应为多少？

3.14 简述相干带宽和时延扩展、相干时间和多普勒扩展的定义及其相互之间的关系。

3.15 设某系统工作在准平坦地区的大城市，工作频率为 900 MHz，小区半径为 10 km，基站天线高度为 200 m，移动台天线高度为 3 m，要使工作在小区边缘的手持移动台接收机的接收电平达到 −102 dBm，基站发射机的功率至少应为多少？采用 Okumura 模型和它的经验公式计算。

第4章 数字移动通信关键技术

在过去 20 年中,移动通信系统得到了迅速的普及和广泛的应用,其中一个关键的推动因素是不断发展和成熟的各种移动通信技术,如多址接入技术、信源编码技术、调制解调技术、抗信道衰落技术、扩频通信技术、分集接收技术等。本章将简要介绍现代移动通信系统中用到的一些关键技术,以便为后续内容学习打下良好的基础。

4.1 多址接入技术

移动通信和固定通信最基本的区别在于前者支持用户的移动性,小区内随机移动的用户要建立通信,首先必须要实现区分和识别动态用户的多址接入技术。多址接入的原理与固定通信中信号多路复用的原理相同,都属于信号的正交规划与设计技术。不同之处在于多路复用的目的是区分多条并行传输的通路,通常在基带或中频上实现;而多址技术是为了区分不同的用户地址,通常是利用射频电磁波来寻找动态的用户地址。最基本的 3 种多址技术是频分多址(FDMA)、时分多址(TDMA)和码分多址(CDMA),除此之外,3G 还使用了基于智能天线的空分多址接入(SDMA),未来移动通信系统中将使用基于正交频分复用的 OFDMA 接入技术。

4.1.1 接入方式

图 4.1 给出了 3 种基本接入方式的示意图,3 种接入方式中均有一项参数是相互正交的:FDMA 中是频率,TDMA 中是时隙,CDMA 中是码字(或序列),系统正是利用这些参数来区分不同的用户。

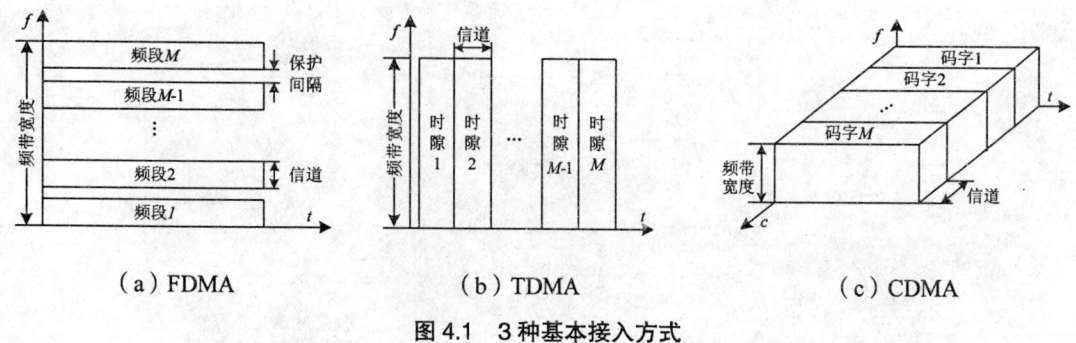

图 4.1 3 种基本接入方式

FDMA 方式是从频域出发，把系统总的频带宽度划分成若干等间隔的频段，分配给不同的用户使用，这些频段互不交叠，其宽度应能传输一路数字语音信号。两个频段间留有一定的保护间隔，以防止同一部电台的发射机对接收机产生干扰。FDMA 系统的双工方式通常使用频分双工（FDD），即前向链路和反向链路分别使用不同的频段范围。FDMA 的优点是易于实现模数兼容，缺点是系统中易产生互调干扰、频带利用率低。对于单一业务、小容量的系统，FDMA 是一种有效的接入方式，但当用户数目增大、业务种类增多时，FDMA 就显得力不从心了。第一代模拟移动通信系统使用的就是这种接入方式，例如 TACS、AMPS 等。

TDMA 方式是从时域出发，把整个频段的占用时间分成若干个时隙，然后按照一定的时隙分配原则，使不同的用户在指定的时隙内通信。TDMA 系统的双工方式可以使用 FDD，也可以使用时分双工（TDD），TDD 是指前向和反向链路分别使用不同的时隙范围，例如 GSM 是典型的 FDD-TDMA 系统。相对 FDMA 而言，TDMA 提高了系统的频带利用率和系统容量。

FDMA 和 TDMA 都是在时间-频率平面进行设计，而 CDMA 则在时、频域之外，又引入了第三维矢量，即码域。CDMA 的理论基础是扩频技术，我们将在本章 4.5 节中学习到。在 CDMA 中，系统为不同的用户分配了相互正交的地址码，各用户的信号具有宽带编码特性，可以在整个时频域同时传送。相比 FDMA 和 TDMA 方式，CDMA 系统利用了扩频、功率控制、话音激活等技术，更大的提高了频谱利用率和系统用户容量，所以在 3G 的主流标准中都使用了 CDMA 方式。CDMA 系统既可以采用 FDD 也可以采用 TDD 实现双工通信，例如，IS-95 和 CDMA 2000 都属于 FDD 模式，而 WCDMA 中有 FDD-WCDMA 和 TDD-WCDMA 之分，TD-SCDMA 使用了 TDD 方式。

空分多址（SDMA）是利用天线波束的方向性，将服务区划分成不同的子空间进行正交隔离，其原理和小区中扇区的概念类似，不同的是在 SDMA 中，波束的覆盖范围很小，甚至仅为一个用户服务。在 SDMA 中不同的用户通过不同的波束和基站联系，而不同波束中的用户可以使用相同的时间、频率和码片等资源。TD-SCDMA 中采用的智能天线技术就是一种典型的 SDMA 方式，天线波束可以跟踪用户当前状态作自适应调节。

OFDMA 是采用正交频分复用（OFDM）技术区分用户的多载波接入方式，IEEE 802.16e（即 Wimax）已采用了 OFDMA，同时它也是未来蜂窝移动通信系统中拟采用的一项关键技术。OFDM 的基本思想是将信道分成许多正交子信道，在每个子信道上进行窄带调制和传输。因为每个子信道的带宽小于相关带宽，从而避免了频率选择性衰落导致的码间干扰的影响。从原理上讲，OFDM 和 FDM 原理相同，但 OFDMA 具有频谱效率高等优点，图 4.2 给出 FDM 和 OFDM 的频谱结构比较。

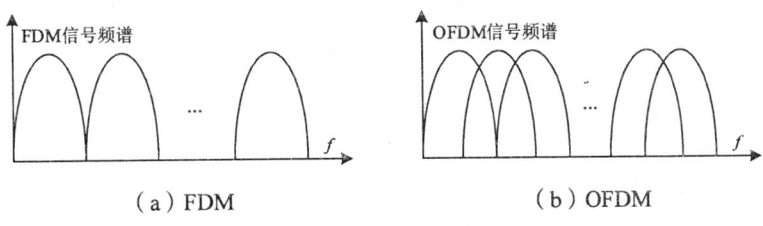

图 4.2　FDM 和 OFDM 信号频谱比较

OFDMA 就是基于 OFDM 的原理实现，由基站为用户分配不同的正交子信道接入系统，并且可以根据用户的信道状况以及用户数据传输要求，动态进行子信道分配，并可以结合空时编码、智能天线以及链路自适应等技术最大程度的提高链路的可靠性。当然 OFDMA 技术也有一些缺点，如易受频率偏移的影响、存在较高的峰值平均功率比等，这些都是移动通信领域目前正在研究的热点问题，相信最终都能够找到满意的解决方案。

4.1.2 系统容量

在上面的介绍中已经提到 FDMA、TDMA 和 CDMA 3 种基本接入方式的系统容量并不相同，在研究容量差异原因之前，首先来了解一下理想系统的情况。假设 3 种多址系统的带宽都是 B，并且每个用户未编码的信息速率都是 $R_b = 1/T_b$，T_b 是比特周期，同时假定 3 种多址系统均采用正交信号波形，则系统所支持的最大用户数为

$$M \leqslant \frac{B}{R_b} = BT_b \tag{4.1}$$

当基站接收到每个用户的信号功率均为 S_r 时，则接收总功率为 $S = MS_r$。假设满足通信要求的最低信噪比（SNR）或 E_b/N_0（单位比特能量与噪声功率谱密度之比）与实际值相等，则

$$\left(\frac{E_b}{N_0}\right)_{req} = \frac{S_r/R_b}{N_0} = \frac{S/M}{R_b N_0} \tag{4.2}$$

由此可得系统容量为

$$M = \frac{(S/N_0)}{R_b(E_b/N_0)_{req}} \tag{4.3}$$

即，3 种多址方式的系统容量是相等的。

然而实际用于蜂窝电话的多址系统并不具有相同的容量，这是因为上述理想系统的分析中考虑的因素并不全面：一是假设所有的用户在同一时间内连续不断地传送消息，这对话音通信来说是不符合实际的；二是没有考虑在地理上重新分配频率的问题；三是没有考虑信号传输中的多径衰落。此外，实际的 FDMA 和 TDMA 系统远没有满足正交信号的要求，同频干扰是它们系统容量减少的原因之一。

根据理论计算及现场试验表明，CDMA 系统的信道容量是模拟系统的 10～20 倍，是 TDMA 系统的 4 倍。CDMA 系统容量大的原因在于：① CDMA 系统的频率复用系数远远超过其他制式的蜂窝系统。② 扩频技术带来的极大的处理增益。③ CDMA 使用了话音激活和扇区化，快速功率控制等技术。有关 CDMA 容量的问题，我们在第 6 章再作分析。

4.2 信源编码技术

在移动通信中，信源编码包括语音和图像的数据压缩编码技术。在 2G 中语音压缩编码技术就得到了深入的研究和广泛应用。而在 3G 中，图像压缩编码技术将是另一个研究重点。信源压

缩编码的根本目的是在保证一定的质量的前提下，以最小的速率进行语音和图像信息的传输。目前移动通信系统使用的无线频谱资源已经非常拥挤，采用信源压缩编码技术可以大大提高无线频谱的利用率和传输的有效性，而采用信源压缩的可行性在于：

(1) 语音和图像信号中存在大量的冗余信息。在一般情况下，语音信号的幅度是逐渐变化的，经采样后的相邻样值之间存在很强的相关性；同样，一幅图像中的相邻像素之间以及相邻的几幅图像之间亦存在着很强的相关性。而相关的信号所携带的信息中存在着大量冗余信息。

(2) 移动通信系统中的最终接收者是人，而人的听觉和视觉器官都存在不敏感性。人能听到的声音频率有一定的范围，能观察到的图像的亮度和色彩也有一定的限度。舍弃眼耳不敏感的信息，对图像和语音的质量影响很小，在有些情况下，甚至可以忽略不计。

4.2.1 语音编码技术基本原理

语音编码就是指模拟话音信号的模数转换过程，其主要有波形编码、参量编码和混合编码三种方式，并且通常把速率小于 64 Kb/s 的编码方式称为语音压缩编码。

1. 波形编码

波形编码的基本原理是将话音信号经抽样、量化、编码后传输，接收端将接收到的信号译码后经低通滤波器即可恢复原始话音信号。这种方式的理论基础是奈奎斯特低通信号抽样定理：对于带限低通信号使用 2 倍于信号最高频率的频率抽样，则可以由样值信号通过低通滤波器重建原始信号。话音信号的频带一般限制在 0.3~3.4 kHz 的范围之内，所以，理论上抽样频率取 6 800 Hz 即可。实际应用中为了给低通滤波器的设计提供一个过渡带以及避免出现折叠噪声，采用 8 000 Hz 的抽样频率，因为这种方式是以重建信号波形为目的，故称之为波形编码。

脉冲编码调制（PCM）是最经典的波形编码技术，针对话音信号中小信号出现的概率更大，PCM 电话通信中采用了一种非均匀量化，即小信号对应的量化间隔小而大信号对应的量化间隔相对较大，这样有利于提高信号的整体传输质量，由于每个样值最终编 8 位码，所以每条话路的速率为 64 Kb/s。这样的速率保证了良好的通信质量，但却占用了过多的传输带宽，因此人们又发现了其他的低速率波形编码方式，有增量调制（ΔM）、差分脉冲编码调制（DPCM）、自适应差分脉冲编码调制（ADPCM）等。其基本思想是消除样值之间的相关性来压缩编码速率，对相邻样值的差值进行量化编码，这样接收端在前一信号的基础上就可恢复后一样值。例如 ADPCM 速率可以降到 32 Kb/s，并且具有与 64 Kb/s 的 PCM 系统相当的质量，也可以降到 16 Kb/s，但此时通信质量较差。

2. 参量编码

参量编码技术是以语音信号产生的数学模型为基础，从输入语音信号分析出模型参数（主要是指表征声门振动的激励参数和表征声道特性的声道参数)，然后在解码端根据这些模型参数来恢复语音。这种编码算法并不能忠实地反映输入语音的原始波形，而是着眼于人耳的听觉特性，确保解码语音的可懂度和清晰度。

人的声音信号包含有清音和浊音，发浊音时声带振动，浊音有振动的基本频率（基音），且具有准周期性；发清音时声带不振动，清音无基音且具有平坦功率谱，与白噪声相似。发声时它们都通过人的声管（包括喉管、口腔、舌、齿、唇等），由于声管形状的变化，对声音的响应不同而形成不同的声音。根据这些特点可以建立一个语音生成的模型，如图 4.3 所示。

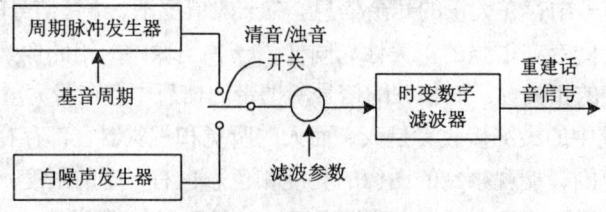

图 4.3 语音生成模型

这个模型通常又称为声码器，其中使用具有一定基音频率的脉冲源来代表浊音激励，用具有平坦谱的噪声源来表示清音的激励。用一个时变参数滤波器模拟声管的变化，当不同的激励源加到不同参数的滤波器时，就形成声音输出。

线性预测编码（LPC）声码器是其中最典型的一种，在发送端把语音信号的特征参数：清浊音判定、浊音周期、滤波器的参数分析出来，再将其编成二进制码传送到接收端，收端进行解码得到这些参数，然后按这些参数调整自己的模型，从而得到话音信号。人的话音在短时间内（如 20 ms）可认为是不变的，在 LPC 分析中，每 20 ms 传送一次参数代码，不是像波形编码必须以 8 000 Hz 的频率取样，（每 0.125 ms 传送一次），所以其编码速率可以很低。参量编码虽然速率很低，但是其重建信号波形和原语音信号波形相差较大，虽然保证了一定的可懂度，但自然度差。这种方式常用于保密通信中，例如美国国家安全局于 1975 年及 1986 年选定的线性预测编码（LPC-10）及改进型线性预测编码（LCP-10E），数码率为 2.4 Kb/s，使用 10 阶线性预测的方法提取声道参数，采用区分浊音和清音的二元激励，清音用白噪声和浊音用周期为基音周期的脉冲序列合成语音，用这种方法还原出来的语音的清晰度、可懂度仍很高。

3. 混合编码

混合编码是在保留参数模型技术精华的基础上，应用波形编码准则去优化激励信号，从而在 4.8～9.6 Kb/s 的数码率上获得了较高质量的合成语音。其实现方式以参量编码原理，特别是以 LPC 原理为基础，保留参量编码低速率的优点，并适当吸收波形编码中能够部分反应波形个性特征的因素，重点改善自然度性能。其典型代表是一类称之为"分析合成"的方法，采用听觉加权技术，在闭环的基础上寻找主观意义上失真最小的激励矢量。

混合编码中改进 LPC 主要从以下三方面入手：一是改进语音生成物理模型、激励源结构和合成滤波器结构以提高语音质量；二是改进参数量化和传输方法，进一步压缩传输速率；三是采用自适应技术，进一步解决系统中信源和信道之间的统计匹配。

在改进 LPC 的第一种方法中，由于采用的激励信号模型不同，这类方法派生出多种新的编码方法，都能在 9.6 Kb/s 码率上获得较高的话音质量。典型的方法有剩余激励线性预测编码（RELP）、多脉冲激励线性预测编码（MPLP）、规则脉冲激励长期预测编码（RPE-LTP）、码激励线性预测编码（CELP）以及矢量和激励线性预测编码（VSELP）等。其中 RPE-LTP 是 GSM 中采用的语音编码方案，而 CELP 是 IS-95 和 3G 中语音编码的基础。改进 LPC 的第二个措施是采用矢量量化、变换和优化等技术，进一步减少和压缩参量量化后的信息速率。改进 LPC 的第三个方法是采用自适应技术，主要包含信源特性参量的自适应和与信道特性匹配的传输速率自适应两方面的含义，而后者在 IS-95 和 3G 中均有使用。

4.2.2 移动通信中的语音编码技术

1. 移动通信语音编码器的选择

有限的无线频带资源和日益增长的移动带宽需求是采用语音压缩编码技术的主要原因之一。在选择语音编码器时，除了要在语音质量和传输带宽之间寻找平衡外，还需要考虑其他因素，例如端到端的编码时延、编码器的算法复杂度、功率耗费大小、与已存在的其他标准的兼容性以及编码器对传输误码的稳定性等。

如第三章移动传输信道所述，衰落是影响信号传输可靠性的主要因素，因此要求语音编码器对传输错误要有足够的稳定性。由于使用的编码技术不同，不同的编码器对传输错误有不同的稳定性。例如在相同误码率的情况下，40 Kb/s 的自适应增量调制要比 56 Kb/s 的 PCM（PCM24）要好，但这并不说明降低速率有助于提高编码器对误码率的稳定性。从另外一个角度讲，当语音编码的速率降低时，每比特的信息量增加，此时需要更多的保护。像声码器类的语音压缩编码器，把声道和听觉机制按参数模型化，某些携带重要信息的比特的丢失将造成不可接受的畸变。所以当传输低比特率编码的语音信息时，根据其对听觉的影响以及对错误的敏感程度分组并采用不同程度的纠错保护是很重要的。

语音编码器的选择亦与小区的大小有关，当小区很小时，可以通过频率复用提高频带利用率，这样使用一个简单的高速语音编码器就可以了。当小区是微微小区时，例如在无绳电话系统中，使用 32 Kb/s 的 ADPCM 编码器即可获得较好的性能。但是在大的小区和低质量话音信道的蜂窝系统中，要使用低比特率的语音编码器和纠错编码。在卫星移动通信系统中，卫星波束覆盖的面积更大，且带宽较小，为了提高用户容量，语音编码速率常在 3 Kb/s 的等级。

多址技术是决定移动通信系统频率效率的重要因素，也会影响到语音编码器的选用。例如 TDMA 方式的 IS-54 系统使用 8 Kb/s 的 VSELP 编码器，将 FDMA 方式的 AMPS 系统的容量提高了 3 倍之多。而在 CDMA 系统中，由于扩频技术的使用，大大提高了系统抗干扰和抗衰落的能力，所以可以使用低比特语音编码器。此外，调制方式也会影响到语音编码器的选择。例如使用频率效率较高的调制方式，可以降低对低比特率语音编码器的要求。

2. GSM 中的 RPE-LTP 声码器原理

GSM 蜂窝移动通信系统中采用规则脉冲激励长期预测编码（RPE-LTP）作为语音压缩编码标准，这是在多种编码方案中经试验、比较后选择的方案，代表了当时混合编码技术的先进水平。GSM 系统对语音信号的处理主要包括以下内容：发送端首先进行语音检测，将每个时段分为有声段和无声段；对有声段做语音编码，以产生语音帧信号；对无声段进行背景噪声估计，产生静寂描述帧（SID）；发射机采用不连续发射模式工作，在有声段发出语音帧，语音帧发送结束后发送 SID 帧，在接收端根据收到的 SID 帧中的信息在无声段插入舒适噪声。

GSM 系统中的 RPE-LTP 编码器主要由预处理，线性预测编码（LPC）分析，短时分析，长时预测和规则脉冲激励编码五个功能模块组成，如图 4.4 所示。

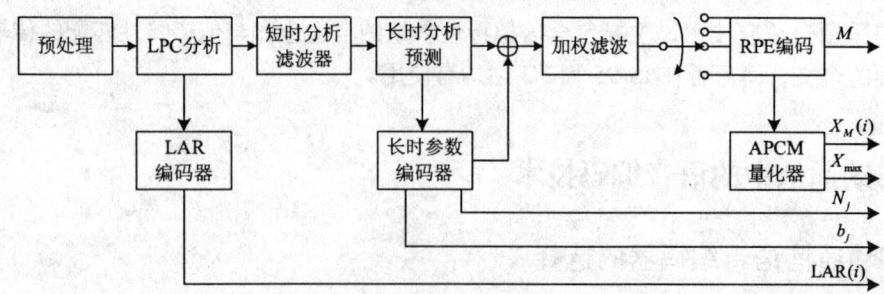

图 4.4 GSM 系统的 RPE-LTP 编码器原理

语音信号进入编码器后首先经过预处理模块，去除直流分量并进行高频预加重，预加重的目的是为了提升高频部分，使信号的频谱变得平坦，保持在低频到高频的整个频带中，能用同样的信噪比求频谱，以便于进行频谱分析或声道参数分析。

预处理后的语音信号进入 LPC 分析部分，完成线性预测参数的提取，每帧计算一次 LPC 发射系数，并将其转换成对数面积比参数（LAR），再将对 LAR 参数量化编码后得到 LAR 参量编码，经过 LAR 编码器，可将 LPC 参量样值比特从通常的 11 bit 压缩至 3～6 bit。LAR 编码一方面作为编码器输出的一部分，另一方面对其解码，恢复出量化后的反射系数供短时分析滤波使用。

短时分析滤波器的目的是为了提取一个语音帧中的短时余量信号。语音基带信号中的一部分低频分量称为余量信号，将其取样量化后送至接收端可以用来改善语音自然度。经 LPC 分析得到的 LAR 编码值经解码、插值及反变换，将结果输入格形滤波器即可得到余量信号值。

长时分析预测将短时分析滤波器输出的余量信号作长期预测处理，是为了去除语音信号相邻基音周期之间的长时相关性以压缩编码速率。处理过程按帧进行，每帧分为 4 个子帧，每个子帧有 40 个样值，且需要对长时分析滤波器输出的 LTP 时延参数 N_j 和 LTP 增益因子 b_j 进行估值和更新，并将 N_j 和 b_j 分别送至输出和本部分的长时分析滤波器，长时滤波器利用它们产生余量信号。

规则脉冲激励编码部分将长时预测 LTP 产生的长时余量信号通过加权滤波器进行规则脉冲激励序列的提取和编码。整个操作过程包括加权滤波、RPE 网络位置选取、RPE 序列的自适应脉冲编码调制（APCM）量化、APCM 逆量化和 RPE 网络位置恢复五部分内容。其中需要向编码器输出部分提供 3 个输出参量：最佳 RPE 网络位置 M，RPE 样值的量化值 $X_M(i)$ 和最大样值点 X_{max}。

GSM 语音编码器的样本序列输入速率为 8 000 样本/秒，编码器按帧做处理，每帧 20 ms，有 160 个语音样本，编码后输出 260 个比特，所以编码速率为 13 Kb/s，编码后的比特分配见表 4.1。

表 4.1 RPE-LTP 编码每帧比特分配表

参数	数量	比特/参数	比特数
LPC 系数 LAR(i)	8	3, 4, 5, 6	36
LTP 增益 b_j	4	2	8
LTP 时延参数 N_j	4	7	28
RPE 网络位置 M	4	2	8
最大值 X_{max}	4	6	24
RPE 样值 $X_M(i)$	52	3	156
合计			260

GSM 语音信源解码技术是上述编码技术的逆过程，但也略有不同，它在信道解码后获得的语音信息中进行 RPE 解码、长时预测分析滤波、短时分析滤波等处理，从而实现解码，然后将获得的离散信号做去加重滤波，送 D/A 转换电路即可恢复语音信号。

3. 窄带 CDMA 系统中的声码器原理

CDMA 系统中的声码器通常采用基于码本激励线性预测的编码技术，如美国联邦通信标准的 CELP、IS-54 的 VSELP、IS-95 中的 QCELP 等。CELP 语音编码的编码原理如图 4.5 所示，其激励源是码本，码本由余量信号经过处理得到。将余量信号可能出现的各种样值序列经量化后，按一定规则在存储器中存储，每个样值序列就是一个码字，这些码字的集合就构成了码本。收发双端存有相同的码本，发送端不需要传输余量信号本身，而是在码本中寻找与该余量信号最接近的码字，并将码字的序号传到接收端，收端按此序号在码本中找到相应的码字去激励合成滤波器，并据此重构语音信号。

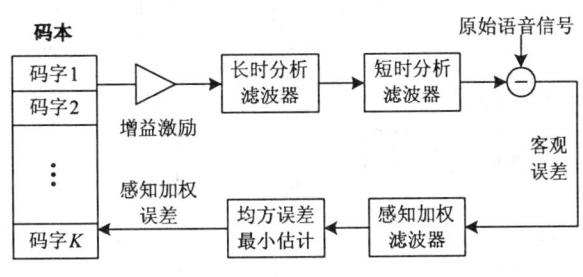

图 4.5 CELP 原理图

CELP 声码器能够在 4.8 Kb/s 的速率时展示高质量的合成语音，但存在计算量大的缺点。CELP 家族中的另一成员 VSELP 成功解决了快速搜索最佳激励矢量的问题，使得计算量大大降低，并成为 IS-54 的编码标准。为使 IS-54 能与模拟 AMPS 系统兼容并在一个频道上传输三路数字话音，VSELP 编码比特为 8 Kb/s。

IS-95 系统使用的语音编码是 Qualcomm 公司提出的 QCELP 声码器。该方案是一种可变速率的混合编码器，它利用语音激活技术，在语音激活周期内，根据不同的信噪比分别选择四种速率：全速率、半速率、1/4 速率和 1/8 速率。采用可变速率，可以使平均速率下降 2 倍以上。图 4.6 给出了 QCELP 编码原理图，图中 L 表示最佳音调时延，b 为音调时延。典型的 LPC 采用简单的二元浊音模型，而 QCELP 则采用矢量码代替浊音，即采用码激励矢量量化噪声代替浊音。QCELP 采用音调合成滤波器、线性预测编码滤波器和自适应滤波器代替 LPC 中人工语音合成器，目的是改善合成语音的质量，特别是改善语音的自然度。

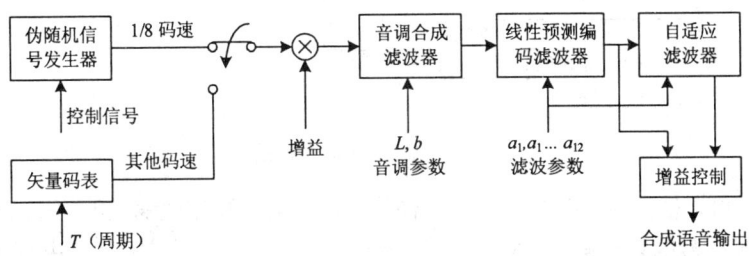

图 4.6 QCELP 编码原理图

4. WCDMA 中的 AMR 声码器原理

移动通信中的语音编码器应该有时需要根据信道的变化采用不同的编码速率。在信道处于深衰落时，增加纠错编码的冗余比特而减少信源编码的比特来提高传输的可靠性；在信道条件较好时，通过增加信源编码的比特来提高语音质量。WCDMA 系统就采用这种思想设计了自适应多速率语音编码器（AMR），通过自适应算法选择最佳的语音编码速率。

AMR 编码器也是基于 CELP 实现的，按语音帧编码，帧长 20 ms，采样频率 8 kHz。在每帧的 160 个样值中，对语音信号进行处理并抽取 CELP 参数（包括线形预测滤波系数、自适应码本和固定码本的序号和增益等），将这些参数编码传输。AMR 编码器原理图如图 4.7 所示，图中 LSP 为线性短时预测，$A(z)$ 是线性未量化预测滤波器。

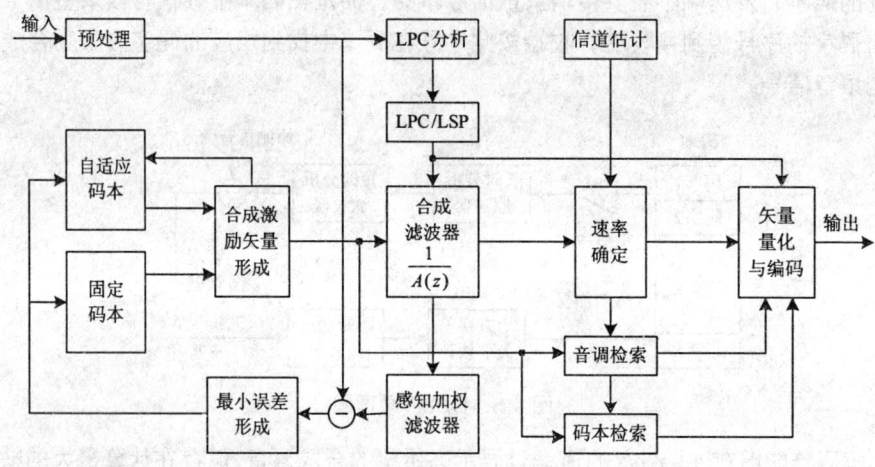

图 4.7 AMR 编码原理图

在接收端，首先从接收到的比特流中将编码模式提取出来，对发射参数进行译码，即可获得编码器的相关参数。这些参数包括 LSP 参数、自适应码本矢量和增益、固定码本矢量和增益。使用这些参数激励相关滤波性重构语音信号，并将产生结果通过后滤波器以恢复原始语音信号，具体过程如图 4.8 所示。

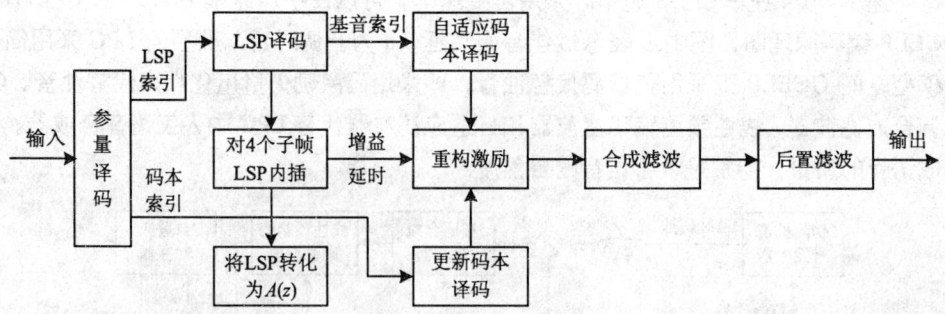

图 4.8 AMR 译码原理图

AMR 编码器可以根据信道的当前质量条件改变信源编码和信道编码的速率而传输速率不变。实际系统中 AMR 信号的处理操作过程如图 4.9 所示，通过上下行信道估计，由基站决定上下行链路所采用的速率模式。上行信道估计由基站完成，根据其决策语音编码和信道编码的速率模式，并将通过下行链路发给移动台。下行信道估计由移动台完成,并将结果通过上行链路发给基站,基站据此决定下行链路要采用的语音编码和信道编码的速率模式。

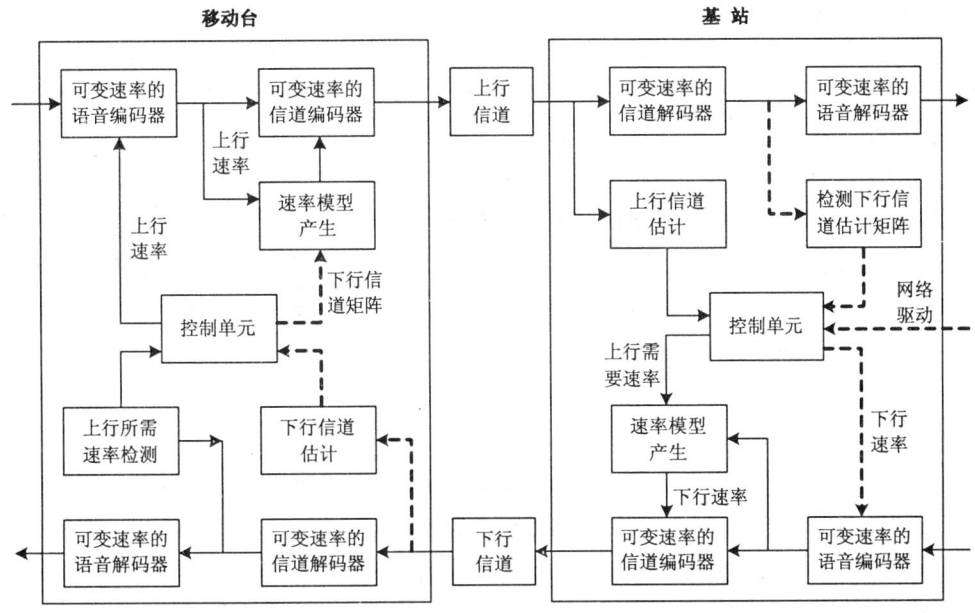

图 4.9 实际系统中 AMR 语音信号传输过程

4.2.3 移动通信中的图像压缩编码标准

1G、2G 系统主要提供了对语音业务的支持,从 2.5G 开始支持数据业务,而 3G 系统则要提供包括语音、数据以及图像在内的多媒体业务,所以本小节将简要介绍图像编码的基本原理和主要图像压缩编码标准。

1. 图像压缩编码方法

图像压缩编码有许多成熟的方法,有预测编码、变换编码、熵编码、具有运动补偿的帧间预测编码,以及小波变换编码、分形编码等先进的编码方式。由于篇幅有限,这里仅简要介绍前 4 种方法的基本原理,需要进一步了解更多知识的读者可参阅图像编码方面的专业书籍。

预测编码旨在消除相邻像素之间的冗余度,其基本原理是:充分利用相邻样值间的强相关性,利用前面已出现的数值做预测,得到一个预测值,将实际值与预测值求差,然后对差值信号进行编码后传输。DPCM 就是其中一种基本的方法,不带量化器的 DPCM 线形预测编码是无失真编码,有量化器时属于有失真编码系统。采用最佳量化器设计,可利用人眼的视觉可见度阈值和视觉掩蔽效应,来确定量化间隔,使量化误差总处于人眼难以察觉的范围,达到主观评价标准。使用自适应的 ADPCM 技术,使预测系数和量化参数能够根据图像局部区域分布的特点自动调节,能够进一步改善编码质量和压缩效果。

变换编码也是一种降低信源空间冗余度的压缩方法。研究证明,各种正交变换如 K-L 变换、离散余弦变换(DCT)和 Walsh 变换等,都能够不同程度地减少随机向量的相关性。由于正交变换产生变换系数之间的相关性很小,所以可以分别独立地对其进行处理。此外,信号经大多数正交变换后,能量都集中在少数系数上,通过量化删除贡献较小的系数,只用保留下来的系数恢复图像,并不会引起明显的失真。

熵编码旨在消除信源的统计冗余。例如哈夫曼编码,对出现概率较大的符号编较短的码字,对出现概率较小的符号编较长的码字,实现信源压缩。常用的熵编码还有算术编码、香农码和游程编码等,这些编码方式都不会引起信息损失,所以称之为无损编码。

具有运动补偿的帧间预测编码旨在消除序列图像在时间上的冗余,是图像编码的另一重要途径。序列图像的时间冗余度主要表现在以下两个方面:一是对于静止场景,当前帧与前一帧信息完全相同;二是对于运动物体,只要知道运动规律,即可从前一帧图像推算出它在当前帧中的位置。因此编码器只要将物体的运动信息(如运动速度、方向等)告知解码器,解码器就能据此和前一帧图像来更新当前帧图像。

2. 图像压缩编码标准

图像是比较复杂的信息类型,一般可将其分为 3 类:一是静止图片,如照片、医用图片、遥感图片等,这类图像是完全静止的;二是准活动图像,如可视电话、话剧、会议电视等,这类图像的特点是背景基本上是静止的,人物的活动范围有限;三是活动图像,如电影、电视等,这类图像的中的人物和背景都是全活动的。由于图像所包含的信息远大于语音、文字和一般数据,其占用的带宽、处理的复杂度、存储所需空间都远甚于其他信息的处理。经过几十年的长期努力,图像编码已形成了一系列标准(见表 4.2)。

表 4.2 各类图像编码标准

标准	压缩比与数据比特率	应用范围
JPEG	2~30 倍	有灰度级的多值静止图片
JPEG2000	2~50 倍	移动通信中的静止图片、数字照相与打印、电子商务
H.261	$P \times 64$ Kb/s, $p=1, 2, \cdots, 30$	ISDN 视频会议
H.263	8 Kb/s~1.5 Mb/s	POTS 视频电话、桌面视频电话、移动视频电话
MPEG-1	≤1.5 Mb/s	VCD、光盘存储、视频监控、消费视频
MPEG-2	1.5~35 Mb/s	数字电视、有线电视、卫星电视、视频存储、HDTV
MPEG-4	8 Kb/s~35 Mb/s	交互式视频、Internet、移动视频、2D/3D 计算机图形

目前制定图像压缩编码国际标准的有两大国际组织:一是 ITU-T,即国际电联的电信标准部,由其制定的标准常称之为建议,图像编码方面的标准通常记作 H.26x,此类标准主要面向实时通信,如可视电话和会议电话等;另一个组织是 ISO/IEC,即国际标准化组织和国际电工委员会,由其制定的标准一般记作 JPEG 和 MPEG-x,此类标准主要用于视频广播、有线电视、卫星电视、视频存储和视频流媒体等。

静止图像压缩标准 JPEG 是由 ISO 和 ITU-T 及 IEC 共同组织的一个图片专家联合小组(Jiont Photographic Experts Group)研制而成,故称之为 JPEG。该标准分为两类:基于 DPCM 与熵编码的无失真编码系统和基于 DCT 与熵编码的有限失真编码系统。其基本原理是将图像分成 8×8 的子块，分别作 DPCM 或 DCT 变换，然后进行哈夫曼算术编码。由于图像是静止的，所以无需帧间编码，由 JPEG 将图像压缩到每像素 1 bit 仍有很好的质量。

JPEG2000 可以看作是 JPEG 的升级版本，其平均压缩比要比 JPEG 增加了大约 30%。二者相比，JPEG2000 具有以下特点：① 以小波为主的多分辨率编码方式代替 JPEG 中的 DCT 变换，从而去掉了最棘手的方块效应。② 采用了渐进传输技术，可以先传输图像的轮廓或缩影，然后再由用户决定是否需要以及需要什么 QoS 登记的图像细节和数据。③ 在处理图像时，用户可以指定感兴趣的区域，对这些区域可以选择特定的压缩质量和解压缩质量，即接收用户的主观要求，实现交互式压缩。④ 利用预测法可以实现无损压缩，这对卫星遥感图片、医用图片等很有意义。⑤ 具有误码鲁棒性，抗干扰性能好。⑥ 充分考虑了人眼的主观视觉特性，增加了视觉权重和掩模，在不损害视觉效果的情况下，大大提高了压缩效率。

H.261 是用于传输会议电话及可视电话信号的标准，根据不同的需求，它可将速率确定为 $p \times 64$ Kb/s，$p=1, 2, \cdots, 30$，对应的速率为 64 Kb/s～1.92 Mb/s。H.261 采用具有运动补偿的帧间预测，然后对预测误差信号作 DCT、量化和哈夫曼编码实现图像压缩。该标准采用前向预测，使编码延时较小，以满足实时通信的需要。不同制式的电视信号（PAL 或 NTSC）在进入 H.261 编码器之前，需要转换成统一的中间格式，其分辨率为 360×288，称为 GIF 格式，分辨率为 GIF 的 1/4 的图像（180×144）称为 QCIF 格式。与 H.261 配套的语音编码标准为 G.711、G.722 和 G.728。

1995 年 ITU-T 总结了当时图像编码的最新研究进展，为低速率视频应用制定了 H.263 标准，以后又有所改进，包括 1998 年的 H.263+、2000 年的 H.263++等。H.263 系列标准适用于 PSTN、无线网络和 Internet，其核心编码算法仍与 H.261 基本相同，区别在于：① H.261 仅能工作在 GIF 和 QCIF 2 种格式，而 H.263 在此基础上又增加了 SubQCIF、4CIF、16CIF 等 3 种格式。② H.263 吸收了 MPEG 等标准中的一些有效技术，进一步提高了预测精度，降低了编码速率。③ H.263 在 H.261 基本编码算法基础上又增加了非限制运动矢量、基于语法的算术编码等 4 种可选模式，以进一步提高编码效率。

MPEG-1 是 ISO/IEC 下属的国际运动图像专家组（MPEG）于 1993 年，主要针对 1.5 Mb/s 速率的数字存储媒体运动图像及其伴音制定的国际标准，用于 CD-ROM 的数字视频及 MP3 等。1.5 Mb/s 中有 1.1 Mb/s 用于视频，128 Kb/s 用于音频，其余用于 MPEG 本身。MPEG-1 使用了帧间预测、DCT 转换以及哈夫曼编码等技术。

1995 年 MPEG 组织推出了 MPEG-2 标准，这是对 MPEG-1 的改进，主要针对数字视频广播、高清晰度电视 HDTV 等制定的 4～9 Mb/s 运动图像及其伴音的编码标准，是数字电视机顶盒与 DVD 等产品的基础，它与 MPEG-1 的区别在于：① 能够有效支持电视的隔行扫描格式，在运动补偿中增加了场间预测和双基预测等模式，以改进对运动较快物体预测的准确性和提高压缩比。② 支持分层次的可调视频编码，以适应需要同时提供多种质量的视频服务的情况。

随着多媒体技术的普及，人们对低速率视频在 PSTN、移动网络、Internet 上传输的要求日益突出，1992 年 11 月，MPEG 组织决定开发适应极低速率的音频/视频（AV）编码的国际标准。MPEG-4 已不再是单纯 AV 编解码标准，它将内容的交互性技术作为核心，为多媒体数据压缩提供了一个更为广阔的平台。期间，随着 H.263 的成功研制，ITU-T 和 ISO/IEC 在图像编码方面逐渐走向统一。

此后，ITU-T 和 ISO/IEC 联手成立了 VCEG 组织，在 H.263 及其改进型与 MPEG-4 的基础上进行了技术融合、改进和优化，共同提出了 H.264 标准，已于 2003 年 3 月初步完成并确定为国际标准。与先前的一些编码标准相比，H.264 标准继承了 H.263 和 MPEG1/2/4 视频标准协议的优点，但在结构上并没有变化，区别仅在于在功能模块内部使用了一些先进的技术，提高了编码效率。其主要表现为：编码不再是基于 8×8 的块进行，而是在 4×4 大小的块上，进行残差的变换编码。所采用的变换编码方式也不再是 DCT 变换，而是一种整数变换编码。采用了编码效率更高的上下文自适应二进制算术编码，同时与之相应的量化过程也有区别。H.264 标准具有算法简单易于实现、运算精度高且不溢出、运算速度快、占用内存小、消弱块效应等优点，是一种更为实用有效的图像编码标准。

4.3 信道编码技术

信道编码是提高数字通信系统传输可靠性的一项关键技术，是数字通信系统中实现差错控制的主要方法。基于信道编码的差错控制可以这样来描述：在发送端通过信道编码器按照一定的规则，在信息码元中附加一些监督码元，使信息码元和监督码元具有某种相关性，接收端信道译码器根据信息码元与监督码元之间的相关性进行检错，若发现错误，就按照特定的差错控制方法纠错。由于无线传输环境复杂，干扰和各种衰落效应对传输质量的影响很大，所以在移动通信系统中，信道编码技术不可或缺，本节将简要介绍移动通信中常用的信道编码和差错控制方式。

4.3.1 移动通信中的信道编码技术

1. 线性分组码

线性是指编码规则符合某种线性函数关系，即信息码元与监督码元之间遵从线性运算规律。分组是指编码过程按照信息码元分组为单位进行，具体过程是将数据码元分成许多信息码组，每组有 k 个码元，编码器按照一定的编码规则产生 r 个监督码元，二者组成一个长度为 $n=k+r$ 的码字，记作 (n, k)。

在线性分组码中，最具理论和实际应用价值的一个子类为循环码，因其具有循环移位特性而得名。例如用作检错的 CRC 循环冗余监督码，其检错能力也可以由 $g(x)$ 确定：若 $g(x)$ 含有 $(x+1)$ 因式，对应的 (n, k) 系统循环码，能够检出所有奇数个错误；若 $g(x)$ 含有常数项 1 因式，且不能整除 x^e+1，$0<e\leqslant n-1$，则对应的 (n, k) 系统循环码，能够检出所有的两位错误；若 $g(x)g(x)$ 含有常数项 1 因式，对应的 (n, k) 系统循环码，能够检出所有突发长度 $\leqslant r$ 的突发错误，并且对突发长度等于 $r+1$ 的突发错误的漏检率为 $2^{-(r-1)}$，对突发长度大于 $r+1$ 的突发错误的漏检率为 2^{-r}。目前被广泛使用的标准生成多项式有以下 4 种：

(1) CRC-12： $g(x) = x^{12} + x^{11} + x^3 + x^2 + x + 1$

(2) CRC-16： $g(x) = x^{16} + x^{15} + x^2 + 1$

(3) CRC-CCITT： $g(x) = x^{16} + x^{12} + x^5 + 1$

(4) CRC-32： $g(x) = x^{32} + x^{26} + x^{23} + x^{22} + x^{16} + x^{12} + x^{11} + x^{10} + x^8 + x^7 + x^5 + x^4 + x^2 + x + 1$

BCH 是另一类重要的循环码，它能纠正一个码字中的多个独立的随机错误。BCH 码是在

1959—1960 年由 3 位学者 Houguenghen、Bose 和 Chaudhuri 各自独立发现的二元线性循环码,故取 3 位学者人名的 3 个字母命名。BCH 码的生成多项式为

$$g(x) = LCM[m_1(x), m_3(x), \cdots, m_{2t-1}(x)]$$

式中,t 为纠错的个数;$m_i(x)$ 为不可约多项式;LCM 为最小公倍数。

BCH 码的最小码距为 $d \geq d_0 = 2t+1$,其中 d_0 为设计码距。BCH 码可以分为两类:码长 $n = 2^m - 1$,称为本原 BCH 码或狭义 BCH 码;码长是 $n = 2^m - 1$ 的因子,称为非本原码或广义 BCH 码。

RS(Reed-Soloman)码是一种特殊的多进制 BCH 码,在移动通信中,常用一类特殊的码元符号取自伽罗华域 GF(2^m)的多进制 RS 码,来纠正突发错误。将输入信息每 km 比特分为一组,每组有 k 个符号,每个符号由 m 个比特组成。其码长为 $n=2^m-1$ 个符号或 $m(2^m-1)$ 个比特,监督码元部分有 $n-k=2t$ 个符号或 $m(n-k)=2mt$ 个比特。其最小码距为 $d_{\min} = 2t+1$,是所有线性码能够实现的最大值。

2. 卷积码

卷积码由输入的数据序列和编码器的冲激响应在时域做卷积得到。若输入 k 个信息码元,卷积码编码器产生一个由 n 个码元组成的码字,这 n 个码元不仅和当前输入的信息码元有关,还与此前的 m 个信息码组中的码元有关,卷积码通常记作 (n, k, m),其中 m 表示存储级数。卷积码为有记忆编码,其记忆或约束长度为 $m+1$,典型的卷积码 n 和 k 取值很小,而存储长度 m 较大,以实现较好的纠错功能。

和分组编码器按块编码的方式不同,卷积编码器可以接收连续的输入数据比特序列。已经证明,在同样的复杂度下,卷积码可以获得比分组码更大的编码增益,且卷积码可以通过一些有效的软判决译码算法来提高译码效率,如 Viterbi 算法。在 2G 和 3G 移动通信系统中,均广泛采用了卷积编码方式。

3. 级联码

在实际的移动通信信道中出现的误码通常既有随机错误也有突发错误,是典型的混合型错误类型。由信道编码定理可知,纠错能力和纠错码本身的长度成正比。若采用单一结构、单一形式的编码方式,例如线性分组码或卷积码来纠正混合型错误,需要其码长足够长,这样将会导致编译码器变得非常复杂。因此,需要另辟蹊径来构造性能优良的长码。

级联是一种由短码构造长码的特殊方法,Forney 首先提出了级联码的思想,通过级联可以构造长码,而不需要长码通常所需的复杂的编译码设备,但性能一般都优于同一长度的单一结构的长码,级联码也因此得到了广泛的重视和应用。

Forney 最初提出的两级串联形式的级联码如图 4.10 所示,它是由两个短码 (n_1, k_1) 和 (n_2, k_2) 串联构造一个长码 (n, k),称 (n_2, k_2) 为外码、(n_1, k_1) 为内码。若总数据输入长度 $k = k_1 \times k_2$,即有 k_2 个字节,每个字节含有 $k_1 = 8$ 位。这样 (n_1, k_1) 负责纠正字节内(8 位内)的随机独立差错,(n_2, k_2) 负责纠正字节间和字节内未纠正的剩余错误。因此这样的级联码既可以纠正随机独立错误,也可以纠正突发错误,但主要目的是纠正突发性错误。若内码的最小码距为 d_1,外码的最小码距为 d_2,则级联码的最小码距至少是 $d_1 d_2$。所以级联码具有更强的纠错能力。从原理上看,内码和外码可以采用任何类型的纠错码,目前最典型、采用最多的组合是内码采用纠正随机错误能

力较强的卷积码,而外码则选择纠正突发错误性能更强的的 RS 码。

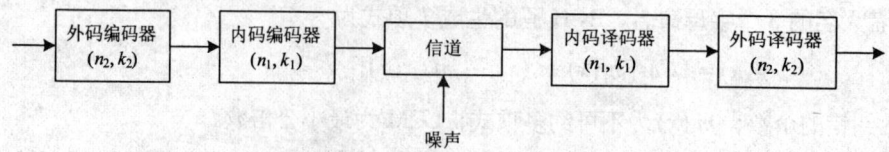

图 4.10　串联形级联码原理图

级联码的另一种构造形式是并联结构,其典型的一种应用就是 Turbo 码。图 4.11 给出了 Turbo 码的编译码原理图,整个编码器由 3 个基本组成部分:直接输入、经编码器 1 送入开关单元、输入数据经交织器后再通过编码器 2 送入开关单元,以上三者可以看作是并行级联。两个编码器分别称为 Turbo 码的二维分量码,从原理上看,它可以很自然地推广到多维分量码。各个分量码既可以相同,也可以不同,既可以是系统码,也可以是非系统码,但为了进行有效的迭代,已证明分量码必须选用递归的系统码,所以目前通常选用卷积编码的方式实现。

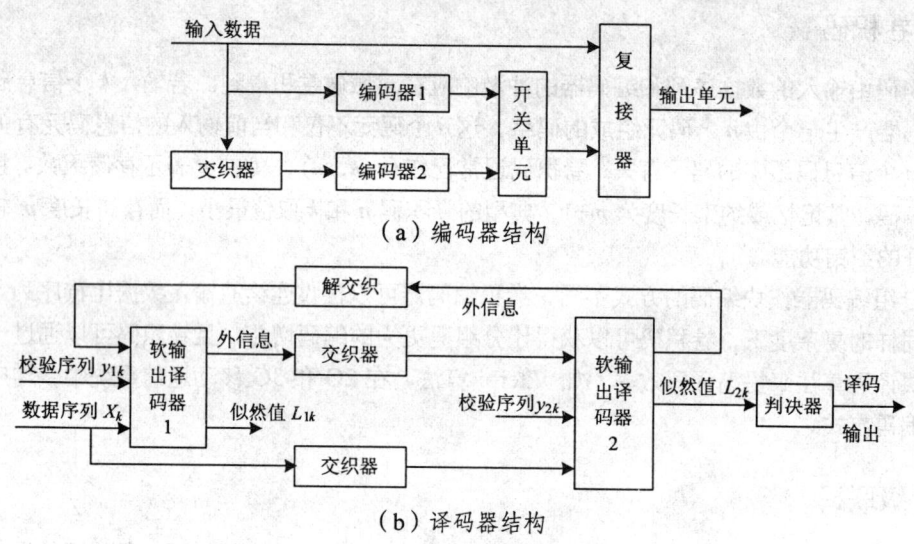

图 4.11　Turbo 码编译码原理图

由 Turbo 码的原理框图可以看出,这类并行级联卷积码的译码具有反馈式迭代结构,它类似于涡轮机原理,故命名为 Turbo 码。译码算法采用软输入/软输出的最大后验概率迭代算法。Turbo 码的创始人 Berrou 指出,当分量码采用简单递归卷积码、交织器大小为 256×256 时,计算机仿真结果表明:当 $E_b/N_0 = 0.7$ dB,BER $\leqslant 10^{-5}$ 时,性能极其优秀,这一结果比以往所有的纠错码都要好得多,与香农限仅差 1~2 dB。正因为此,3G 系统的各个标准都采用了 Turbo 编码技术,但因为 Turbo 译码产生的时延较大,故目前主要用于 3G 中的数据传输中。

4.3.2　HARQ 简介

传统的基于信道编码的差错控制方式有自动重传(ARQ)、前向纠错(FEC)和混合纠错(HEC)3 种方式:

ARQ 通过反馈重发的方式纠错,使用的是 CRC 等检错码,具有较高的编码效率。又因为通过反馈实现纠错，所以这种方式对信道的适应能力很强，但是同时会造成信息传输的不连贯，因此在对通信实时性要求较高的场合并不适用，例如话音通信等。

FEC 采用卷积码等纠错编码，其编码效率较低，且编译码设备比较复杂。但 FEC 在接收端由纠错码自动纠正传输错误，所以具有更好的实时性，常用于移动通信系统中。

HEC 使用纠检错码，这种信道编码有一定的纠错能力，但和纠错码相比较弱，接收端可以通过其纠正部分错误，当错误超过其纠错能力时，就按照 ARQ 的方式纠错。实际证明 HEC 在提高系统传输可靠性的同时，具有更好的传输有效性，所以目前在数据通信中得到了广泛应用，特别是在使用卫星信道等高时延、大容量的信道传输数据信号时更具优势。

随着移动通信应用的快速发展和人们对移动业务需求的日益增长，移动通信中的数据业务，特别是分组数据业务的增长非常迅速。GPRS 在 GSM 的基础上引入了分组数据业务，而 3G 系统都支持了各类不同速率的分组业务，例如，CDMA2000 中的 HDR、WCDMA 和 TD-SCDMA 中的 HSDPA 和 HSUPA 等。所以移动分组数据传输的差错控制技术作用日益突出，而 HEC 方式结合了 ARQ 和 FEC 的优点，因而更受关注，在其基础上提出了用于移动通信系统的混合 ARQ(HARQ)差错控制方式，根据 HARQ 中前向纠错编码在接收端的合并方式，HARQ 又分为以下 3 类：

1. I 型 HARQ

在 I 型 HARQ 中，若接收分组出错，就要求发端重传，而错误的分组被丢弃，且重传的分组与前一次发送的分组编码完全相同。其检错有两种实现方式：一是先在信息码元后面加 CRC 校验位，再进行纠错编码，而检错主要靠 CRC 来完成，这种方式可以提供更高的可靠性，但系统有效性较低。另一种是直接对信息码元进行纠检错编码，即信道编码同时完成检错和纠错的功能，这种方式的有效性较高，但可靠性较前一种低。在 3GPP 的 R99 规范中使用的是第一种方式。

I 型 HARQ 不管信道状态如何，每次都发送具有同样纠错能力的完整码字。显然，校验码元在信道状态较好时是一种浪费，因为这时可能不需要传送校验位。然而在信道状态较差时，也许已有的校验位又不足于纠错。因此 I 型 HARQ 对信道的适应性不够好。

2. II 型 HARQ

II 型 HARQ 是一种递增冗余的 ARQ 方案，它充分考虑了移动信道的时变特性。在首次传输分组时没有或仅携带较少的冗余，若传输失败就开始重传，但重传的分组不是首次所传数据块的复制，而是增加了其中的冗余部分。在接收端把两次传输的数据块进行合并，组成具有更强纠错能力的码字。由于重传的仅是增加的校验信息，因而每次重传的内容均不相同。

3. III 型 HARQ

III 型 HARQ 也属于递增冗余方案，与 II 型 HARQ 的不同之处在于其重传的码字具有自解码能力，因此接收端可以直接从重传的码字中译码恢复数据，亦可将重传出错的码字与前面已存储的出错码字合并后解码。由于重传的冗余版本不同，III 型 HARQ 又有两种。一种是仅具有一个冗余版本，即各次重发的冗余均相同，也称之为软合并的 I 型 HARQ，和 I 型 HARQ 的不同在于缓存了前次出错的数据，而此加权合并后能获得一定的时间分集的效果。另一种是具有多个冗余版本的 III 型 HARQ，即每次重传的码字的冗余不同，但和 II 型 HARQ 的不同是这些码字具有自解码能力。

4.4 数字调制技术

调制是通信系统中使用最普遍的一项技术,其根本作用是对信源信号作处理,使之更适合于信道传输。通常把输入调制器的基带信号称作调制信号,把调制器输出的频带信号称为已调信号。根据调制信号的类型可以把调制技术分成模拟调制(如 FM、AM 等)和数字调制(如 ASK、FSK、PSK 等),根据已调信号的特性可以把调制分为线性调制(如 ASK、PSK 等)和恒包络调制(如 MSK 等)。随着超大规模集成电路(VLSI)和 DSP 技术的发展,使得数字调制技术的实现比模拟调制更加有效,因此现代移动通信系统大都采用数字调制技术。本节中,我们将介绍几种应用于移动通信和个人通信系统的调制技术。

4.4.1 恒包络调制技术

这里恒包络指的是不管调制信号如何变化,载波幅度(或已调信号的幅度包络)是恒定不变的。许多实际的移动无线通信系统都使用恒包络调制技术是因为它具有以下特点:带外辐射低(可达 $-70 \sim -60$ dB)、可使用效率高的 C 类功放(可达 70%~80%)、可使用鉴频器等较为简单的非相干解调方式。事实上在 1986 年线性功放技术研究未取得突破进展以前,移动通信中的调制是以恒包络调制技术为主的。

最小频移键控(MSK)就是一种恒包络调制,MSK 是二进制连续相位频移键控(2CPFSK)中调频指数 $h = 0.5$ 时的特例,当 $h = 0.5$ 时,满足在码元交替点相位连续的条件,是频移键控为保证良好的误码率性能所允许的最小调制指数,且此时波形的相关系数为 0,待传送的两个信号是正交的。

GSM 系统中使用的高斯最小频移键控(GMSK)是由 MSK 演变而来的一种二进制调制方式,因其极好的功率效率和频谱效率而备受青睐。MSK 信号在任一码元间隔内相位变化为 $\pi/2$,在码元转换时刻则保持相位连续。这样 MSK 信号的相位变化率是一条折线,在码元转换时刻会产生尖角,造成其频谱旁瓣衰减较慢,带外辐射较大。为解决这一问题,在 GMSK 中,把基带调制信号首先通过高斯滤波器成形,再进行 MSK 调制。GMSK 调制的一种实现方式就是在 MSK 调制前加一个高斯低通滤波器,如图 4.12 所示。

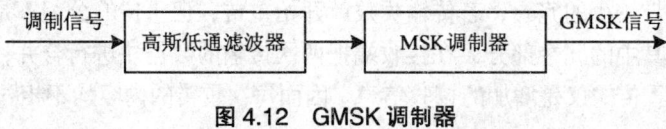

图 4.12 GMSK 调制器

高斯滤波器将全响应信号(即每个基带符号占据一个比特周期)转换为部分响应信号,每个发射符号占据几个比特周期,虽然在发射符号中引入了码间干扰,但进一步平滑了 MSK 信号的相位曲线,从而使其射频频谱上的旁瓣水平大大降低,图 4.13 给出了 GMSK 对 MSK 相位平滑轨迹。

高斯低通滤波器亦称作预调制滤波器,将其 3 dB 带宽记作 B_b,则其冲激响应为

$$h(t) = \frac{\sqrt{\pi}}{\alpha} \exp\left(-\frac{\pi^2}{\alpha^2} t^2\right) \tag{4.4}$$

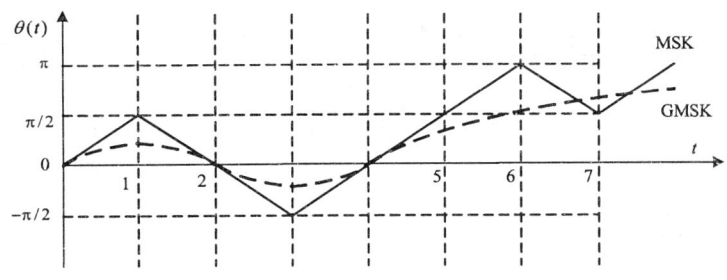

图 4.13 GMSK 和 MSK 相位轨迹图

传输函数为

$$H(f) = \exp(-\alpha^2 f^2) \tag{4.5}$$

参数 α 与预调制滤波器的 3 dB 带宽有关,即

$$\alpha = \frac{\sqrt{\ln 2}}{\sqrt{2} B_b} = \frac{0.588\ 7}{B_b} \tag{4.6}$$

GMSK 滤波器可以由 $B_b T$ 乘积决定(T 为符号持续周期),故经常使用 $B_b T$ 来定义 GMSK。图 4.14 给出了 GMSK 信号在不同 $B_b T$ 值时的射频功率谱。由图可见,随着 $B_b T$ 的减小,其旁瓣衰落很快。例如当 $B_b T = 0.5$ 时,第一旁瓣比主瓣低 30 dB;当 $B_b T = 0.3$ 时,第一旁瓣比主瓣低 60 dB,这已满足了 GSM 系统带外衰减小于 60 dB 的要求。另一方面,随着 $B_b T$ 的减小,GMSK 的误码率会增减,这是由预调制滤波器引发的码间干扰造成的,但只要 GMSK 产生的误码率小于移动信道本身所产生的误码率,它仍然是很好的选择。

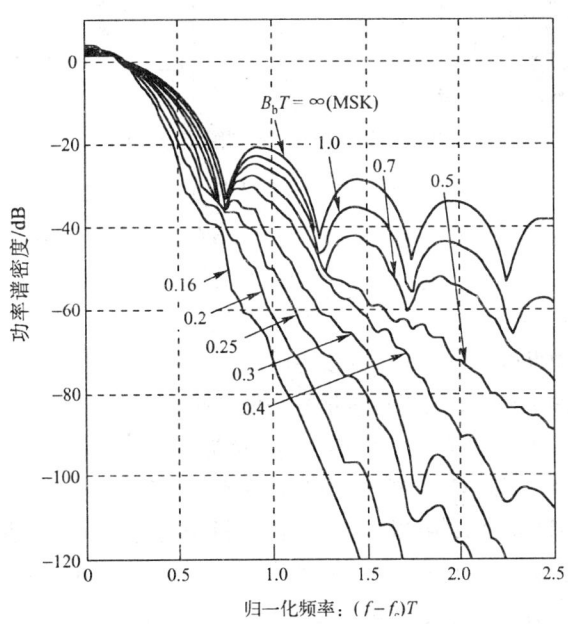

图 4.14 GMSK 信号的功率谱密度

GMSK 信号的解调可以采用和 MSK 一样的相干解调,但需要提取同步载波,这在高速移动的传输系统是比较困难的,所以实际应用中多采用二比特差分检测的非相干解调方式,如图 4.15 所示。

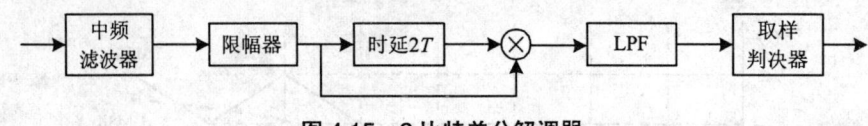

图 4.15 2 比特差分解调器

4.4.2 线性调制技术

在线性调制技术中,已调信号的幅度随调制信号的变化呈线性变化。线性调制技术实现简单、带宽利用率较高,所以有利于提高移动通信系统中的用户容量,但线性调制一般都不是恒包络的,所以传输时必须使用功率效率较低的线性功放,若使用非线性放大器将导致旁瓣再生,造成较严重的邻信道干扰,会使线性调制得到的频谱效率丧失殆尽。目前已经找到了一些上述问题的解决办法,如 OQPSK、π/4-QPSK、OCQPSK、HPSK 等,这些调制技术广泛应用于 2G 和 3G 中,而这些技术也大都是基于 QPSK 来实现的。

在正交相移键控(QPSK)中,一个调制符号传输两比特的信息,所以其带宽效率是 BPSK 的两倍,又因为 QPSK 中每个调制支路实际就是 BPSK 调制,因此它具有与 BPSK 相同的抗噪声性能。QPSK 调制解调原理图如图 4.16 所示。

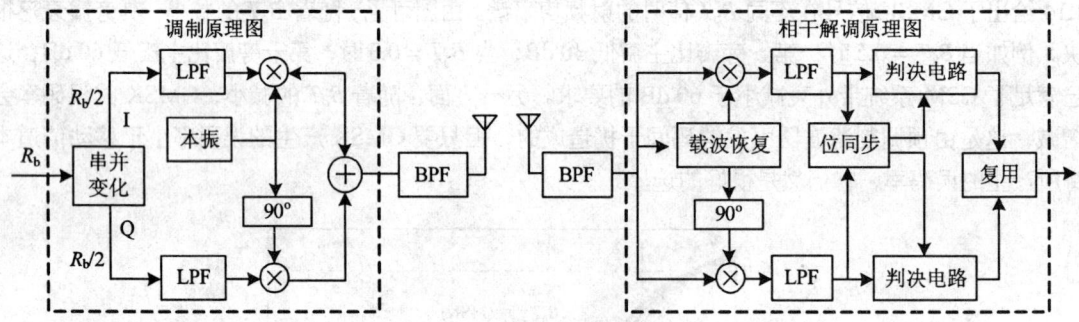

图 4.16 QPSK 调制解调原理图

在讨论 QPSK 信号时,一般假定每个符号的包络是矩形,此时已调信号的包络是恒定的,且频谱是无限宽的。然而实际信道带宽总是有限的,当 QPSK 信号通过带通滤波后,带限后的 QPSK 已不再具有恒包络特性。其原因在于 QPSK 调制时两个支路上的数据沿对齐,因此在码元转换点上,当两路信号中只有一路改变极性时,QPSK 信号将发生 90°相位跃变;当两路数据同时改变极性,QPSK 将发生 180°的相位跃变。相邻符号间发生的 180°的相移,会导致包络在瞬间通过零点。任何在过零点的硬限幅或非线性放大,都将由于信号在低电压时的失真在传输过程中再生已经滤去的旁瓣,为了防止旁瓣再生,必须使用功率效率较低的线性功放来放大 QPSK 信号。而一种叫做偏移 QPSK(OQPSK)的改进型调制对上述危害不那么敏感,从而能够支持更高效率的放大器。

为了克服 QPSK 中过零点的相位跃变以及由其带来的包络失恒和频带展宽等一系列问题,OQPSK 将 I、Q 两路码元错开时间(例如错开半个码元),这样已调信号相位跃变由 180°降至 90°,避免了过零点,从而大大改善了上述影响。

下面通过一具体实例来说明 QPSK 和 OQPSK 相位变化情况,设基带调制信号序列 $m(t)$ 为:$\{1\ -1\ -1\ 1\ 1\ 1\ 1\ -1\ -1\ 1\ 1\ -1\}$。对应的 QPSK 和 OQPSK 的发送波形如图 4.17 所示。图中 I 信道传输 $m(t)$ 奇比特位,Q 信道传输 $m(t)$ 偶比特位;OQPSK 的 I、Q 两路信号错开半个码元宽度。

QPSK 和 OQPSK 载波相位变化公式为

$$\{\theta_{ij}\} \triangleq \left\{\arctan\left(\frac{Q_j(t)}{I_i(t)}\right)\right\} = \left\{\frac{\pi}{4}, \frac{3\pi}{4}, -\frac{\pi}{4}, -\frac{3\pi}{4}\right\} \tag{4.7}$$

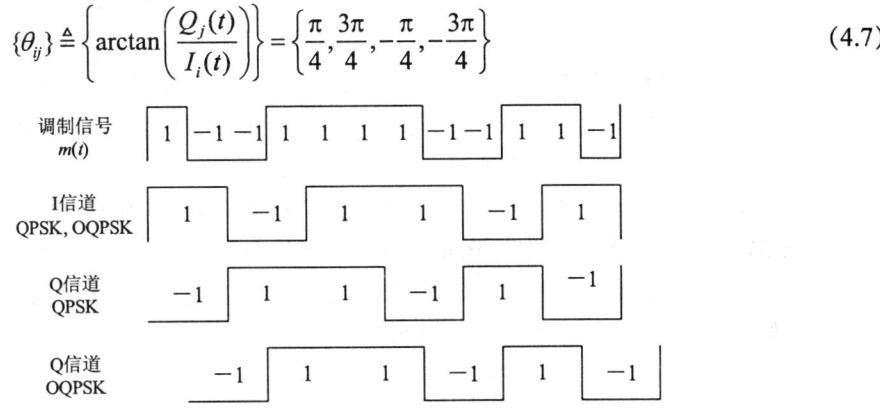

图 4.17 QPSK、OQPSK 发送信号波形

QPSK 和 OQPSK 数据码元对应的相位变化如图 4.18 所示。

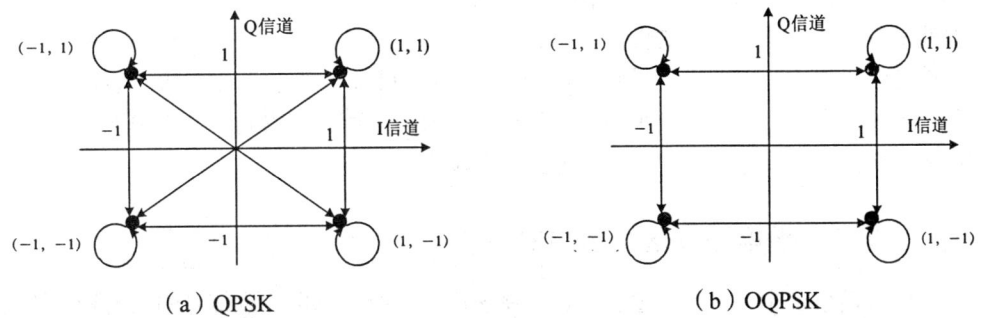

（a）QPSK　　　　　　　　　　　　（b）OQPSK

图 4.18 QPSK、OQPSK 相位变化图

QPSK 数据码元对应的相位变化图可由图 4.18 得出：

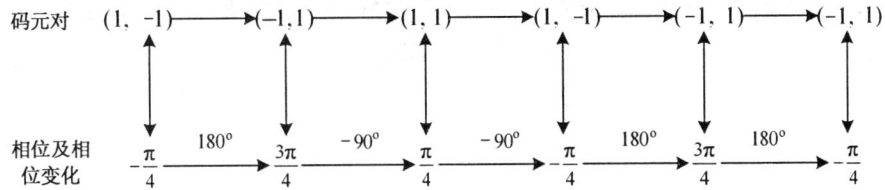

可见 QPSK 中存在过零点的 180° 相位突变。对于 OQPSK，其数据码元变化图亦可得：

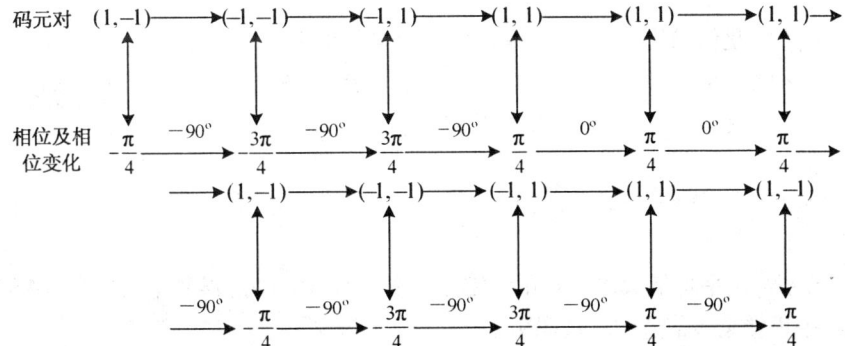

可见，在 OQPSK 中，仅存在 90°的相位突变，故不存在过零点跃变。

按照上述 OQPSK 错开π/2（半个码元）的原理，显然也可以错开π/4 或π/8 等，错开π/4 的 QPSK 称为π/4-QPSK 调制。π/4-QPSK 的最大相位跳变值为 135°，介于 QPSK 的 180°和 OQPSK 的 90°之间，所以π/4-QPSK 是上述两种调制方式的折中，一方面它保持了信号包络基本不变的特性，降低了对射频功放的要求；另一方面，它可以采用非相干检测，大大简化了接收机的结构；需要说明的是在多径扩展和衰落的情况下，π/4-QPSK 的工作性能要优于 OQPSK。通常，π/4-QPSK 采用差分编码方式，即π/4-DQPSK 形式，以便在恢复载波中存在相位模糊时，采用差分检测方式。北美的 IS-54 TDMA 标准，日本的 PDC、PHS 标准均采用了π/4-DQPSK 作为调制方式。此外在 3G 中使用的正交复四相相移键控（OCQPSK）和混合相移键控（HPSK）技术也都是在 QPSK 和 BPSK 基础上改进而来，这里就不再一一叙述。

4.4.3 移动信道对数字调制性能的影响

如第 3 章所述，移动信道中存在各种各样的衰落、多径效应和多普勒扩展等。尽管误码率的计算较好地反应了一种调制方案的性能，但它并不提供任何关于错误类型的信息。例如，在一个深度衰落信道中，突发错误可能会导致大量误码及信号中断。中断概率是评价无线信道信号传输性能的另一个质量指标。在慢变、平坦衰落信道中，误码率可分析得到，在频率选择性信道上的性能评价和中断概率的计算常通过计算机仿真来实现。

1. 数字调制在平坦慢衰落信道中的性能

在平坦慢衰落信道中，由于信道变化比调制速度慢，所以可以假设信号的衰落和相移至少在一个符号间隔内不变，接收信号可以表示为

$$r(t) = a(t)\exp(-\mathrm{j}\theta(t))s(t) + n(t) \tag{4.8}$$

式中，$a(t)$ 是信道增益；$\theta(t)$ 是信道相移；$s(t)$ 是发送信号；$n(t)$ 是加性高斯噪声。接收机使用相干或非相干检测，取决于能否对相位 $\theta(t)$ 作出正确估计。

为了估计这种信道上数字调制的误码率，必须对其在 AWGN 信道上的误码率，在衰落导致的信号强度范围内进行平均。AWGN 上的误码率可视为 a 固定的条件概率，则平坦慢衰落信道的误码率为

$$P_\mathrm{e} = \int_0^\infty P_\mathrm{e}(X)P(X)\mathrm{d}X \tag{4.9}$$

式中，$X = a^2 E_\mathrm{b}/N_0$ 是信噪比；$P(X)$ 是衰落信道上 X 的概率密度函数；$P_\mathrm{e}(X)$ 是信噪比为 X 时任意调制方式的误码率；随机变量 a 表示衰落信道相对于 E_b/N_0 的幅度值。对于 Rayleigh 信道，a 服从 Rayleigh 分布，a^2 和 X 是两个自由度的 χ^2 分布，所以

$$P(X) = \frac{1}{\gamma}\exp\left(-\frac{X}{\gamma}\right) \tag{4.10}$$

式中，$\gamma = \overline{a^2}E_\mathrm{b}/N_0$ 是平均信噪比。利用调制方式在 AWGN 中的误码率公式和 (4.9) 式，可得此调制方式在平坦慢衰落信道中的误码率。

采用相干解调的 BPSK 和 2FSK 在平坦慢衰落信道上的误码率为

$$P_{e,2FSK} = \frac{1}{2}\left(1 - \sqrt{\frac{\gamma}{1+\gamma}}\right) \tag{4.11}$$

$$P_{e,2FSK} = \frac{1}{2}\left(1 - \sqrt{\frac{\gamma}{2+\gamma}}\right) \tag{4.12}$$

而 DPSK 和正交非相干 2FSK 在平坦慢衰落信道上的误码率为

$$P_{e,DPSK} = \frac{1}{2(1+\gamma)} \tag{4.13}$$

$$P_{e,NCFSK} = \frac{1}{2+\gamma} \tag{4.14}$$

GMSK 在 AWGN 中采用相干解调时的误码率为

$$P_{e,AWGN} = Q\left(\sqrt{\frac{2\delta E_b}{N_0}}\right) \tag{4.15}$$

则 GMSK 在平坦慢衰落信道上的使用相干解调时的误码率为

$$P_{e,GMSK} = \frac{1}{2}\left(1 - \sqrt{\frac{\delta\gamma}{1+\delta\gamma}}\right) \tag{4.16}$$

其中

$$\delta = \begin{cases} 0.68, & B_bT = 0.25 \\ 0.85, & B_bT = \infty \end{cases} \tag{4.17}$$

图 4.19 说明了上述各调制方式在 Rayleigh 平坦衰落信道中的误码率曲线，并以 AWGN 信道中相干解调 BPSK 性能为参考作了比较。由图可见，在平坦衰落信道中，在同一误码率水平上，平坦衰落信道比 AWGN 信道需要更大的信噪比。

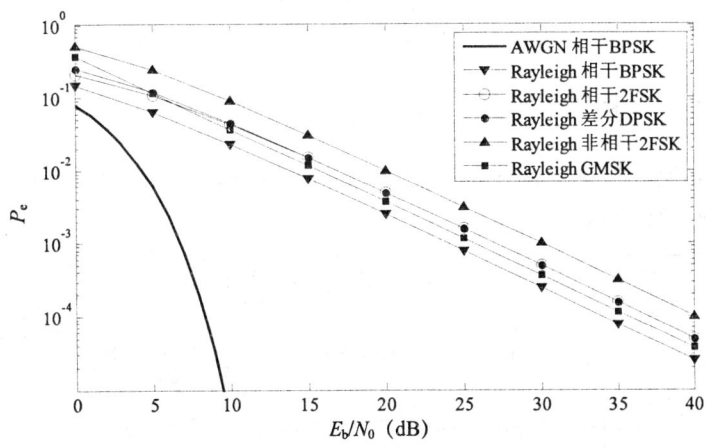

图 4.19 Rayleigh 平坦衰落信道中调制方式误码率与 BPSK 在 AWGN 中性能比较

2. 频率选择性对数字调制性能的影响

多径时延引起的频率选择性衰落产生符号间干扰,导致移动通信系统不可降低的误比特水平(又称剩余 BER),多普勒扩展是产生剩余 BER 的另一因素。研究表明,在频率选择性信道中,不可降低的 BER 下限主要由符号间干扰引起,是因为它在接收机取样时刻干扰了信号分量。这种现象在下述情况下发生:① 主信号(未受延迟的)信号分量受多径抵消而消除。② 归一化的均方根时延 $d=\sigma_\tau/T_s$(σ_τ 是均方根时延扩展,T_s 为符号周期)不为零,产生了符号间干扰。③ 接收机的取样时间因时延扩展而偏移。

图 4.20 给出了不同调制方式在相干检测时的 BER 仿真曲线,图中横轴是均方根时延扩展与比特周期的比值,即把均方根时延归一化到比特周期。由图可见,若保持 BER 不变,四电平调制(QPSK、OQPSK、MSK)的抗时延扩展性能比 BPSK 要强,有趣的是八进制调制的抗时延扩展能力并不比四进制强,正因为此,在 3G 中选用了四进制键控。

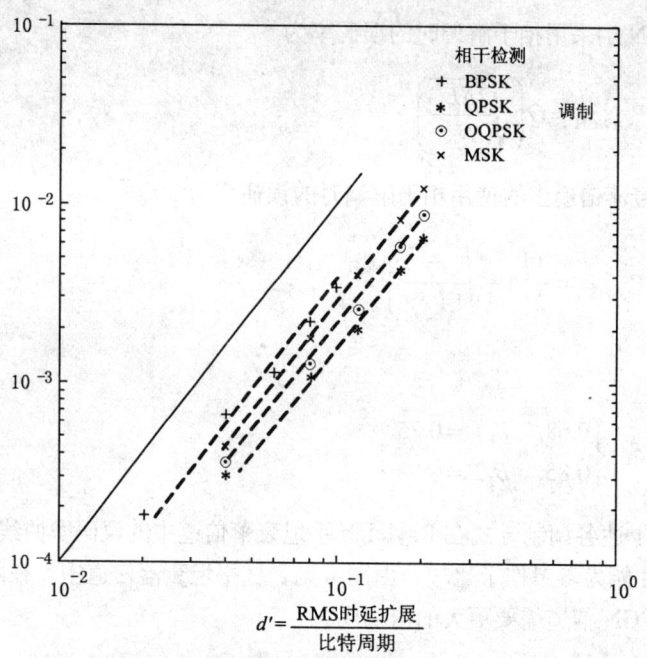

图 4.20 不同调制方式在相干检测时的 BER 仿真曲线

3. 衰落和干扰环境中 π/4-DQPSK 的性能

美国电信工业协会(TIA)标准委员会建议,采用两径模型来评估时延扩展对数字蜂窝系统的影响,模型如图 4.21 所示。

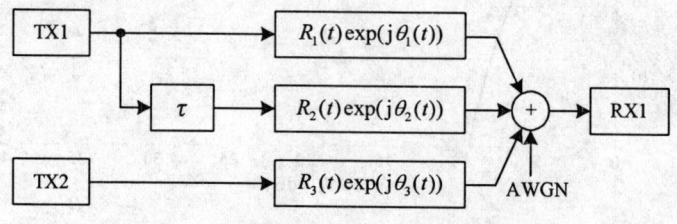

图 4.21 频率选择性 Rayleigh 衰落信道模型

该模型具有两条频率选择性 Rayleigh 衰落信道，考虑了多径干扰、同信道干扰和加性高斯噪声。其中发射机 TX1 到接收机 RX1 是要考察的衰落信道，TX2 为同道干扰发射机。$R_1(t)$、$R_2(t)$ 和 $R_3(t)$ 均服从 Rayleigh 分布，且相互统计独立，$\theta_1(t)$、$\theta_2(t)$ 和 $\theta_3(t)$ 在$[0，2\pi]$内均匀分布。实际的多径信道可能会产生比该两径模型更严重的误码率。在此模型中，基于分析和仿真，给出了不同多径时延、运动速度（对应不同的多普勒频移）和各种同信道干扰下 π/4-DQPSK 的误比特率 (BER)。数字蜂窝系统的参数为：载频为 850 MHz、信息速率为 48 Kb/s，升余弦波形形成滤波器滚降因子 $\alpha = 0.2$。分析和计算时，BER 所用到的参数有：

(1) 归一化到符号速率的多普勒扩展：$B_D T_s$ 或 B_D / T_s。
(2) 归一化到符号周期内的第二径的时延：τ / T_s。
(3) 平均载波能量与噪声功率谱密度之比：E_b / N_0 (dB)。
(4) 载波与干扰的平均功率之比：C / I (dB)。
(5) 主径与时延路径平均功率之比：C / D (dB)。

1) 平坦慢衰落 Rayleigh 信道

在此信道中，多径时延和多普勒扩展可以忽略不计，误比特率主要由衰落和同信道干扰引起，如图 4.22 所示，当 $C/I > 20$ dB 时，差错主要由衰落引起；当 $C/I < 20$ dB 时，差错主要由干扰引起。所以大容量数字蜂窝系统是干扰受限系统，而非噪声受限。

2) 平坦快衰落 Rayleigh 信道

在移动通信系统中，即使没有时延扩展和噪声，误比特率亦存在一个不可降低的误码率水平，这主要是由多普勒扩展引起的随机调频造成的。图 4.23 给出了无时延扩展、无同道干扰的平坦快衰落信道中误比特率与载波比 C/N 以及运动速度之间的曲线。由图可见，当速度增加时，不可降低的 BER 平台也上升，当 E_b / N_0 增加到一定程度，链路性能不会再有进一步的改善。

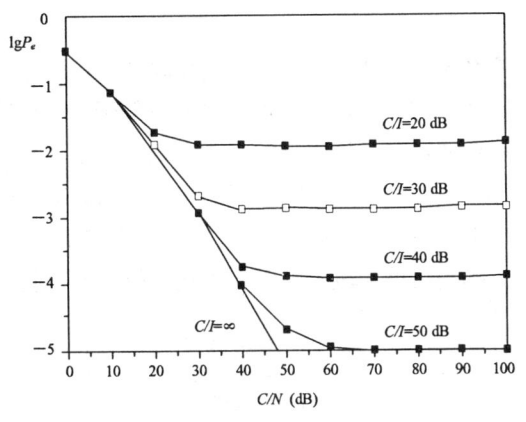
图 4.22 π/4-DQPSK 在平坦慢衰落信道中的性能

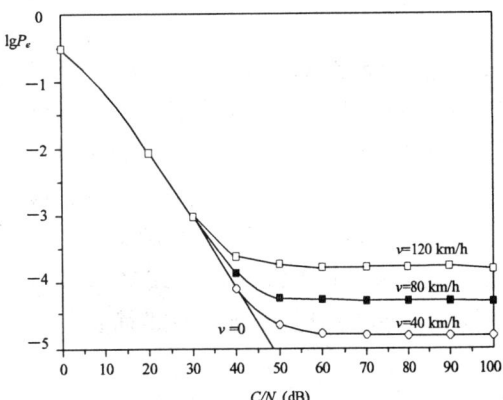
图 4.23 π/4-DQPSK 在平坦快衰落信道中的性能

3) 频率选择性快衰落 Rayleigh 信道

在这种信道中时延扩展和多普勒扩展的影响同时存在。为了说明 π/4-DQPSK 在两径 Rayleigh 衰落信道中的性能，用仿真的方法给出了在不同 τ / T_s、C / D 和运动速度时的误比特率，结果如图 4.24 所示。图中曲线说明，第二径的时延和幅度对平均 BER 有着重要影响，而信道中的平均 BER 对语音编码能否正常工作很重要，一般来说，BER 至少满足 $\leqslant 10^{-2}$。由图可见当两径间的时延达到一定程度，例如，30%符号周期（$\tau/T_s = 0.3$）时，由于多径效应的影响，BER 在 10^{-2} 以上，即使此时主径的平均功率比时延径的大 10 dB，链路也不可用。而当 $\tau/T_s = 0.1$ 时，即使主径与时延径的平均功率相等，BER 也低于 10^{-2}。

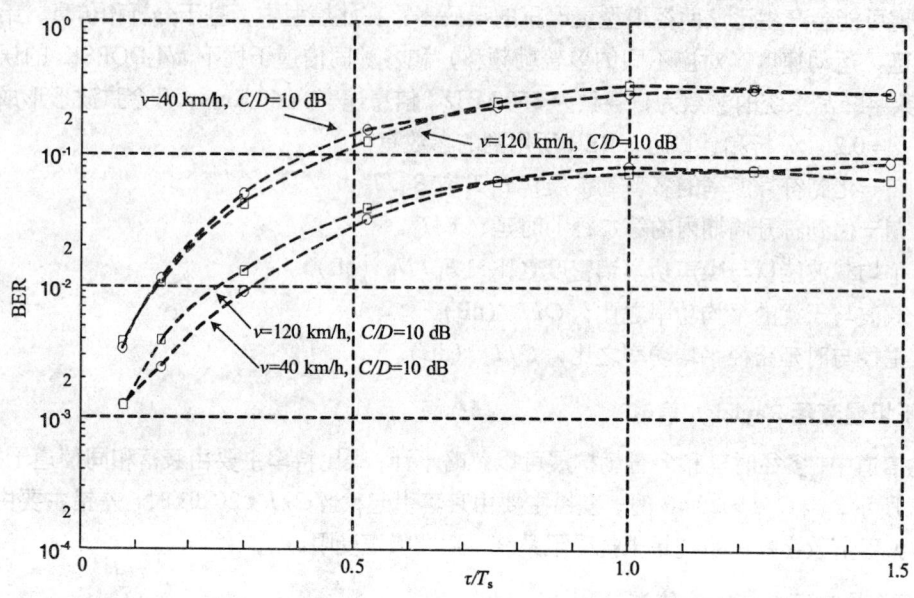

图 4.24　$\pi/4$-DQPSK 在两径 Rayleigh 衰落信道中的性能（$E_b/N_0 = 100$ dB）

4.5　扩频技术

目前，无线频谱资源已非常珍贵，所以无线通信系统中一般都会考虑使用传输带宽小、频谱利用率高的调制方式。而扩频技术恰恰相反，把信号频谱扩展后传输。通常扩频信号所需的传输带宽比需要的最小传输带宽大几个数量级。显然这种系统对于单用户来说，带宽效率很低。但扩频技术的优点之一是能实现码分多址（CDMA）接入，使很多用户同时使用同一带宽而无明显的干扰，所以在多用户环境中，扩频系统的带宽效率就非常高。在移动通信中，2G 中的 IS-95、3G 中的主流标准 CDMA2000、WCDMA、TD-SCDMA 都是在扩频技术的基础上构建的。本节将对扩频技术的基本原理及工作方式做简要介绍。

4.5.1　扩频技术理论基础

扩频通信全称为扩展频谱通信，是利用与待传输的数据信号无关的伪随机信号将待传输信号的频谱扩展，使之远大于传输此信号所需的最小带宽；在接收端利用同一伪随机信号进行同步相关处理以解扩并恢复原始数据信号；可见，经扩频后的信号是不可预知的伪随机宽带信号，具有抗干扰、抗多径能力强、信号掩蔽性好等特点。

扩频技术的理论基础首先来自于香农信道容量公式

$$C = B \log_2\left(1 + \frac{S}{N}\right) \tag{4.18}$$

式（4.18）表明在高斯信道中，当传输系统的信噪比下降时，可以用增加系统传输带宽的方法来保证信道容量不变。对于任意的信噪比，可以利用增大带宽的方法来获取较低的信息差错率。当 S/N 很小时，在无差错传输的信息速率 C 不变时，必须使用足够大的带宽 B 来传输信号。扩频技术正是利用这一原理，用高速的扩频码来达到扩展信号频谱的目的。扩频系统的带宽比常规通信系统大几百甚至几千倍，故在相同信噪比条件下，具有较强的抗干扰性能。

香农又指出，在高斯噪声干扰下的功率受限信道上，实现有效和可靠通信的最佳信号是具有高斯白噪声统计特性的信号，因为它具有理想的自相关特性。但因为无法实现对白噪声的放大、监测、再生等控制，所以实际应用中只能用具有类似高斯白噪声统计特性的伪随机序列（PN 序列）来逼近它，作为扩频码。

此外，哈尔凯维奇早在 20 世纪 50 年代已从理论上证明：要克服多径衰落干扰，信道中传输的最佳信号形式应该是具有白噪声统计特性的信号形式。因而扩频系统又具有良好的抗多径性能。

4.5.2 扩频通信工作方式

根据扩频的实现方式，扩频通信系统可分为直接序列扩频（DS-SS）、跳频扩频系统（FH-SS）、跳时扩频（TH-SS）和各种混合扩频系统等。这里我们仅介绍移动通信中常用的 DS 和 FH 模式。

1. 直接序列扩频系统

在 DS 系统中，为了达到将信息序列扩频的目的，可以直接将信息序列和一个高速扩频序列相乘，PN 序列的每个码元称为切普（chip）。切普宽度比信息码元宽度窄得多，所以相乘后得到的信号具有和扩频序列相同的频谱带宽。记信息速率为 R_b，切普速率为 R_c，则直扩系统中的扩频增益为 $G_P = R_C / R_b$，处理增益反映了扩频系统对干扰和噪声的抑制能力。

直扩系统结构如图 4.25 所示。发送端先将信息序列进行扩频，得到宽带扩频信号，然后调制发射；接收端首先进行相关解扩，再进行相干解调。先解扩后解调是因为扩频信号掩藏在噪声和干扰之中，信噪比太低，不适合解调器正常工作，而先解扩能够获得扩频增益，大大提高了解调器的输入信噪比。

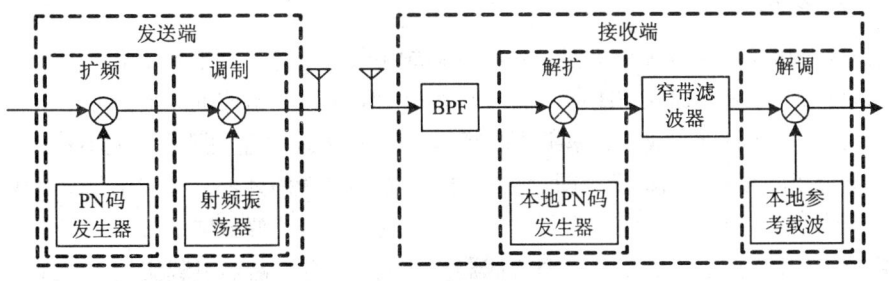

图 4.25　直扩系统原理图

直扩系统各部分输出信号频谱如图 4.26 所示，其中图（a）是基带信息序列的频谱；图（b）是发送端扩频后的发射信号；图（c）是接收端接收机的输入信号，其中包含信道噪声、多径信号以及各种干扰信号，为简明起见这里仅以窄带干扰为例，实际上直扩系统对各种干扰的抑制原理不尽相同；图（d）是解扩后的输出信号，可见进行相关解扩在恢复原始信号的同时，对窄带干扰又进行了一次扩频；图（e）为经过中频窄带滤波器后的信号，窄带滤波器保证信息信号正常通过，而扩频后的窄带干扰仅有一小部分通过，从而大大降低其对有用信号的危害。直扩系统是目前公用移动通信使用最广泛的一项扩频技术，例如 IS-95、WCDMA、CDMA 2000 和 TD-SCDMA 都使用的是这种扩频技术。

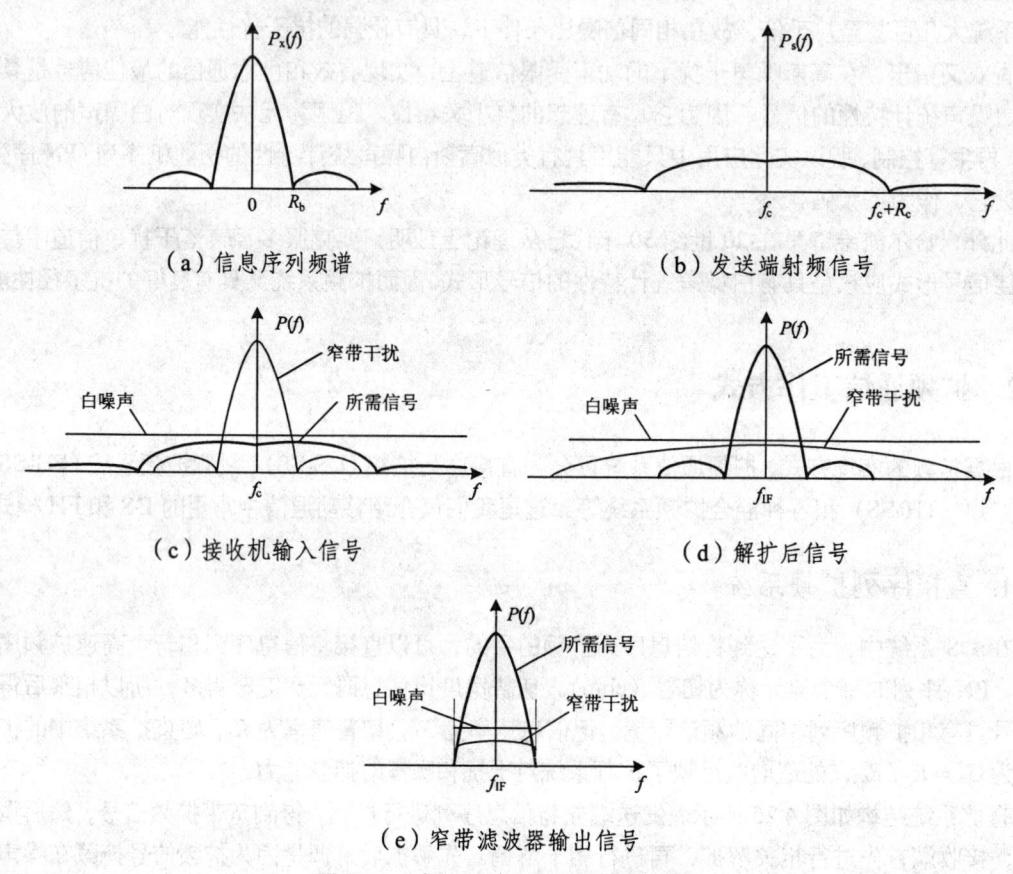

图 4.26　直扩系统主要频谱变换过程

2. 跳频扩频系统

跳频（FH）通信是指用 PN 序列进行选择的多频率频移键控，例如在 2FSK 中仅有两个载波频率分别代表传号和空号。而在 FH 中，载波频率由 PN 序列控制随机产生，可能有几十个、上百个甚至千、万个，所有这些载波频率组成跳频集，FH 的处理增益和跳频集大小有关。

图 4.27 给出了跳频系统结构示意图。在发送端，基带信息序列进入载波调制，而载波频率在很宽的一个范围内随机跳变，从而实现了扩频。在接收端，为了解出跳频信号，需要有一个与发送端完全相同的 PN 序列去控制本地频率合成器，本地频率合成器输出载波频率与接收载波频率相差一个中频，经混频后得到一个不跳变的固定中频信号，经解调后即可恢复信息数据。

跳频系统中载波的变化规律通常称为跳频图案，图 4.28 给出了一个实例，图中载波跳变顺序是 $f_1 \rightarrow f_3 \rightarrow f_6 \rightarrow f_2 \rightarrow f_4$。从时域上看，FH 信号是一个随机多频率的频移键控信号；从频域上

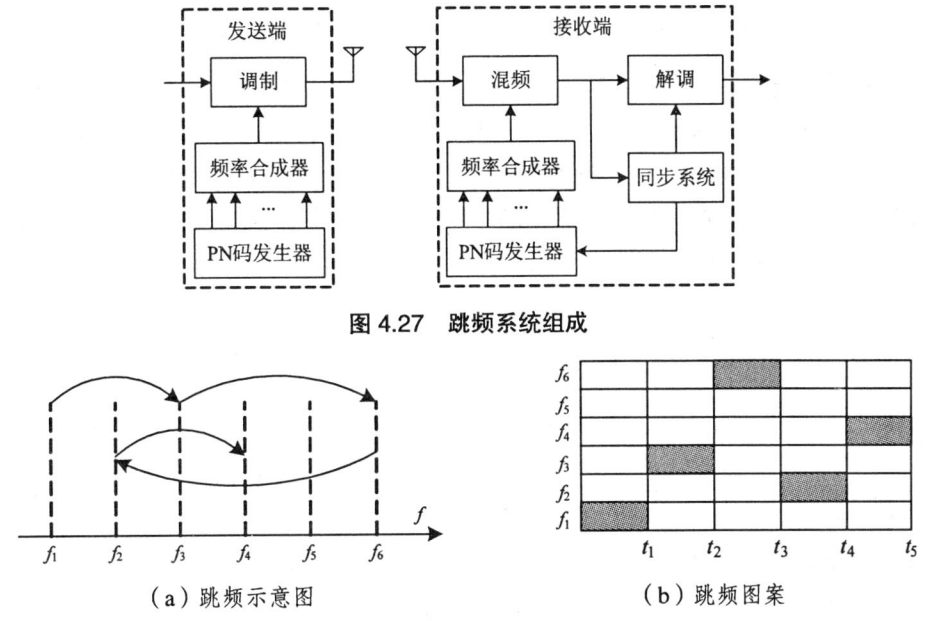

图 4.27 跳频系统组成

(a) 跳频示意图　　(b) 跳频图案

图 4.28 跳频图案实例

看，FH 信号是一个在很宽频带范围内随机跳变的不等间隔的频率信号。在 GSM 系统中就使用了时频域上的跳频技术，采用正交跳频组网方式，即小区内的调频图案是相互正交的，从而保证小区内的跳频信道间不发生干扰，FH 的使用进一步提高了 GSM 系统的频谱利用率。

除 DS 和 FH 外，跳时（TH）是将一个信息码元分成多个时隙（例如 n 个），PN 码控制要传输的信息随机占用其中一个时隙进行传输，由于信息码元的传输时间压缩到了原来的 $1/n$，其传输带宽就相应得扩展了 n 倍。由于跳时系统处理增益较低，所以很少单独使用。混合扩频技术是指把以上 3 种扩频技术混合使用，主要用于单一扩频方式不能达到希望的性能指标的场景中，使用的方式有直扩和跳频结合（DS-FH）、跳频和跳时结合（FH-TH）以及直扩、跳频和跳时的结合（DS-FH-TH）等。

4.5.3 CDMA 系统中的 PN 序列和正交序列

在扩频系统中，具有良好特性的扩频码对扩频通信的性能有决定性的影响，作为扩频码的伪随机码至少应满足以下要求：① 具有尖锐的自相关函数以及几乎为零的互相关函数。② 有足够长的码周期，以达到抗侦查、抗干扰的要求。③ 有足够多的编码数量，以满足实现码分多址的要求。④ 易于产生、加工、复制和控制。目前在 2G 和 3G CDMA 移动通信系统中使用的扩频码有 m 序列、Gold 码、Walsh 码和 OVSF 码，下面仅简要介绍其产生方法与基本特性。

1. m 序列

m 序列全称为最长线性移位反馈寄存器序列，是一种典型的线性移位寄存器序列。一种简单的线性移位寄存器结构如图 4.29（a）所示，这可以用一个多项式来描述该结构，称之为特征多项式，且与寄存器一一对应，即

$$f(x) = x^n + c_{n-1}x^{n-1} + \cdots + c_2x^2 + c_1x + 1 \quad (\text{模 } 2) \tag{4.19}$$

式中，c_i 表示反馈线系数，取 0 或 1，取 0 表示对应位置无反馈线，取 1 表示对应位置有反馈线；$R_1, R_2, \cdots, R_n$ 表示 n 级寄存器的状态，分别取 0 或 1，但不能全取 0，否则输出将是全 0 序列。除全 0 状态外还有 $2^n - 1$ 种状态，在时钟的控制下，每次有一位输出，只要其反馈线设计合理，则 n 级移位寄存器的状态必将经历各态后才会有循环，即产生一个周期为 $2^n - 1$ 的周期序列，且这个序列是该线性移位反馈寄存器产生的所有序列中周期最大的一个，所以称之为最长线性移位反馈寄存器序列。

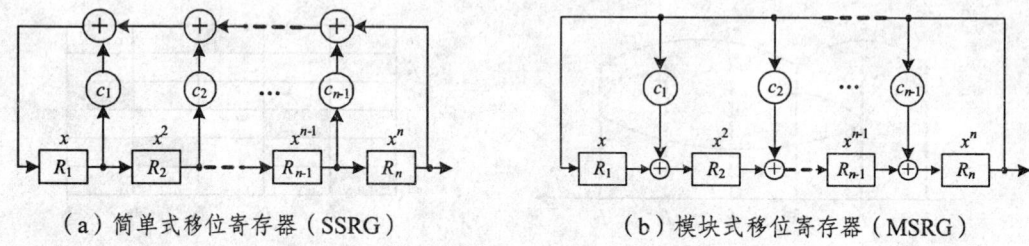

（a）简单式移位寄存器（SSRG） （b）模块式移位寄存器（MSRG）

图 4.29 线性移位反馈寄存器结构

研究表明，线性移位反馈寄存器的特征多项式是本原多项式时，通过它就能产生 m 序列，并且每个线性移位反馈寄存器只能产生一个 m 序列，寄存器不同的初始状态产生的只是该 m 序列的不同相位序列。当一个多项式满足以下三个条件时，称其为本原多项式：① $f(x)$ 是既约多项式（即不能再进行因式分解的多项式）。② $f(x)$ 可以整除 $x^p + 1$，$p = 2^n - 1$。③ $f(x)$ 不能整除 $x^q + 1$，$q < 2^n - 1$。目前已经找到了许多本原多项式，并将其编制成表，实际应用中只需要查表获得需要的本原多项式，并将其作为线性移位反馈寄存器的特征多项式，即可得到相应的 m 序列。

图 4.29（a）所示的线性移位反馈寄存器称为简单式移位寄存器（SSRG），m 序列的产生还可以通过另一种称为模块式移位寄存器的结构（MSRG）实现，如图 4.29（b）所示，此时使用的多项式为 $f(x)$ 的反多项式 $f^*(x) = x^n f(x^{-1})$。因为 MSRG 产生序列延时较短，且相位变化规则更易控制，所以在 CDMA 系统中常采用这种方式产生 m 序列。

m 序列具有平衡特性、游程随机分布特性以及良好的相关特性（自相关很强而互相关较弱），在 IS-95 和 CDMA 2000 系统中被用作基站地址码、户地址码以及数据扰码等。

2. Gold 序列

Gold 序列是在 m 序列的基础上构造而成，是由一对周期相同、速率相同的 m 序列优选对模 2 加后得到的，具有良好的自、互相关特性，且地址码数远远大于 m 序列，一对 m 序列优选对可产生 $2^n + 1$ 条 Gold 码。假设两个周期相同的 m 序列 a 和 b 对应的本原多项式为 $f_a(x)$ 和 $f_b(x)$，若序列 a 和 b 的互相关函数值满足（4.20）式，则称其为一对 m 序列优选对，即

$$|R_{ab}(n)| \leqslant \begin{cases} 2^{\frac{n+1}{2}} + 1, & n \text{ 为奇数} \\ 2^{\frac{n+2}{2}} + 1, & n \text{ 为偶数但不是 4 的倍数} \end{cases} \tag{4.20}$$

由 m 序列优选对产生 Gold 码的方法有两种形式：一种是串联形式，由特征多项式

$g(x)=f_a(x)f_b(x)$ 对应的 $2n$ 级线性移位寄存器产生；另一种是并联形式，由 $f_a(x)$ 和 $f_b(x)$ 对应得两个 n 级移位寄存器并联而成。例如 $f_a(x)=1+x+x^6$ 和 $f_b(x)=1+x+x^2+x^5+x^6$ 是一对优选对，对应得 Gold 序列产生方式如图 4.30 所示，且串联形式中有

$$g(x)=1+x^3+x^5+x^6+x^8+x^{11}+x^{12}$$

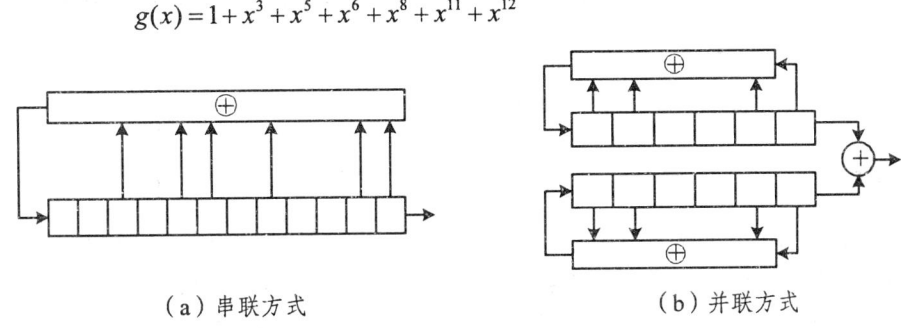

（a）串联方式　　　　　　　　（b）并联方式

图 4.30　Gold 序列产生方式

WCDMA 和 TD-SCDMA 系统选用 Gold 序列作数据扰码、地址码等，选择 Gold 序列的主要目的是要绕过 IS-95 以 m 序列为基础设计扰码和地址码的知识产权争议。

3. Walsh 序列

包括 IS-95 和 3G 中的 CDMA 蜂窝移动通信系统都采用 Walsh 序列作为前向信道的地址码，以保证前向链路信号的正交性，消除或抑制前向多址干扰。1923 年 J. L. Walsh 发表了题为"一个归一化正交函数闭合集"的学术论文，文中定义了一个在 (0,1) 上的完备正交函数集，现在我们称之为 Walsh 函数，相应的离散 Walsh 函数简称为 Walsh 序列或 Walsh 码。

N 阶 Walsh 序列集定义为 N 个序列的集合，记作 $\{W_j; j=0, 1, \cdots, N-1\}$，$W_j$ 仅在 $\{-1, 1\}$ 中取值，下标 j 取值对应每个子函数的符号改变次数。Walsh 序列有多种产生方法，这里仅介绍通过 Hadamard 矩阵产生方法。Hadamard 矩阵的每一个元素为 $+1$ 或 -1，各行或各列之间是正交的，最低阶的 Hadamard 矩阵为二阶，即

$$H_2=\begin{bmatrix} 1 & 1 \\ 1 & -1 \end{bmatrix} \tag{4.21}$$

记 N 阶 Hadamard 矩阵为 H_N，则高阶 Hadamard 矩阵的递推公式为

$$H_{2N}=\begin{bmatrix} H_N & H_N \\ H_N & -H_N \end{bmatrix} \tag{4.22}$$

其中，$N=2^K$，$K=1, 2, \cdots$。例如，4 阶 Hadamard 矩阵为

$$H_4=H_{2\times 2}=\begin{bmatrix} H_2 & H_2 \\ H_2 & -H_2 \end{bmatrix}=\begin{bmatrix} 1 & 1 & 1 & 1 \\ 1 & -1 & 1 & -1 \\ 1 & 1 & -1 & -1 \\ 1 & -1 & -1 & 1 \end{bmatrix} \tag{4.23}$$

哈达码矩阵的每一行和每一列都是 Walsh 序列。通常将 Hadamard 矩阵的第 j 行记作 H_j，可见

H_j 和 W_j 表示并不是同一个 Walsh 序列,这是因为 H_j 中的下标没有反应出 Walsh 序列符号改变的次数,而 W_j 却具有这种关系。例如(4.23)式中,$H_0=W_0$,$H_1=W_3$,$H_2=W_1$,$H_3=W_2$。二者的转换关系如下:对于 N 阶 Walsh 序列($N=2^K$)中的一个序列 W_j,记其下标 j 的二进制编码为 $X_j=(x_{j1},x_{j2},\cdots,x_{jK})$,与其相等的 Hadamard 矩阵的行号的二进制编码记作 $C_j=(c_{j1},c_{j2},\cdots,c_{jK})$,则

$$\begin{cases} c_{jK}=x_{j1} \\ c_{j,K-i}=x_{ji}\oplus x_{j,i+1}, \quad i=1,2,\cdots,K-1 \end{cases} \tag{4.24}$$

4. OVSF 码

3G 系统典型的特点是支持多速率、多业务的用户,在同一小区中,多个移动用户可以在相同频段同时发送不同的多媒体业务(速率不一样),为了防止多用户业务信道之间的干扰,在 WCDMA 和 TD-SCDMA 系统中,使用了一种正交可变因子扩频码(OVSF)以满足支持多速率业务的需要。

OVSF 码是一组长短不一样的码,例如在 WCDMA 中,最短的码组为 4 位,最长的码组为 256 位。但是不管码组长短是否一致,各长、短码组间仍然要保持正交性,以免不同速率业务信道之间产生相互干扰。OVSF 码的构造具有与哈夫曼编码类似的树形结构和生成规律,如图 4.31 所示。

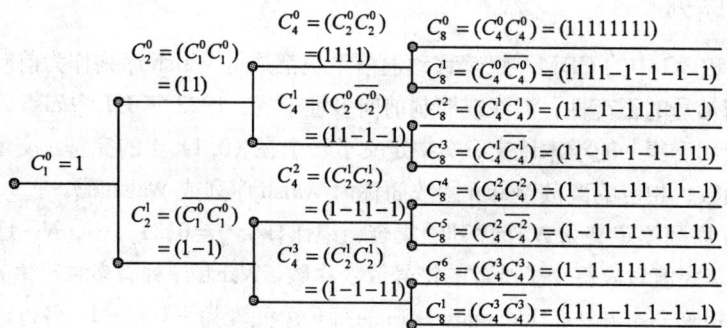

图 4.31 OVSF 码树结构图

在上述码树中,当选定某一码组作为扩频码后,则以其为根节点的码就不能再被选用。例如,若选择 C_2^0 为短扩频码,则以 C_2^0 为根节点的所有较长的扩频码 C_4^0、C_4^1 以及 $C_8^0 \sim C_8^3$ 均不能再用作扩频码;进一步再选 C_4^3 为扩频码,则其后分支 C_8^6、C_8^7 不能再用;最后若再选 C_8^5 为扩频码,则其后分支亦不能再用。可以验证 C_2^0、C_4^3 和 C_8^5 是两两正交的。

4.6 时域均衡技术

4.6.1 概述

均衡是改造带限信道传输特性、消除符号间干扰(ISI)的一种有效手段,有频域均衡和时域均衡两种实现途径:前者通过校正系统的幅频特性和群时延特性使其满足无失真传输的条件;后

者主要通过改造整个系统的冲激响应,实现无 ISI 的传输。时域均衡实现更容易,且均衡效果更好,所以得到了更广泛的应用,特别是在时变的移动信道中,几乎都采用了自适应时域均衡的实现方式来实时跟踪信道的时变特性。图 4.32 给出了采用自适应时域均衡的移动通信系统结构。

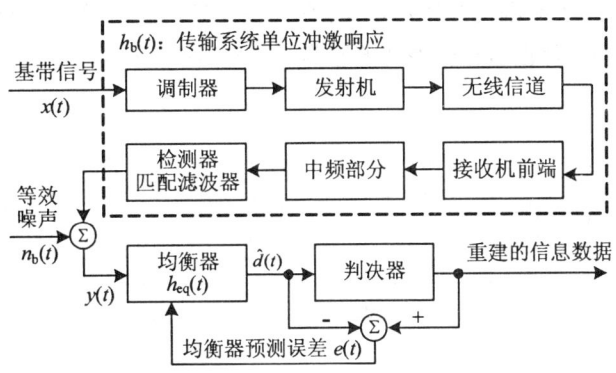

图 4.32 采用自适应时域均衡器的移动通信系统结构

其中,$x(t)$ 是基带数据信号;$h_b(t)$ 是等效基带冲激响应。综合反映调制器、发射机、无线信道和接收机的射频、中频等部分的总传输特性,则均衡器的输入信号为

$$y(t) = x(t) \otimes h_b^*(t) + n_b(t) \tag{4.25}$$

式中,$h_b^*(t)$ 是 $h_b(t)$ 的复共轭函数;$n_b(t)$ 是均衡器输入端的等效基带噪声,均衡器的输出为

$$\begin{aligned}\hat{d}(t) &= x(t) \otimes h_b^*(t) \otimes h_{eq}(t) + n_b(t) \otimes h_{eq}(t) \\ &= x(t) \otimes h(t) + n_b(t) \otimes h_{eq}(t)\end{aligned} \tag{4.26}$$

其中,$h(t)$ 是包含均衡器在内的整个系统的等效传输特性。自适应均衡器的作用就是实时调节其冲激响应,保证整个系统的传输系统的传输特性满足无 ISI 传输的条件,若不考虑噪声的影响,则整个系统的传输特性需满足

$$h(t) = h_b^*(t) \otimes h_{eq}(t) = \delta(t) \tag{4.27}$$

其对应的频域表达式为

$$H_{eq}(f) H_b^*(-f) = 1 \tag{4.28}$$

上式表明均衡器实际是传输信道的反向滤波器。如果传输信道是频率选择性信道,那么均衡器将增强衰落大的频率成分,而削弱衰落小的频率成分,以使判决器输入信号的各频谱成分趋于平坦。

在衰落信道中引入均衡的目的是为了减轻或消除 ISI,但并不是所有移动通信系统都需要使用均衡器。实际上如果信道频率选择性衰落引入的时延扩展小于码元持续时间,则无需自适应均衡。在 CDMA 和 OFDM 系统中,用户数据通过码分方式或正交频分复用的方式传输,一般不采用自适应均衡技术。而在 TDMA 系统中,由于各用户数据通过时分复用的方式传输,其符号速率较高,码元持续时间一般会小于时延扩展,所以必须使用自适应均衡技术,如 GSM、IS-54 系统等。

4.6.2 均衡器分类

均衡器可分为线性均衡和非线性两大类，区别仅在于均衡器输出信息是否有被用于反馈控制，若无即为线性均衡，若有则为非线性均衡，例如图 4.32 中的自适应均衡器就属于非线性均衡。时域均衡器可以采用横向滤波器和格型滤波器两种结构实现，图 4.33 给出了线性时域均衡器的两种结构形式。

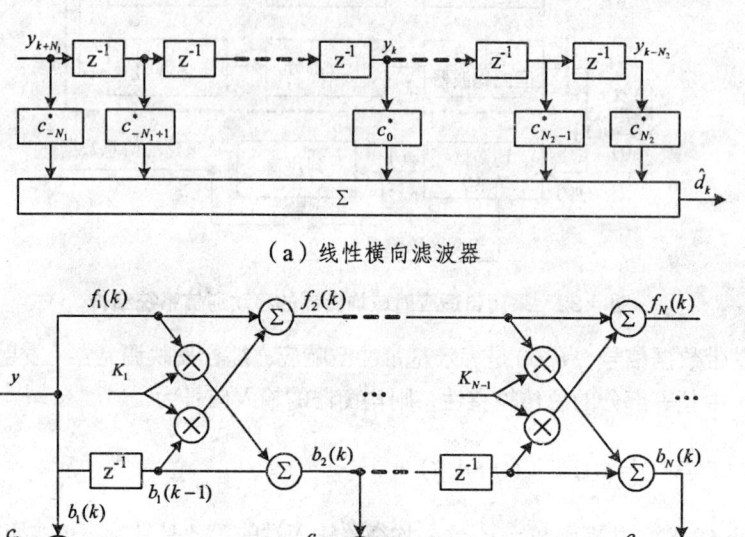

(a) 线性横向滤波器

(b) 线性格型滤波器

图 4.33 时域均衡器结构

如果延时单元和抽头增益是模拟信号，那么均衡器输出的连续信号波形将被抽样后送至判决器。目前均衡器通常在数字域实现，其采样信号被存储在移位寄存器中，由图 4.33 (a) 可见横向滤波器的输出为

$$\hat{d}_k = \sum_{n=-N_1}^{N_2} (c_n^*) y_{k-n} \tag{4.29}$$

式中，c_n^* 是复抽头增益；y_k 是 $t_0 + kT$ 时刻的样值信号，均衡器的阶数为 $N = N_1 + N_2 + 1$。

线性均衡器由格型滤波器实现时，输入信号 y_k 被转换为一组作为中间值的前向和后向误差信号 $f_n(k)$ 和 $b_n(k)$，由其作为各级乘法器的输入，用以计算滤波系数，其递归关系为

$$\begin{cases} f_1(k) = b_1(k) = y(k) \\ f_n(k) = y(k) - \sum_{i=1}^{n} K_i y(k-i) = f_{n-1}(k) + K_{n-1}(k) b_{n-1}(k-1) \\ b_n(k) = y(k-n) - \sum_{i=1}^{n} K_i y(k-n+i) = b_{n-1}(k-1) + K_{n-1}(k) f_{n-1}(k) \end{cases} \tag{4.30}$$

式中，$K_n(k)$ 是格型滤波器第 n 级的反射系数，滤波器的最后输出为

$$\hat{d}_k = \sum_{n=1}^{N} c_n(k) b_n(k) \tag{4.31}$$

格型均衡器的优点是数值稳定性好且收敛速度快。此外，格型滤波器的特殊结构允许最有效长度的动态调整，因而，当信道的时间扩散不明显时，可以只用少量级数；而当信道时间扩散性增强时，均衡器的级数可以由算法自动增加，且不用暂停均衡器的操作。但是和横向滤波器相比，格型均衡器的结构更复杂。

在频率选择性衰落信道中采用线性均衡会明显增大补偿位置的噪声输出，进而会恶化均衡器的输出信噪比，所以移动通信信道中通常会使用非线性均衡器。常用的非线性均衡技术有判决反馈均衡（DFE）、基于最大似然的序列估值均衡（MLSE）和基于最大后验概率（MAP）的均衡技术。

DFE 的基本思想是在某个码元被检测之前，能估计并消除未来码元对其的干扰。直接形式的 DFE 包括前馈和反馈两部分，前馈部分（FFF）是一个线性横向滤波器，其阶数和系数的选取应能有效抑制未来码元对当前码元的干扰。反馈部分（FBF）由检测器驱动，其系数的调整以消除当前码元中所有来自以前码元的 ISI 为准则。FFF 和 FBF 的阶数应能覆盖信道的时延扩展。

MLSE 和 MAP 检测在最小差错率的意义上是最优的，MLSE 使序列差错率最小，MAP 使符号差错率最小，二者具有相近的性能，但 MAP 的复杂度更大，随序列长度呈指数增长。由于 MLSE 可以采用 Viterbi 算法实现，算法的复杂度随信道时延扩展呈指数增长，远低于 MAP 算法。

DFE 和 MLSE 都可以作为窄带 TDMA 系统的均衡器，具体的应用选择通常是性能和复杂度之间的折中。MLSE 在信噪比上没有损失，DFE 则存在误码传播，特别在恶劣信道环境中，信噪比有损失，所以 MLSE 性能优于 DFE，但复杂度也更高。随着硬件速度和芯片集成程度的不断提高，目前更倾向于使用 MLSE。

均衡器的自适应算法有迫零算法（ZF）、最小均方值算法（LMS）、递归最小二乘算法（RLS）、快速递归最小二乘算法、平方根递归最小二乘算法、梯度递归最小二乘法、最大似然比算法以及快速卡尔曼算法（Fast Kalman）等。实际移动通信中对自适应均衡器的算法实现主要考虑以下几个因素：快速的收敛特性、良好的信道跟踪能力、低复杂度以及低运算量等。

综上所述，均衡器的分类概况如图 4.34 所示。

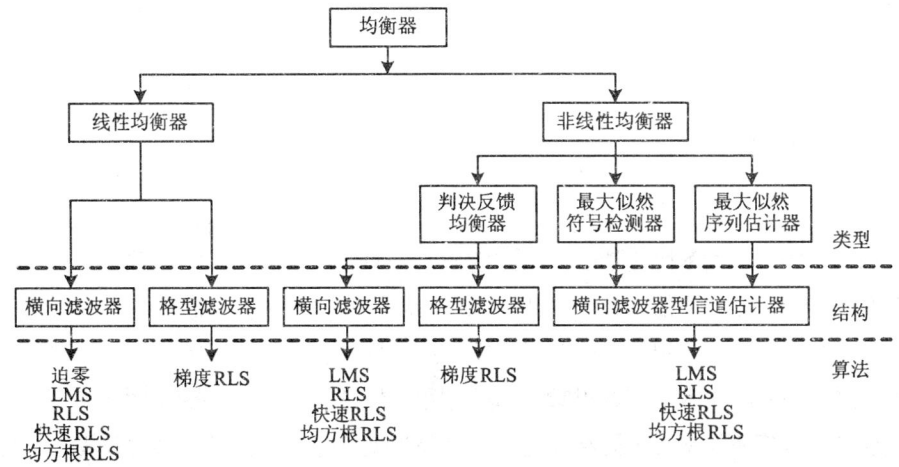

图 4.34 均衡器技术类型

4.6.3 时域均衡器的工作方式

时域均衡器的具体实现方法有很多种，根据抽头增益因子调节方式的不同，一般分为预置式均衡和自适应均衡两类。

预置式均衡是在数据传输之前，先发送预先规定的测试脉冲（如重复频率很低的周期性脉冲），然后按照算法自动调节抽头增益，也可以参照眼图手动调节。这种均衡器均衡精度做的较高时，需要的调节时间会很长，并且每一次调节只能反应当前信道的特性，而不是信道瞬时特性，为此，均衡器需要每隔一段时间进行一次调节。

自适应均衡器可以调节均衡器的抽头数目和抽头系数，当抽头数目一定时，唯一能调节的手段是改变抽头增益因子。自适应均衡器的工作方式又分为训练和跟踪两种模式。在训练模式中，发送已知的训练序列启动均衡器并使之迅速收敛，即可完成抽头系数的初始化，紧跟在训练序列后面的是用户数据。接收机中的均衡器按照递归算法来评估信道特性，并修正抽头系数对信道作出补偿。在跟踪方式模式下，均衡器直接利用通信中传输的数据信号的判决结果形成误差信号，并依据自适应算法跟踪调节抽头增益。自适应均衡器不仅可以提高均衡精度，并且能够实时反应信道的传输特性，所以经常在移动通信系统中使用。在实际系统中，为了便于均衡器收敛，常在传输的数字信号中设计专门的训练序列。

在数字移动通信中，信道由于多径传播特性产生的时延扩展可由几微秒到 $100\ \mu s$。例如 IS-54 中规定系统应能均衡 $40\ \mu s$ 左右的时延扩展；GSM 中为 $15\sim20\ \mu s$。在这种情况下，线性均衡已经很难胜任，所以常采用非线性均衡。在 GSM 标准中并没有规定具体的均衡形式，所以不同厂商可自行决定均衡器的结构，但主要采用的是判决反馈和信道估值自适应均衡器。

信道的最大期望时延扩展是均衡器阶数选择的一个关键参数。均衡器仅能均衡小于等于滤波器最大时延的延时间隔。例如，如果均衡器中的每个延时单元所提供的为 $10\ \mu s$ 的延时，则一个由 4 个延时单元组成的 5 阶均衡器的最大时延为 $4\times10\ \mu s$，所以对于大于 $40\ \mu s$ 的时延扩展，该均衡器将无能为力。由于电路复杂性和处理时间随均衡器的阶数和延时单元的增加而增加，因而在选择均衡器的结构及其算法时，知道均衡器的阶数和延时单元的数目很重要。

4.7 分集技术

移动通信中的可靠性实际上决定于链路的质量，而无线链路又经常出现衰落，当一条无线链路处于深度衰落时，任何通信方案都可能出现差错。一种解决的方法就是把相同数据信息通过多条相互独立（至少是高度不相关）的路径传输，从而只要有一条路径的信号足够强即可保证通信的可靠性。这就是分集技术的基本思想，"分"指的是发送端通过多条路径发射信号，"集"指的是接收端通过一些算法将来自不同路径的信号合并为最终的接收信号。通过分集技术可以极大地改善衰落信道的传输性能。

4.7.1 分集技术的分类

按"分"划分,即按照获取独立的多径信号的方式,可分为空间、频率、时间3种基本类型。按"集"划分,即按照接收到信号的合并方式,可以分为选择合并、等增益合并和最大比合并。按照合并的位置,可分为射频合并、中频合并和基带合并,而最常用的为基带合并。

分集从另一个角度也可划分为显分集和隐分集。一般将采用多套设备来实现的分集称为显分集,例如空间分集中一般要采用多套天线设备,所以是典型的显分集。若采用一套设备,利用信号设计与处理技术来实现分集,则称为隐分集。

无线信道中的衰落有大尺度衰落和小尺度衰落之分,与之相对应,在移动通信系统中,把以减少由阴影衰落影响为目的的分集称为宏分集,宏分集通常由多个位置不同的基站参与,所以亦称做多基站分集;把以对抗小尺度衰落为目的的分集称作微分集。

此外,分集还可以分为接收端分集、发送端分集、收/发联合分集。通常把采用一副发射天线,多副接收天线的分集方式,称为接收分集;把多副发射天线,一副接收天线的形式称为发送分集;而收发两端都采用多天线时,即多输入多输出(MIMO)系统,可以实现收/发联合分集。在蜂窝移动通信系统中,将发送分集技术用于下行链路非常常见,因为在基站安装多副天线要比手机终端安装多副天线更容易实现且更实惠。在实现发送分集时,可以把时间分集的编码码元通过不同的天线同时发出,这样可以获得比单独使用时间分集更高的增益。也可以专门为发射分集系统设计编码,称之为空时编码(STC),目前3G标准中都采用这项技术。

4.7.2 获得分集信号的方式

在分集技术中,首先需要关注的是如何获取相互独立的多径信号,通常在接收端,可以通过空域、频域和时域来实现。

1. 空间分集

空间分集是无线通信中最常用的一种方式,其原理是利用不同接收地点(空间位置)和接收信号统计不相关性来降低衰落的影响。空间分集最典型的用法是发射端一副天线,接收端则有 N 副天线。在空间分集中,天线数目 N 越大分集效果越好,但当 N 较大(例如,$N>4$)时,分集增益的增长开始变缓,但系统的复杂性会增加,所以工程上需要在性能和复杂性之间做折中,一般 $N=2\sim4$ 即可。

蜂窝移动通信的天线收发系统是由距离地面很高的基站天线和贴近地面的移动台天线组成,二者之间一般不存在直达径,移动台周围可能存在的大量散射使接收信号服从 Rayleigh 分布。在此环境中,若移动台中的天线间距大于或等于半波长,则各天线上收到的信号基本上是不相关的。但当把空间接收分集用于基站设计,在每个小区中,利用基站的多个天线来实现接收分集。由于移动台接近地面,信号传播时容易在移动台附近的地面产生严重散射,此时基站天线的间隔一般要大到几十个波长左右。

空间分集还有两种变化形式:极化分集和角度分集。极化分集是利用单个天线水平和垂直极化方向上的正交性来实现分集功能。角度分集是利用传输环境的复杂性,调整天线不同角度的馈源,使在单个天线上不同角度的到达信号统计上不相关,从而实现等效空间分集的效果。极化分集和角度分集的优点是结构紧凑、节省空间,缺点是空间分集效果较差。

2. 频率分集

在频率选择性衰落信道中,频率间隔大于相干带宽的两个信号的衰落是不相关的,因此可以在多个载波上传输相同信号,只要相邻载频间隔大于相干带宽,则各载波信号经历的衰落互不相关,从而可以实现分集效果。和空间分集相比,频率分集的优点是在接收端可以减少接收天线及相应设备的数量,缺点是要占用更多的频率资源,所以一般又称其为带内分集。扩频通信中的跳频技术就是利用了频率分集的概念。

3. 时间分集

时间分集是指在大于信道相干时间的时间间隔上重复发送相同的信息,多次重复发送的信号将在独立的衰落条件下被接收,因此产生分集效果。和空间分集相比,时间分集减少了天线数目,但传输同样数量的信息需要占用更多的时间资源,降低了传输效率。此外,信道的相干时间是多普勒频移的倒数,而多普勒频移与移动台的运动速度成正比,所以时间分集对处于静止状态的移动台没有什么用处。纠错编码、交织也有时间分集的效果。

4.7.3 合并技术

合并技术通常用于空间分集中,在接收端通过一些技术,把 N 个统计独立的衰落信号合并,可以获得分集增益。合并可以在检测前,亦可在检测后。常用的合并方式有最大比合并、等增益合并和选择合并 3 种方式。

1. 最大比合并

最大比合并(MRC)在接收端首先把 N 条统计独立的分集支路进行相位校正,然后按照适当的增益加权后再相加。图 4.35 给出了检测前合并的系统结构图。

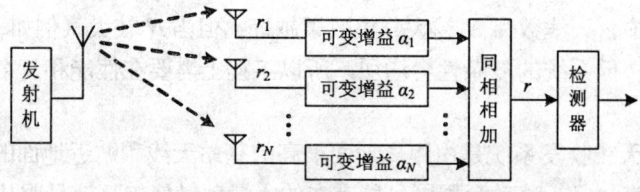

图 4.35 均衡器技术类型

图中 r_i 表示第 i 个分集支路的信号幅度,假设各支路的噪声功率为 σ^2,则由切比雪夫不等式可以证明当可变增益加权系数 $a_i = r_i/\sigma^2$ 时,分集合并后的信噪比最大。经最大比合并后的输出为

$$r = \sum_{i=1}^{N} a_i r_i = \sum_{i=1}^{N} \frac{r_i}{\sigma^2} r_i = \frac{1}{\sigma^2} \sum_{i=1}^{N} r_i^2 \tag{4.32}$$

可见，信噪比越大的分集支路对合并后的信号贡献程度也越大。

最大比合并后的平均输出信噪比为

$$\overline{\mathrm{SNR}_M} = N \cdot \overline{\mathrm{SNR}} \tag{4.33}$$

式中，$\overline{\mathrm{SNR}}$ 为合并前每个支路的平均信噪比；N 为分集支路数。合并增益为

$$G_M = \frac{\overline{\mathrm{SNR}_M}}{\overline{\mathrm{SNR}}} = N \tag{4.34}$$

可见，合并增益与分集支路数成正比。

2. 等增益合并

等增益合并（EGC）是各支路的信号等增益相加，即在最大比合并中 $\alpha_i = 1$ 时即为等增益合并。等增益合并的平均输出信噪比和合并增益如式（4.35）和式（4.36）所示。

$$\overline{\mathrm{SNR}_E} = N \cdot \overline{\mathrm{SNR}} \left(1 + (N-1)\frac{\pi}{4}\right) \tag{4.35}$$

$$G_E = \frac{\overline{\mathrm{SNR}_E}}{\overline{\mathrm{SNR}}} = 1 + (N-1)\frac{\pi}{4} \tag{4.36}$$

3. 选择合并

选择合并（SC）是接收端从 N 个分集支路中选择具有最大信噪比的支路作为输出，其平均输出信噪比和合并增益如式（4.37）和式（4.38）所示。

$$\overline{\mathrm{SNR}_S} = \overline{\mathrm{SNR}_{\max}} = \overline{\mathrm{SNR}} \sum_{i=1}^{N} \frac{1}{i} \tag{4.37}$$

$$G_S = \frac{\overline{\mathrm{SNR}_S}}{\overline{\mathrm{SNR}}} = \sum_{i=1}^{N} \frac{1}{i} \tag{4.38}$$

图 4.36 给出了 3 种合并方式的增益比较。可见，最大比合并性能最好，等增益合并次之，选择合并最差，但其实现最简单。实际上，在蜂窝移动通信系统中宏分集常使用选择合并方式，由图中曲线可见，当有 2 条分集支路时其增益很大，但随分支数增大，增益的增加变缓，这也是在实际应用中，参与宏分集的基站数目通常取 2～4 的原因之一。

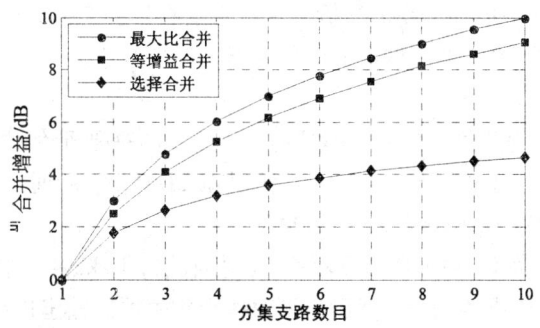

图 4.36 3 种合并方式性能比较

4.7.4 Rake 接收原理

Rake 接收不同于传统的空间、频率和时间分集技术，它利用信号统计特性和信号处理技术将分集作用隐含在被传输的信号之中，因此它属于隐分集或带内分集。

移动信道中的多径传播会引起接收信号时延功率谱的扩散，其中最典型的有连续型时延功率谱和离散型时延功率谱：前者一般出现在繁华市区，由密集建筑物反射形成；后者一般出现在非繁华市区、非密集型建筑群区，如图 4.37 所示。Rake 接收就是要设法将这些被扩散的信号能量充分利用起来，其主要手段是扩频序列的设计和数字信号处理手段。

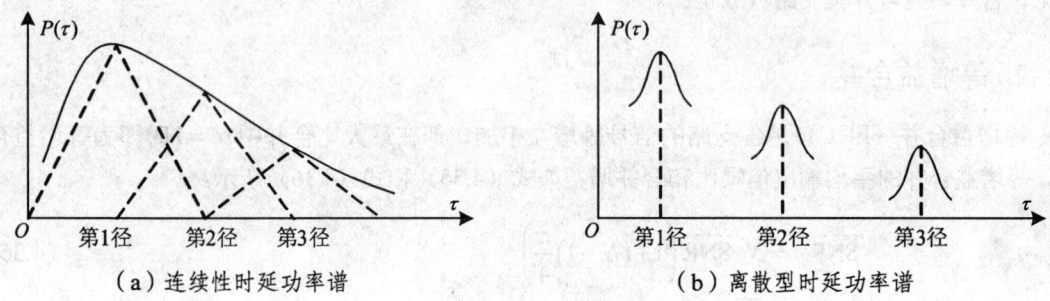

图 4.37 移动信道中典型的时延功率谱

在实际移动通信中，由于用户的随机移动性，接收到的多径分量的数量、大小（幅度）、时延（到达的时间）以及相位均为随机变量，因此合成后的矢量亦是随机变量，如图 4.38（a）所示。而 Rake 接收机首先利用扩频序列的设计将各条多径信号分离开来，再将其进行相位校正、幅度加权后的矢量和变为代数和，从而加以利用，如图 4.38（b）所示。当然，多径信号的分离、处理和利用，特别是对于连续型时延功率谱，会受到分辨率，即扩频增益和 Rake 接收信号处理方式和能力的限制。

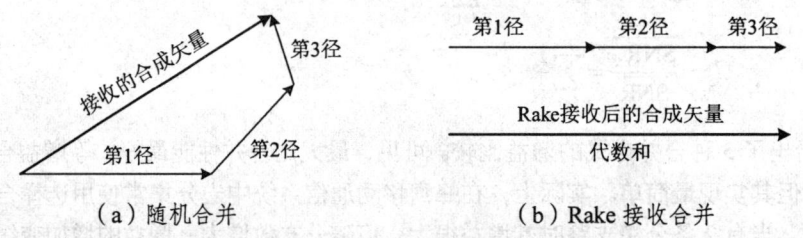

图 4.38 多经信号矢量合并示意图

通过上面对 Rake 接收的多径分集的分析，从理论上看，它应属于频率分集；但从现象上看，它是利用多径时延信号进行的分集，事实上正是由于时延扩展才引入了频率选择性衰落，所以也常称 Rake 接收为多径分集。

Rake 接收中多径信号的分离是利用了扩频通信中的一项基础理论：当传播时延超过一个码片周期时，多径信号将会表现出统计不相关特性。所以在 CDMA 移动通信系统中都采用了 Rake 接收技术，例如 IS-95 以及 WCDMA、CDMA 2000 等。

图 4.39 给出了一种专为 CDMA 系统设计的分集接收器，Rake 接收机利用多个相关器分别检测出多径信号中最强的 N 个支路信号，然后分别对每个相关器的输出进行加权相加，例如检测后实现最大比合并，然后在此基础上完成解调和判决。传统的单支路接收机由于仅考虑了一径信号

的能量,当信号处于深度衰落时容易出现错误判决,导致性能下降,而 Rake 接收通过多径分集合并,因此信号检测性能更好。

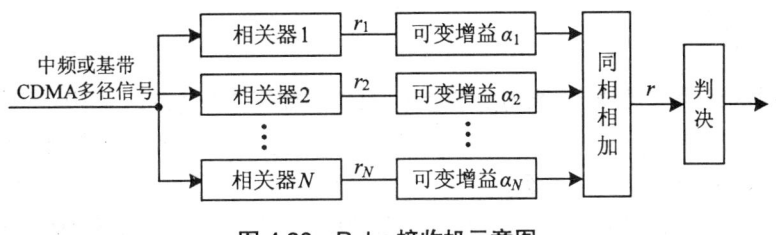

图 4.39　Rake 接收机示意图

4.7.5　交织技术

交织常与重复或信道编码相结合,是一种对抗突发错误的时间分集形式。在移动信道中通常既有随机错误也有突发错误,是一种典型的混合错误信道。信道编码技术更易于纠正随机错误,纠正突发错误时其编码复杂度将大幅度增加。交织技术可以在把信道中的突发错误分散成随机错误,从而使信道编码的实现更易于实现,而衰落是移动通信中引发突发错误的主要因素,所以交织和信道编码相结合,能够起到抗信道衰落的作用,正由于此,几乎所有的数字蜂窝移动通信系统中都使用了交织技术。

1. 分组交织

分组交织又称为块交织,是最常用的一种交织方式,它可以用于分组码,也可以用于卷积码,这里以分组码为例介绍。分组交织器结构如图 4.40 所示,交织的方法是把 L 个 (n, k) 码字排成一阵列,每行是 (n, k) 码的一个码字。交织存储器是一个行列交织矩阵,按行写入,按列读出。收端序列在去交织存储器中重构行列交织矩阵,它按列写入,按行读出并译码,交织深度为 L。

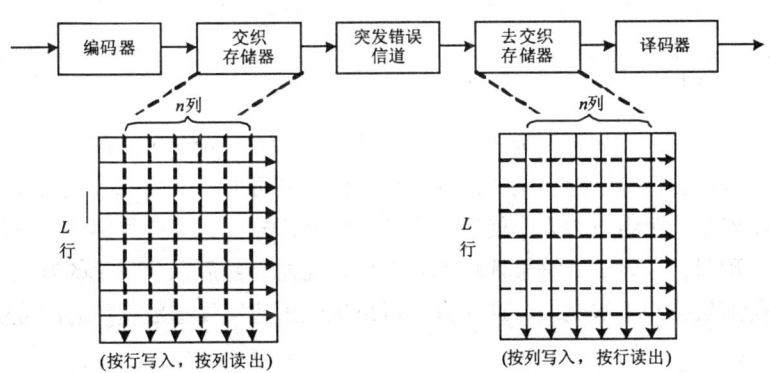

图 4.40　分组交织原理示意图

由图 4.40 可见,一个突发长度小于等于 L 的突发错误不会影响到每个码字(每一行)中一个以上的码元,若该 (n, k) 可以纠正一个错误,则整个交织系统就能够纠正突发长度小于等于 L 的突发错误。可见分组交织器具有很强的抗突发错误的能力,在 IS-95 系统中采用的就是类似的交织结构。但分组交织器亦有两个缺点:一是交织器和去交织器分别引入了 Ln 个码元的时延,整个

系统有 $2Ln$ 个码元的时延,但交织深度或编码长度较大时会产生实时通信不可忍受的时延。另一缺点是在某些特殊情况下,周期为 n 的随机错误经交织和去交织后可能会变成突发错误。

2. 卷积交织

卷积交织器和分组交织器都属于周期交织,其结构如图 4.41 所示。卷积交织器有 L 条并行的通道,与卷积编码器结构类似。L 条通道的存储单元的数量并不相同,第一条无延时,第二条有 M 个存储单元,以下每一级都比前一级多 M 个存储单元。存储单元中需要装入一些初始符号,这将增加开销,这个开销和卷积编码中的尾比特相似,但若进行连续交织,该开销就可以忽略不计了。发送端的数据序列依次读入各通路后输出,接收端由相应的去交织结构与发端成互补配置。为了交织的正确进行,收发两端的通路选择必须保持同步。

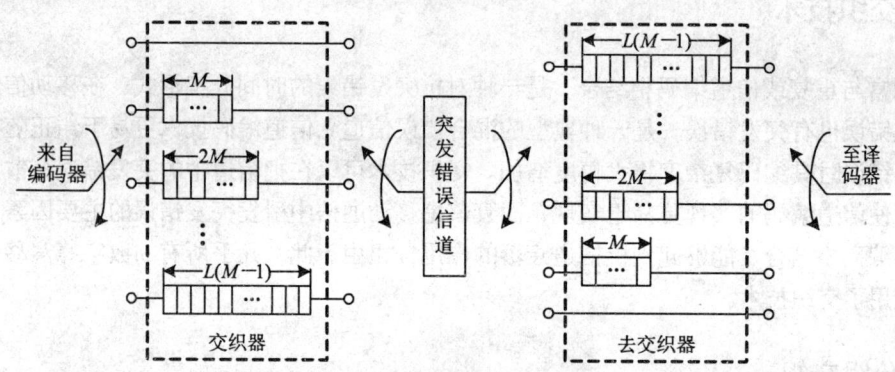

图 4.41 卷积交织原理示意图

卷积交织器端到端的总时延是 ML,它所需的存储量和时延是分组交织的一半,突发信道中任何长度小于 L 的突发错误,在去交织后成为间隔至少为 ML 个符号的随机错误。卷积交织器更适合连续操作,因为分组交织器实现比较简单,且许多数据都是按块组织的,所以分组交织更常用。

3. 伪随机交织

分组交织和卷积交织都属于周期式交织,它们在把突发错误分散成离散的随机错误的同时,都无法避免在一些特殊情况下把随机错误变为突发错误的可能性。为此人们又提出了伪随机交织器。伪随机交织器是一个组成为 L 个信道符号的分组交织器,这些符号编码后再与伪随机序列进行随机排列。实现时,先将 L 个符号依次读入随机存储器,然后以伪随机的方式将其读出,接收端再在同样的伪随机控制下解交织。这种方法可以提供适应突发参数变动时的应变能力,但设备费用较高。

本章小结

本章主要介绍了移动通信系统中的部分关键技术:信源编码、信道编码、调制技术、扩频技术、均衡技术、分集技术。

在移动通信中，信源编码包括语音和图像的数据压缩编码技术。在 2G 中语音压缩编码技术就得到了深入的研究和广泛应用，而在 3G 中，图像压缩编码将是另一个研究重点。所以在信源编码部分介绍了语音编码技术的基本原理、移动通信系统中使用的语音编码技术和图像压缩编码标准。信道编码是现代数字通信系统中提高传输可靠性的关键技术，本章简要介绍了移动通信中使用的 CRC 编码、卷积码、级联码以及基于信道编码的差错控制方式的基本原理。

调制是通信系统中使用最普遍的一项技术，本章介绍了移动通信系统中用到的恒包络调制技术 GMSK、线性调制技术 OQPSK 的原理及其在移动信道中的性能。扩频通信是 CDMA 系统的基础，本章中介绍了扩频通信的理论基础、工作方式（直接扩频和跳频技术）以及移动通信系统中常用的正交序列和伪随机序列：Walsh 序列、m 序列、Gold 序列、OVSF 码的特性及产生原理。

时域均衡是对抗频率选择性信道中码间干扰的主要技术之一，在本章中主要介绍了其基本原理、均衡器类型及其工作方式。分集技术是移动通信系统中一种有效的抗衰落技术，本章中介绍了空间分集、频率分集和时间分集的原理，最大比合并、等增益合并和选择合并原理，以及 Rake 接收和交织技术两种常用的隐分集方式。

思考练习题

4.1 移动通信系统中基本的多址接入技术哪几种？各有何特点？

4.2 简述 OFDM 系统抗多径衰落的措施。

4.3 语音编码有哪几种类型？各有什么特点？移动通信中主要采用哪类编码技术？

4.4 移动通信中对语音编码有哪些要求？

4.5 GSM 系统采用了哪种语音编码技术，简要阐述其原理及特点。

4.6 窄带 CDMA 系统采用的语音编码技术有何特点？其可变速率分为几种类型？

4.7 简述语音编码 AMR 方案的主要技术特点。

4.8 图像压缩编码的基本方式有哪几种？

4.9 哈夫曼编码属于什么类型的信源编码？在移动通信中主要用在哪些地方？

4.10 目前移动通信中的图片压缩编码主要采用的是 JPEG2000 国际标准，问该编码标准有何特色？

4.11 目前用于移动通信中活动图像压缩编码标准是 MPEG-4，问该编码标准有何特色？

4.12 移动通信中信道编码的作用是什么？

4.13 试举出至少 3 种用于移动通信系统的信道编码方式，并简述其原理。

4.14 为什么移动通信中常采用级联码？它有什么特点？在串行级联码中内码和外码通常会采用那些类型的编码？

4.15 Turbo 码有哪些优缺点？把它用于移动通信中，适合于哪些业务？为什么？

4.16 ARQ 与 FEC 差错控制方式各有什么优缺点，分别适用于哪些业务。

4.17 移动通信中为何会引入 HARQ 方式，简述其类型及特点。

4.18 在 GSM 系统中为什么采用 GMSK 调制？GMSK 调制具有哪些优缺点？

4.19 为什么大多数 CDMA 系统都采用 4 进制相移键控调制？

4.20 OQPSK 调制和 QPSK 调制相比有哪些优点？

4.21 扩频通信的理论依据是什么？有何特点？
4.22 扩频通信的工作方式有哪些？
4.23 移动通信中使用的伪随机码有哪些？它们各自有何特点？
4.23 移动通信中的抗衰落技术有哪些？
4.25 移动通信在哪些情况下必须使用均衡技术？
4.26 分集接收的基本工作方式哪几种？各有何特点？
4.27 分集的合并的方式分别有哪些？比较它们之间的异同点。
4.28 什么是隐分集？和显分集相比，隐分集有何特点？请至少举出移动通信中常用的 3 种隐分集方式并简述其原理。
4.29 简述 Rake 接收和均衡的异同点。
4.30 移动通信中采用交织技术有何作用？交织器有哪几种类型？

第 5 章 GSM/GPRS 数字蜂窝移动通信系统

5.1 引　言

　　模拟蜂窝系统容量小，不能提供非话业务，不能适应移动通信业务发展的需要。20 世纪 80 年代初期，5～6 种模拟移动制式将整个欧洲的蜂窝系统分割成四分五裂的状态，根本不能形成快速增长的市场所需求的规模经济。

　　针对这一状况，欧洲电信管理部门（CEPT）于 1982 年成立了一个被称为 GSM（移动特别小组）的专题小组，开始制定适用于泛欧各国的一种数字移动通信系统的技术规范。经过 6 年的研究、实验和比较，1988 年，18 个欧洲国家达成 GSM 谅解备忘录，颁布了 GSM 标准，即泛欧数字蜂窝网通信标准。在 GSM 标准中，未对硬件作出规定，只对功能、接口等作了详细规定，便于不同公司的产品可以互连互通。

　　1991 年在欧洲开通了第一个 GSM900 系统，同时 GSM 更名为"全球移动通信系统"（Global System for Mobile Communications）。GSM 作为当今应用最普及的数字移动通信技术，已被全球大多数国家所接受，可用在不同的频段（900 MHz、1 800 MHz、1 900 MHz）。GPRS（通用分组无线业务）作为第二代移动通信技术 GSM 向 3G 的过渡技术，是欧洲在 1993 年提出的，它能提供比现有 GSM 网更高的数据率。

　　本章将详细介绍 GSM/GPRS 系统基本原理和主要技术。

5.2 GSM 的特点和业务

5.2.1 GSM 的基本特点

　　GSM 数字蜂窝移动通信系统是完全按照欧洲通信标准协会（ETSI）制定的 GSM 规范研制而成的。GSM 系统是一种典型的开放式结构，它具有如下主要特点：

　　（1）具有开放的接口和通用的接口标准。GSM 系统由几个分系统组成，各分系统之间都有定义明确且详细的标准化接口方案，保证任何厂商提供的 GSM 系统设备可以互连。另外，GSM 以 7 号信令作为互联标准，与 PSTN、ISDN 等公众电信网有完备的互通能力，智能网结构便于引入智能业务。

　　（2）用户权利的保护和传输信息的加密。GSM 具有较强的鉴权和加密功能，能确保用户和网络的安全需求。

(3) 支持多种业务。GSM 系统除了可以开放基本的语音业务外，还可以开放各种承载业务、补充业务以及与 ISDN 相关的各种业务。

(4) 具有跨国漫游能力。GSM 系统漫游是在用户识别模块（SIM）卡及国际移动用户识别码（IMSI）的基础上实现的。实际上，用户不必携带终端设备而只需带着 SIM 卡进入其他国家，租借终端设备，可达到用户号码不变、计费账号不变的目的。

(5) GSM 系统抗干扰能力较强，系统的通信质量较高，通信容量较大。

(6) 频谱效率较高。由于采用了窄带调制、信道编码、交织、均衡和语音编码等技术，使得所需载干比要求降低，频率重复利用率高，组网灵活方便。

5.2.2 GSM 的业务功能

GSM 系统定义的所有业务是建立在综合业务数字网（ISDN）概念基础上的，并考虑移动特点作了必要修改。

一般来说，网络为用户提供的业务取决于三个独立因素：

(1) 用户注册的业务。用户将按照自己的需要，在注册登记时选择全部或一部分业务。网络运行部门只会为用户提供其注册登记的业务。

(2) 网络的能力。目前并不是所有的电信网都能提供同样的业务，用户使用的业务可能会与它漫游进入的网络有关。

(3) 用户设备的能力。有些业务需要用户设备的配合，这是显而易见的。

GSM 系统可提供的业务分为基本业务和补充业务。补充业务是对基本业务的扩充，它不能单独向用户提供，补充业务被要求附加在基本业务之上。

GSM 基本业务分为承载业务和电信业务，这两种业务是独立的通信业务，其差别在于用户接入点的不同。电信业务主要包括语音业务、数据业务及短消息业务等。此外，GSM 还提供了多种多样的附加业务，下面将分别介绍。

1. 语音和紧急呼叫业务

语音业务是 GSM 系统提供的最主要业务，它为 GSM 用户和其他所有与之连网的用户之间提供双向通话。

紧急呼叫业务是由语音业务引申出的一种特殊业务。用于在紧急情况下，移动用户通过一种简单的拨号方式接入紧急服务部门，如警察局或消防队。紧急呼叫业务优于其他业务，在移动台没有插入 SIM 卡时也可拨打紧急服务中心号码（在欧洲统一使用 112，在我国统一使用火警特服号 119 或按"SOS"键）。

2. 数据业务

GSM 规范在制定时便按照 ISDN 模式为用户提供了各种数据业务。在无线传输允许的条件下，GSM 技术规范中列举了 35 种数据业务，可以适用于不同的场合。

3. 短消息业务

短消息业务包括移动台之间点对点短消息业务以及小区广播短消息业务。

点对点短消息的发送和接收是由 GSM 系统中一个相对独立的实体-短消息业务中心（SC）完成的。点对点短消息的发送和接收应在呼叫状态或空闲状态下进行，由控制信道传送，其消息限量为 160 个字符。

广播式短消息是 GSM 系统周期性地向移动台广播数据消息，例如道路交通信息等。此短消息也是在控制信道上传送的，移动台只有在空闲状态下才可接收广播消息，其消息限量为 93 个字符。

4. 补充业务

补充业务使用户能更充分地利用基本业务。GSM 所提供的补充业务见表 5.1。

表 5.1　GSM 提供的补充业务

业务	内容
号码识别	主叫号码显示（CLIP）、主叫线号码限制（CLIR）、连接线显示（CoLP）、连接线限制（CoLR）
呼叫服务	前向呼叫无条件转移（CFU）、移动台忙时前向呼叫（CFB）、无应答前向呼叫（CFNRy）、移动用户未能达到前向呼叫（CFNRc）
呼叫完成	呼叫保持（Hold）、呼叫等待（CW）
多方	多方业务（MPTY）
兴趣群体	闭合用户组（CUG）
计费	计费信息提示（AoCI）、计费费用提示（AoCC）
呼叫限制	所有呼叫禁止（BAOC）、国际呼出禁止（BOIC）、除拨向归属国家的国际呼出禁止（BOIC-exHC）、所有呼入禁止（BAIC）、漫游出归属国家呼入禁止（BIC-Roam）
无结构化	无结构化补充业务数据
营运者确定限制	由营运者确定的不同呼叫/业务限制

5.3　GSM 系统结构与接口

GSM 系统由许多功能实体组成，其网络结构如图 5.1 所示。

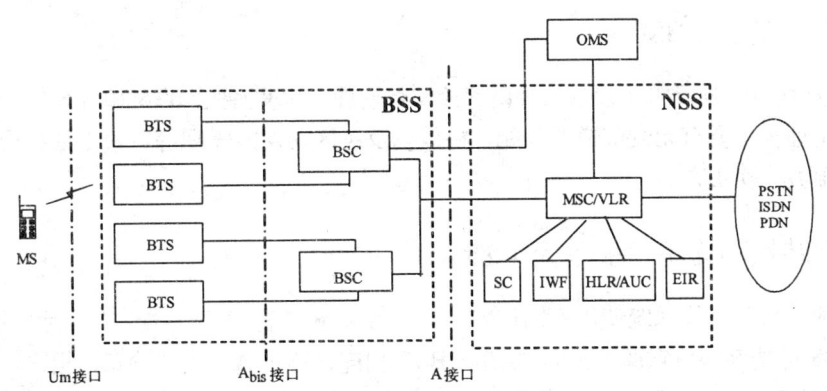

图 5.1　GSM 系统的网络结构

由图 5.1 可见，GSM 整个系统可分为四个相互独立的子系统，即移动台（MS）、基站子系统（BSS）、网络与交换子系统（NSS）和操作与维护管理子系统（OMS）。

5.3.1 移动台（MS）

MS 通过无线接口接入 GSM 系统，即具有无线传输和处理功能。此外，MS 必须提供与使用者之间的接口。比如为完成通话呼叫所需要的话筒、扬声器、显示屏和按键。或者提供与其他一些终端设备之间的接口。比如与个人计算机或传真机之间的接口。

MS 是 GSM 移动通信网中用户使用的设备。MS 的类型包括车载台、便携台和手持台（手机）。随着 GSM 手机进一步小型化、轻巧化和功能增加的趋势，手机用户占整个用户的极大部分。

MS 包括移动台物理设备和智能部件 SIM 卡两部分。SIM 卡基本上是一张符合 ISO 标准的"智慧卡"，它包含所有与用户有关的无线接口的信息，其中也包括鉴权和加密信息。SIM 卡的使用，使移动台设备与移动用户可以完全独立，也就是说，SIM 卡可以在任何移动设备上使用。GSM 系统是通过 SIM 卡来识别移动用户的，这为发展个人通信打下了基础。

5.3.2 基站子系统（BSS）

BSS 通过无线接口直接与移动台相接，负责无线发送接收和无线资源管理。此外，BSS 通过和网络与交换子系统中的移动业务交换中心（MSC）相连，实现移动用户之间或移动用户与固定网络用户之间的通信连接，传送系统信号和用户信息等。

BSS 主要是由基站收发信机（BTS）和基站控制器（BSC）两部分组成。此外，BSS 还应包括码型转换和速率适配单元（TRAU）。

1. 基站收发信机（BTS）

BTS 主要负责无线传输，它在网络的固定部分和无线部分之间提供中继。BTS 包括收/发信机和天线，以及与无线接口有关的信号处理电路等。一个典型的 BTS 通常具有 1~24 个收/发信机，每个收/发信机代表一个单独的射频（RF）信道。

2. 基站控制器（BSC）

BSC 主要承担无线资源、参数及接口的控制与管理。BSC 通过 BTS 和 MS 的远程命令对无线接口进行管理，主要有无线信道的分配、释放以及越区切换的管理等。根据话务量需要，一台 BSC 可以控制几十个 BTS。

3. 码型转换和速率适配单元（TRAU）

为了适应无线与有线系统使用不同传输速率进行传输，需要速率适配。在实际应用中，TRAU 一般作为 BSS 可选部件。它通过 Ater 接口与 BSC 相连，通过 A 接口与 MSC 相连。TRAU 能够将 13 Kb/s 的话音（或数据）复用成两路传输，即转换成标准的 64 Kb/s 数据。

5.3.3 网络与交换子系统（NSS）

NSS 对 GSM 移动用户之间通信和移动用户与其他通信网用户之间通信起管理作用。其主要功能包括：交换、移动性管理、安全管理等。

基本的 NSS 由 6 个功能实体组成，分别是：移动业务交换中心(MSC)、归属位置寄存器(HLR)、访问位置寄存器（VLR）、设备识别寄存器（EIR）、鉴权中心（AuC）和互联功能单元（IWF）。另外，NSS 中还可以有用于短消息业务的短消息服务中心（SMS-SC），这是根据具体的需要进行选择的。

1. 移动交换中心（MSC）

MSC 是 NSS 的核心。MSC 是交换机，在 A 接口上的信道与通向其他 MSC 或 PSTN/ISDN 的信道之间建立交换连接、呼叫控制和计费。

MSC 可从三种数据库，即归属用户位置寄存器、访问用户位置寄存器和鉴权中心获取处理用户位置登记和呼叫请求所需的全部数据。反之，MSC 也根据其最新获取的信息请求更新数据库的部分数据。

最后，MSC 还提供面向系统其他功能实体：BSS、HLR、VLR、AuC、EIR、OMC 和面向固定网（公用交换电话网 PSTN、综合业务数字网 ISDN、分组交换公用数据网 PDN 等）的接口功能，把移动用户与移动用户、移动用户与固定用户互相连接起来。在建立固定网用户与 GSM 移动用户之间的呼叫时，固定用户呼叫首先被接到网关 MSC（GMSC），由它负责获取位置信息，然后把呼叫转接到该移动用户当前所属的 MSC，此 MSC 称为被访 MSC（VMSC）。

2. 归属位置寄存器（HLR）

HLR 是 GSM 系统的中央数据库，存储着该 HLR 控制区内的所有移动用户的相关数据，所有移动用户重要的静态数据都存储在 HLR 中，这包括移动用户识别号码、访问能力、用户类别和补充业务等数据。HLR 还存储着归属用户有关的动态数据信息，如用户位置更新信息或漫游用户所在的 MSC/VLR 地址及分配给用户的补充业务。任何入局呼叫均能按最新路径信息接续被叫的用户。

一个 HLR 可以覆盖几个 MSC 区域甚至整个移动网。

3. 访问位置寄存器（VLR）

VLR 是服务于其控制区域内的移动用户的，存储着进入其控制区域内已登记的移动用户相关信息。VLR 从该移动用户的 HLR 处获取并存储必要的数据，为已登记的移动用户提供建立呼叫接续的必要条件。一旦移动用户离开该 VLR 的控制区域，则重新在另一个 VLR 登记，原 VLR 将删除临时记录的该移动用户数据。因此，VLR 可看作为一个动态用户数据库。

为了避免 VLR 和 MSC 之间频繁存取数据所带来的接续时延，VLR 在物理实体上总是与 MSC 合设。

4. 鉴权中心（AuC）

AuC 鉴权中心存储用户的加密信息，用以保护用户在系统中的合法地位不受侵犯。由于空中接口的开放性，经由空中接口传送的信息极易受到侵犯，因此 GSM 系统采取了特别的通信安全措施，如移动用户鉴权、信息的加密等，这些鉴权信息和加密密钥均存放在 AuC 中。在物理实体上，AUC 与 HLR 合设，或者也可将 AuC、HLR 和 EIR 合设。

5. 移动设备识别寄存器（EIR）

EIR 存储着与移动台 IMEI 有关的信息。IMEI 是指国际移动设备识别码，通过对移动台的 IMEI 进行检查，以确定移动台的合法性，防止未经许可的移动台设备使用移动网。

6. 互联功能（IWF）

互连功能 IWF 是与 MSC 有关的一个功能实体，提供 GSM 网络与其他固定网络的互连。IWF 的具体功能取决于互连的业务和网络类型，它能够提供不同网络与 GSM 网络之间的协议转换。在互连时，IWF 还能提供速率适配的功能。

IWF 通常与 MSC 在同一物理设备中实现。

7. 短消息服务中心（SMS-SC）

短消息服务中心作为一个独立的实体存在于 NSS 中，负责短消息的接收、存储和转发。

5.3.4 操作与维护子系统（OMS）

OMS 是操作人员与系统设备之间的中介，它实现了系统的集中操作与维护，完成包括移动用户管理、移动设备管理及网络操作维护等功能。它的一侧与设备相连（但并不包括 BTS，因为 GSM 规范明确提出，对 BTS 的操作维护是经过 BSC 进行管理），另一侧是作为人机接口的计算机工作站。这些专门用于操作维护的设备被称为操作维护中心（OMC）。

OMC 由两个功能单元构成，即 OMC-S（操作维护中心-系统部分）和 OMC-R（操作维护中心-无线部分）。OMC-S 用于 MSC、HLR、VLR 等交换子系统各功能实体的维护与操作。OMC-R 用于实现整个 BSS 系统的操作与维护。

5.3.5 网络接口

移动通信系统是由许多功能实体通过接口互连构成的，接口就是各组成实体之间物理上和逻辑上的连接。

GSM 定义了许多接口，如图 5.2 所示。

1. 主要接口

Um 接口：Um 接口是空中无线接口，是 MS 与 BTS 之间的通信接口，是 GSM 系统中最重要、最复

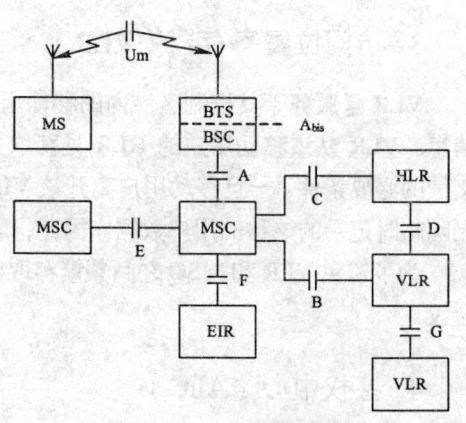

图 5.2 GSM 网络接口

杂的接口。它用于 MS 与 GSM 系统的固定部分之间的互通,其物理连接通过无线链路实现。Um 接口传递的信息包括无线资源管理、移动性管理和接续管理。

A_{bis} 接口:A_{bis} 接口是 BSS 系统的两个功能实体 BSC 与 BTS 之间的通信接口,用于 BTS 与 BSC 之间的远端互连方式,物理连接通过标准的 2 Mb/s 或 64 Kb/s 的 PCM 数字传输链路来实现。此接口支持系统向 MS 提供的所有服务,并支持对 BTS 无线设备的控制和无线频率的分配。由于 A_{bis} 接口是 BSS 的内部接口,所以是一个部分标准化接口,可由各设备厂家自行定义。

A 接口:A 接口是 BSS 部分与 MSC 之间的通信接口。它的特性是完全标准化,即任何厂商的设备可以互连。A 接口基于 2 Mb/s 的数字接口,主要传递呼叫处理、移动性管理、基站管理及移动台管理等信息。

2. 网络子系统 NSS 内部接口

B 接口:B 接口是 MSC 与 VLR 之间的接口,主要用于 MSC 向 VLR 询问有关 MS 当前位置信息,或通知 VLR 有关 MS 的位置更新信息等。B 接口作为设备内部接口,一般不作规定,但应能完成 GSM 规范所规定的功能。

C 接口:C 接口是 MSC 与 HLR 之间的接口。C 接口基于 2 Mb/s 或 64 Kb/s 的数字接口,主要完成被叫 MS 信息的传递以及获取其被分配的漫游号。

D 接口:D 接口是 HLR 与 VLR 之间的接口。由于 VLR 与 MSC 合设,因此 D 接口的物理链路与 C 接口相同。D 接口主要用于交换 MS 位置和用户管理信息,保证 MS 在整个服务区内能建立和接收呼叫。

E 接口:E 接口是相邻区域的不同 MSC 之间的接口,用于 MS 从一个 MSC 控制区移动到另一个 MSC 控制区时为了通话的连续而进行的局间切换。

F 接口:F 接口是 MSC 与 EIR 之间的接口,用于 MSC 检验移动台的 IMEI 时使用。

G 接口:G 接口是两个 VLR 之间的接口。当 MS 以临时移动用户识别码(TMSI)启动位置更新时,VLR 使用此接口向前一个 VLR 获取 MS 的国际移动用户识别码(IMSI)和相应的信息。

3. GSM 系统与其他公用电信网接口

GSM 系统通过 MSC 与公用电信网互连,一般采用 7 号信令系统接口。其物理连接方式是通过在 MSC 与 PSTN 或 ISDN 交换机之间采用 2.048 Mb/s 的 PCM 数字传输链路来实现。

5.4 GSM 无线接口

GSM 无线接口 Um 是一个开放接口,它的特性是完全标准化,也就是说不同厂商所生产的 BTS 和 MS 之间都可以通过 Um 接口连接。GSM 将给定频段按 FDMA 方式划分成许多频道,每个载频采用 TDMA 时分多址的概念,每个 TDMA 帧包括 8 个时隙。同时,GSM 系统引入了不连续发射和低速率跳频技术来改善传输质量。

5.4.1 频率配置

1. 工作频段

我国 GSM 系统工作在 900 MHz 和 1 800 MHz 频段。

GSM900 MHz 频段为：

890～915 MHz（上行——移动台发，基站收）；

935～960 MHz（下行——基站发，移动台收）。

收、发频率间隔为 45 MHz。可以看出，移动台采用较低频段发射，传播损耗较低，有利于补偿上、下行功率不平衡的问题。

GSM1800 MHz 频段为：

1 710～1 785 MHz（上行——移动台发，基站收）；

1 805～1 880 MHz（下行——基站发，移动台收）。

相邻载频间隔为 200 kHz，GSM 系统整个工作频段分为 124 对载频，其绝对无线频道序号（ARFCN）用 n 表示。考虑 GSM900 系统，则序号为 n 的载频和其中心频率的关系为

上行频段： $f_l(n) = 890.2 + (n-1) \times 0.2$ MHz

下行频段： $f_h(n) = f_l(n) + 45$ MHz

式中，$n=1$～124。

由于每个频道采用 TDMA 方式分成 8 个时隙，即 8 个信道，因此 GSM 系统的信道总数为 124×8=992 个双向物理信道。

2. 频率复用与区群结构

GSM 采取了多种抗干扰措施，所以要求的干扰防护比值较模拟系统大大降低了。根据 GSM 规范，要求同频干扰防护比 $C/I \geq 9$ dB，工程中一般加 3 dB 余量；邻频干扰防护比 $C/I \geq -9$ dB，工程中一般加 3 dB 余量；载波偏离 400 kHz 的干扰防护比 $C/I \geq -41$ dB。

由于同频干扰防护比只要求大于等于 9～12 dB，若使用无方向性天线建议采用 $N=7$ 的区群复用方式；若使用定向天线建议采用 4×3 复用方式（即 $N=4$，每基站 3 个 120° 扇形小区），业务密集区，可以采用 3×3 复用方式。

5.4.2 信道和帧结构

在蜂窝通信系统中，我们根据传递信息的种类，定义了不同的逻辑信道（即业务信道和控制信道）。逻辑信道在传输过程中要被映射到某个物理信道上，即一个载频上的 TDMA 帧的某个时隙上去。下面先讨论帧结构，然后了解一下逻辑信道的分类以及逻辑信道是如何被映射到物理信道上的。

1. 帧结构

GSM 系统帧结构如图 5.3 所示。

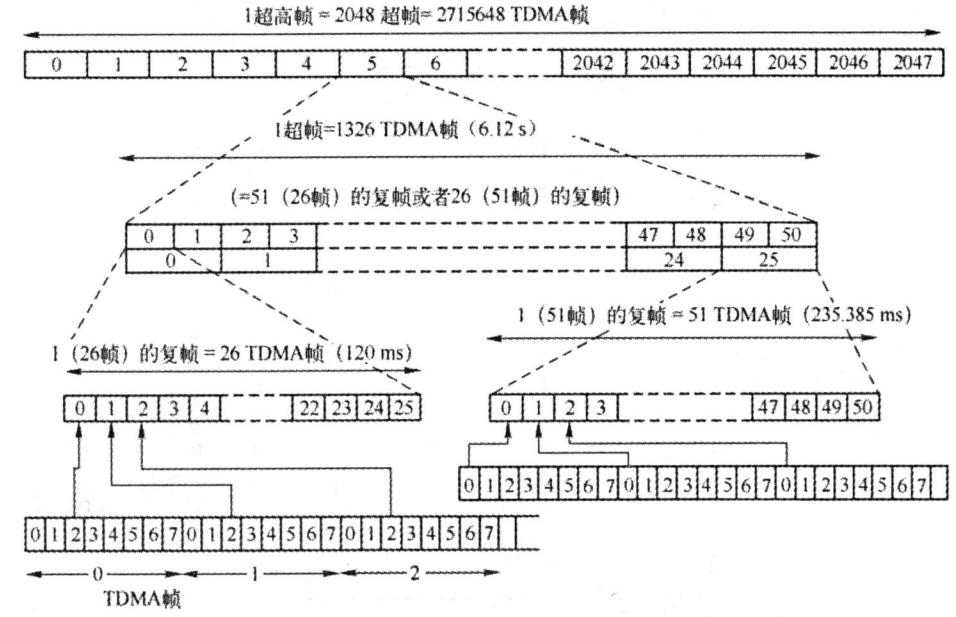

图 5.3 GSM 系统帧结构

一个 TDMA 帧含有 8 个时隙,帧长为:$120/26 = 4.615$ ms。每个时隙含 156.25 个码元,占 $15/26 \approx 0.577$ ms。

由 26 个 TDMA 帧组成业务复帧和由 51 个 TDMA 帧组成控制复帧,这两种复帧结构是为了满足不同速率的信息传输而设立的。由复帧可以组成超帧、超帧组成超高帧。

帧的编号是以超高帧为周期循环编号的,从 0~2 715 647。

这里,值得注意的一点是:GSM 系统上行传输所用的帧号和下行传输所用的帧号相同,但上行帧相对于下行帧来说,在时间上推后 3 个时隙,如图 5.4 所示。这样安排,主要是为了让移动台能在这 3 个时隙的时间内,进行帧调整以及对收发信机调谐和转换。

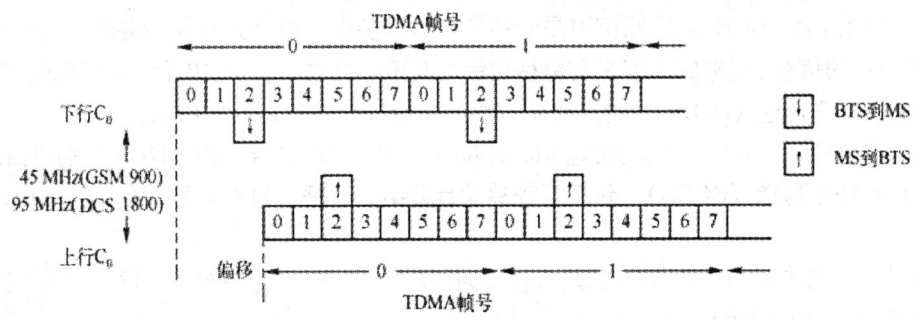

图 5.4 GSM 上行帧号和下行帧号所对应的时间关系

2. 信道的概念和类型

一个载频上的 TDMA 帧的一个时隙称为一个物理信道。GSM 中每个载频有 8 个物理信道,在每个时隙内发出的信息称为一个突发脉冲序列。

逻辑信道分为两类,即业务信道和控制信道,如图 5.5 所示。

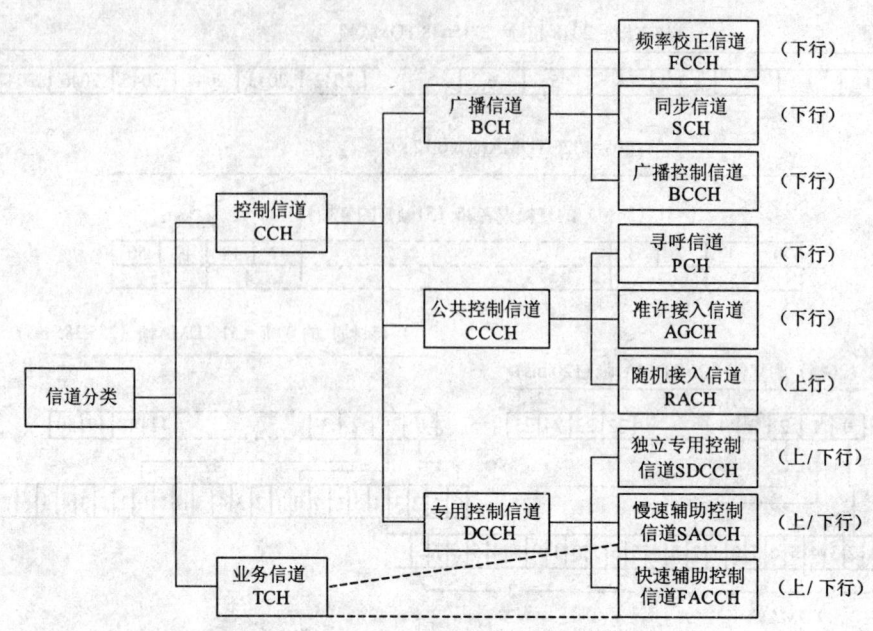

图 5.5 GSM 信道类型

1) 业务信道（TCH）

业务信道主要传输编码及加密后的语音或数据，其次还有少量的随路控制信令。业务信道有全速率业务信道和半速率业务信道之分。采用半速率语音编码后，信道数目可加倍。

对于语音业务信道：

TCH/FS：全速率语音信道 13 Kb/s；
TCH/HS：半速率语音信道 6.5 Kb/s。

2) 控制信道（CCH）

控制信道用于传输信令或同步信号，分为广播信道、公共控制信道和专用控制信道三大类。

（1）广播信道（BCH）。广播信道是一种"一点对多点"的单方向控制信道，用于基站向移动台广播公用的信息。传输的内容主要是移动台入网和呼叫建立所需要的信息。广播信道又分为：

① 频率校正信道（FCCH）。此信道用来给用户传送校正 MS 频率的信息。

② 同步信道（SCH）。此信道传送 MS 的帧同步（TDMA 帧号）和 BTS 的识别码信息。

③ 广播控制信道（BCCH）。包括寻呼移动台分组、寻呼信息复帧号和公共控制信道时隙号等信息。

（2）公共控制信道（CCCH）。它是一种双向控制信道，用于呼叫接续阶段传输所需的控制信令。公共控制信道可分为：

① 寻呼信道（PCH）。此信道用于寻呼 MS。

② 随机接入信道（RACH）。用于移动台随机入网时向基站发送信息，包括移动台初始发起呼叫；移动台对基站播发的寻呼信息进行应答。

③ 接入许可信道（AGCH）。此信道用于为 MS 分配一个独立专用控制信道。

（3）专用控制信道（DCCH）。它是一种"点对点"的双向控制信道，用于在呼叫接续阶段以及通信过程中，MS 和 BS 之间传输必需的控制信息。专用控制信道又可分为：

① 独立专用控制信道（SDCCH）。此信道用于在分配业务信道之前，即呼叫建立过程中传送有关信令。例如登记和鉴权信令。

② 慢速辅助控制信道（SACCH）。它与一个业务信道或一个独立专用控制信道相关，SACCH 安排在业务信道时，以 SACCH/T 表示；安排在控制信道时，以 SACCH/C 表示。它可传送移动台接收的关于服务小区及邻近小区的信号强度的测试报告，这对实现移动台参与的切换是必要的。此外，它还用于 MS 的功率调整和时间调整，是一个双向的点对点控制信道。

③ 快速辅助控制信道（FACCH）。它与一个业务信道相关。在语音传输过程中，如果 SACCH 的信令传输速度达不到我们需要的信令信息速度时，FACCH 就借用 20 ms 的语音突发脉冲来传送信令，这种情况称为偷帧，如在系统执行越局切换时。由于 FACCH 插入业务信道的时间很短，所以这种中断不会被用户察觉。

3. 突发脉冲格式

GSM 系统中，TDMA 帧中的每个时隙称为一个突发，每个突发中的信息格式称为突发脉冲序列。对于不同的逻辑信道，有不同的突发脉冲序列，如图 5.6 所示。

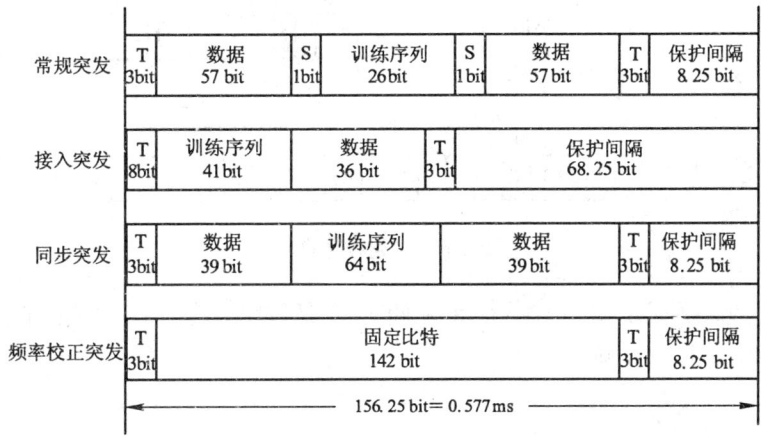

图 5.6 GSM 中的各类突发脉冲格式

1）常规突发脉冲序列

用于业务信道及专用控制信道。信息位 116 bit 分成两段，各 58 bit。其中，57 bit 是加密数据或语音，1 bit 是偷帧标志位 S，用来表示这个突发脉冲是否被快速辅助控制信道信令借用；训练序列是一串已知比特，其传输产生的信号波形畸变供均衡器用于产生信道模型；尾比特 T 总是 000，帮助均衡器知道起始位和停止位，即均衡器中使用的方法需要一个固定的起始和停止点；保护间隔是一个空白空间，是为了防止不同移动台按时隙突发的信号因传播时延而在基站处发生前后交叠。不同的逻辑信道有不同的突发脉冲序列的保护时间。

2）频率校正突发脉冲序列

频率校正突发脉冲序列用来校正移动台的载波频率。

3）同步突发脉冲序列

同步突发脉冲序列用于移动台的时间同步，传输 TDMA 帧号和基站识别码。

4）接入突发脉冲序列

接入突发脉冲序列用于上行传输方向，在随机接入信道上传送，用于移动台向基站提出入网申请。

4. 逻辑信道与物理信道之间的映射

逻辑信道组合是以复帧为基础的，"组合"就是将逻辑信道映射到物理信道上去。逻辑信道与物理信道之间的映射与通信系统在不同阶段所需要完成的功能有关，也与传输方向和业务量有关。

1）业务信道的映射

我们知道，每个小区都有若干个载频，分别用 C_0，C_1，…，C_n 表示。其中 C_0 为主载频。

业务信道的复帧含 26 个 TDMA 帧，如图 5.7 所示。在每个基站主载频 C_0 的 $TS_2 \sim TS_7$ 以及其他载频的 $TS_0 \sim TS_7$ 均可以安排业务信道，用于传输语音或数据。其中，24 帧 T 用于传输业务信息、A 用于传输随路控制信息、I 帧为空闲帧。上、下行链路的映射方式是一样的，唯一的差别就是，下行帧相对于上行帧在时间上有 3 个时隙的时间偏差。

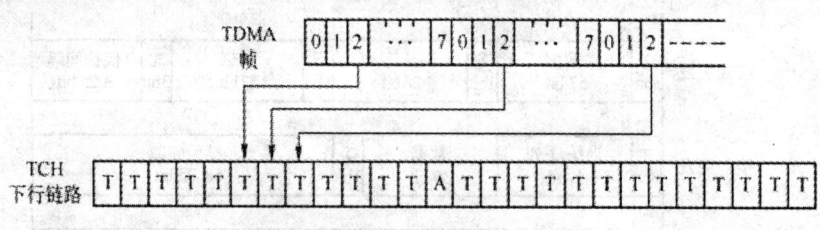

图 5.7 业务信道的映射

值得指出，此序列是以 26 个帧为循环周期的，虽然每帧只用了 TS_2 时隙，但从时间长度上讲序列长度仍为 26 个 TDMA 帧。

2）控制信道的映射

（1）控制信道的上、下行传输的组合方式不完全相同。控制信道的映射有如下几种方式：BCH 和 CCCH 在主载频 C_0 的 TS_0 上的复用（下行链路），如图 5.8 所示。

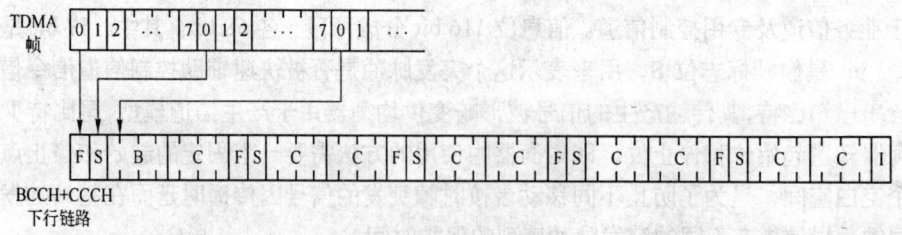

图 5.8 BCH 和 CCCH 在 TS_0 上的复用（下行）

由图 5.8 可见，此时的控制复帧含 51 个 TDMA 帧。其中，F（频率校正信道）用于移动台校正频率；S（同步信道）用于移动台读出 TDMA 帧号和基站识别码；B（广播控制信道）用于移动台读出有关小区的通用信息；I 是空闲帧。

对于上行链路，这时，主载频 C_0 的 TS_0 不包含上述信息，只用于移动台的接入如图 5.9 所示。

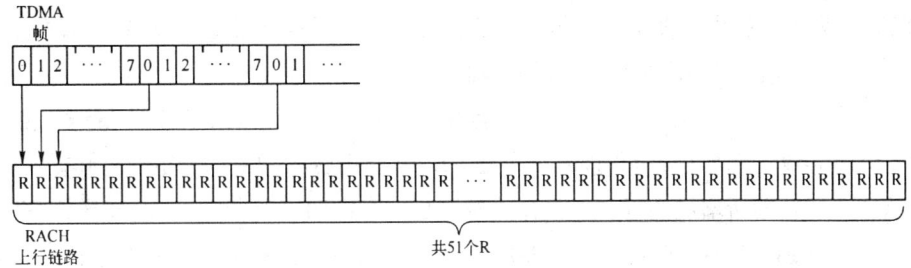

图 5.9 RACH 在 TS₀ 上的复用（上行）

(2) SDCCH 和 SACCH 在主载频 C₀ 的 TS₁ 上的复用（下行链路），如图 5.10 所示。

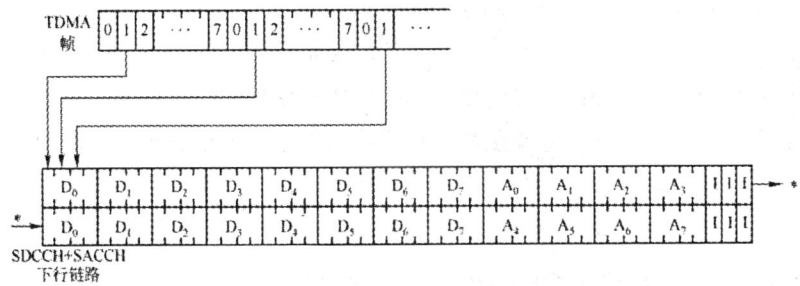

图 5.10 SDCCH 和 SACCH 在 TS1 上的复用（下行）

由图 5.10 可见，此时的复帧含 102 个 TDMA 帧。因为在移动台呼叫建立过程中，SDCCH 和 SACCH 速率较低，所以共设 8 个 SDCCH，用 $D_0, D_1, \cdots, D_7$ 表示，占了 $8 \times 8 = 64$ 个时隙；SACCH 用 $A_0, A_1, \cdots, A_7$ 表示，占了 $8 \times 4 = 32$ 个时隙；还有空闲帧 I 占了 6 个时隙。

对于上行链路，组成和下行链路结构相同，但在时间上有一个偏移。

(3) 公共控制信道和专用控制信道均在 TS₀ 上的复用（这种情况主要用于小区只有一个载频的场合），如图 5.11 所示。此时的复帧含 102 个 TDMA 帧。当小区中只有一个载频时，$TS_1 \sim TS_7$ 均用作业务信道，而 TS₀ 既用于公用控制信道（广播信道、公用控制信道），又用于专用控制信道（独立专用控制信道、慢速辅助控制信道）。

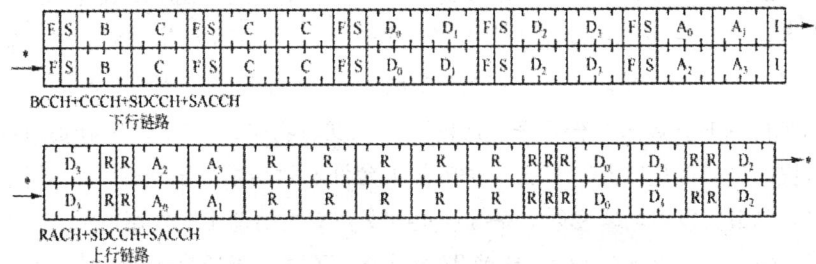

图 5.11 公用控制信道和专用控制信道均在 TS₀ 上的复用

5.4.3 定时前置

GSM 系统中，突发脉冲的发送与接收必须严格地在相应的时隙中进行，所以系统必须保证严格的同步。然而，移动用户是随机移动的，当移动台与基站距离远近不同时，它的突发脉冲的传输时延就不同。为了克服由突发脉冲的传输时延所带来的定时的不确定,GSM 对各时隙的定时进行了动态控制,同时在每个时隙中留有保护时间。

例如,两个 MS,一个接近 BTS,另一个远离 BTS,它们在不同的时隙上发送,但是由于传输时延的不同将导致它们会在 BTS 接收端重叠。BTS 要指示移动台以一定的时间提前量(TA)发送突发脉冲,以补偿所增加的延时。具体的做法是:在呼叫进行期间,MS 发送给 BTS 的测量报告报头上携带着 MS 测量的时延值,而 BTS 必须监视呼叫到达的时间,并在下行 SACCH 的系统消息上以每两秒一次的频率向 MS 发出指令,随着 MS 离开 BTS 的距离的变化,逐步指示 MS 应提前发送的时间。定时前置允许对每个时隙的上行发送时间独立控制,远离 BTS 的 MS 要求比离 BTS 近的 MS 发射早。在 GSM 中最大的定时前置限制小区尺寸在 35 km 左右。

此外,处理传输时延变化还可在每个时隙片的结尾留有足够的保护时间以作补偿。MS 在保护期内不能发送用户数据,即使两个时间出现重叠只能在保护时间内重叠。由于在该时间内无用户信息发送,就无数据丢失。这一方案虽然具有简单及信令要求最小的优点,但降低了系统的频谱利用率。

5.4.4 功率控制与不连续发射(DTX)

功率控制和不连续发射的目的都是为了减少整个系统的干扰,提高频率利用率,并可延长 MS 电池的寿命。

在任何小区,如果所有 MS 均用同样的功率发射,则接近 BTS 的 MS 比在小区边缘的 MS 到达 BTS 的信号功率强,为此可采用功率控制技术以补偿不同的传输距离造成的接收功率电平的不同。在 GSM 系统中,上行和下行链路的功率控制是彼此独立的,以上行功控为例,当 MS 远离 BTS 时,则需要增加其发射功率。在 GSM 中,功率电平每 60 ms 变化台阶为 2 dB。上行功率控制范围是 20~30 dB,步长 2 dB;下行功率控制范围一般可达 30 dB,步长也是 2 dB。

我们知道,BCCH 频率在小区内是以最大允许的功率发送的,由 MS 建立起来的任何专用信道,功率控制将在 BCCH 频率的功率级以下(最多一致)。当 MS 和基站的连接开始时,由 BSC 来选择 MS 和 BTS 的初始传输功率。在初始分配时,MS 根据它在空闲模式时通过收听 BCCH 广播的系统消息所得到的参数来获得它在小区内的最大发射功率。因而 MS 在通过随机接入信道(RACH)接入网络时,都是以 BCCH 上广播的最大允许发射功率来发送的。当 MS 功率低于这一规定值时,将以其最大发射功率发射。系统规定 MS 在专用信道上所发出的第一个消息的功率电平也是这个固定值,直到收到在 SDCCH 或 TCH 上 SACCH 信息所携带的功率控制命令时,才开始受系统的控制。

GSM 系统还采用了不连续发射技术以减小干扰,提高系统容量。不连续发送是人们讲话的重要特性,利用这一特点,当语音编解码器检测到有语音时才打开发射机,而在语音间隙期不发射,这就是所谓的不连续发射(DTX),也称语音激活或间断传输技术。DTX 能在通话期对语音进行 13 Kb/s 编码,在停顿期发送轻微的舒适噪声,以免接听者造成通信中断的错觉。采用 DTX 技术,对 MS 来说更有意义,这样可以降低其电源消耗,增加其电池使用寿命。

5.4.5 跳频技术

跳频技术就是按跳频序列随机的改变一个信道的载波频率。跳频可分为快速跳频和慢速跳频，GSM 中采用的是慢速跳频。根据 GSM 建议，MS 在每帧的相应时隙跳变一次，即每隔 4.615 ms 改变载波频率，亦即跳频速率为 1/4.615 ms＝217 跳/秒。由于 GSM 基站中的收发信机要同时与多个 MS 通信，因此，对于每个 TRX 来说，应根据通信使用的载频，在其每个时隙上按照不同的跳频方案来进行跳变。

GSM 采用跳频是为了提高抗衰落、抗干扰性能。

(1) 频率分集以对抗瑞利衰落。不同频率信号的衰落特性是不同的，通过跳频，可使携带同一信息的所有突发脉冲不会被瑞利衰落以同一方式破坏。

当 MS 以高速移动时，在同一信道上接收两个相邻突发脉冲期间（相隔 8 个时隙，即 4.615 ms），MS 位置的差别对于消除信号瑞利变化的相关性已经足够了，在这种情况下，跳频基本起不到什么作用。然而跳频技术对于静态或慢速移动的 MS 具有很好的抗衰落效果，它所提供的增益大约在 6.5 dB 左右。

(2) 抗干扰特性。跳频系统的抗干扰性是"躲避"式的，由于跳频频率在不停的变化，频率的干扰是瞬时的，因此具有干扰分集作用。

5.5 GSM 语音/数据的无线传输

由于 GSM 是一个全数字系统，语音和数据的传输都要进行数字化处理。在源数据通过无线电波发射出去之前，需经过几个连续的过程，即语音编码、信道编码、交织、突发脉冲的形成、加密、调制。同样地，接收端也需要经过一系列相反过程来重现原始数据。下面主要针对语音的传输过程进行描述，此过程对其他用户数据和信令也是一样的。

5.5.1 语音编码

GSM 采用的编码方案是 13 Kb/s 的 RPE-LTP（规则脉冲激励长期预测）编码。RPE-LTP 是将波形编码和声源编码两种技术综合运用的编码方案，其目的是以较低速率获得较高的话音质量。

以 TCH 全速率信道的编码过程为例：首先将语音分成 20 ms 为单元的语音块，每个语音块用 8 kHz 抽样，这样每个块就得到 160 个抽样值；每个抽样值再经过 A 率 13 bit（μ 率 14 bit）的量化，由于处理 A 率和 μ 率的压缩率不同，将该量化值又分别加上了 3 个或 2 个"0"bit，由此每个样值就得到了 16 bit 的量化值，因而在数字化之后进入编码器之前，就得到了 128 Kb/s 的数据流。但这一数据流的速率太高以至于无法在无线路径下传播，我们需要让它通过编码器来进行编码压缩。当采用全速率编码器时，每个语音块将被编码为 260 bit，这样便形成了 260 bit/20 ms＝13 Kb/s 的语音编码速率。

5.5.2 信道编码

信道编码用于改善传输质量，克服各种干扰因素对信号产生的不良影响，但是它是以增加数据长度，降低信息量为代价的。在对全速率语音编码时，首先将对语音编码器来的 260 bit 数据分成三类，分别为 50 个最重要的比特，132 个重要比特以及 78 个不重要的比特；之后对上述 50 个最重要比特添加上 3 个奇偶校验比特（分组编码），这 53 个比特连同 132 个重要比特与 4 个尾比特一起被卷积编码（码率为 1/2，约束长度为 5），共输出 378 bit，另外 78 bit 不予保护，于是得到 456 bit。通过信道编码后速率为 456 bit/20 ms=22.8 Kb/s。

5.5.3 交 织

在移动信道环境中，比特差错经常是成串发生的，因此卷积编码后数据还要进行交织。交织主要用来抗突发性干扰，其实质是将突发错误分散开来。

GSM 采用的交织分为两次，第一次交织为块内交织，第二次为块间交织。前面提到了，通过语音编码和信道编码将每一 20 ms 的语音块数字化并编码，最后形成了 456 bit。这里首先将它进行内部交织，将 456 bit 按（0, 8, …, 448）、（1, 9, …, 449）…（7, 15, …, 445）的排列方法，分成 8 组，每组 57 bit，通过这一手段，可使在一组内的消息相距较远。

但是如果将同一 20 ms 语音块的 2 组 57 bit 插入到同一普通突发脉冲序列中，那么该突发脉冲丢失则会使该 20 ms 的语音损失 25% 的比特，显然信道编码难以恢复这么多丢失的比特，因此必须在两个语音帧间再进行一次交织，即块内交织。进行完内部交织后，将一语音块 B 的 456 bit 分为八组，再将它的前四组与上一个语音块 A 的后四组进行块间交织，最后形成 4 个突发脉冲，为了打破相连比特的相邻关系，使块 A 的比特占用突发脉冲的偶数位置，块 B 的比特占用奇数位置。同理，将 B 的后四组和它的下一语音块 C 的前四组进行块间交织。交织将造成 37.5 ms 的延时。

5.5.4 突发脉冲的形成

见 5.4.2 小节有关突发脉冲的描述。

5.5.5 加 密

在数字传输系统的各种优点中，能提供良好的保密性是很重要的特性之一。GSM 为移动台和网络之间在无线路径上的通信进行加密。加密只限于用在常规的突发脉冲之上。

5.5.6 调 制

GSM 的调制方式是高斯最小移频键控（GMSK）方式，矩形脉冲在调制器之前先通过一个高斯滤波器。这一调制方案由于改善了频谱特性，从而能满足国际无线电通信咨询委员会（CCIR）

提出的邻信道功率电平小于 −60 dBW 的要求。高斯滤波器的归一化带宽 BT=0.3，基于 200 kHz 的载频间隔及 270.833 Kb/s 的信道传输速率，其频谱利用率为（1.35 b/s）/Hz。

5.6　GSM 的移动性管理与呼叫接续

5.6.1　GSM 区域、编号方式

1. 区域定义

GSM 系统属于小区制大容量移动通信网，在其服务区内设置有很多基站，移动通信网在此服务区内，具有控制、交换功能，以实现位置更新、呼叫接续、越区切换及漫游等功能。

在由 GSM 系统组成的移动通信网络结构中，其相应的区域定义如图 5.12 所示。

（1）GSM 服务区。服务区是指移动台可获得服务的区域。

（2）PLMN 区。一个 PLMN 区可由一个或若干个移动交换中心组成。

（3）MSC 区。MSC 区系指一个移动交换中心所控制的区域，通常它连接一个或若干个 BSC，每个 BSC 控制多个 BTS。MSC 包含若干个位置区。

（4）位置区。位置区一般由若干个小区（或基站区）组成，移动台在位置区内移动无需进行位置更新。通常呼叫移动台时，向一个位置区内的所有基站同时发出寻呼信号。

（5）基站区。基站区是指基站收发信机有效的无线覆盖区，简称小区。

（6）扇区。当基站天线采用定向天线时，基站区划分为若干个扇区。

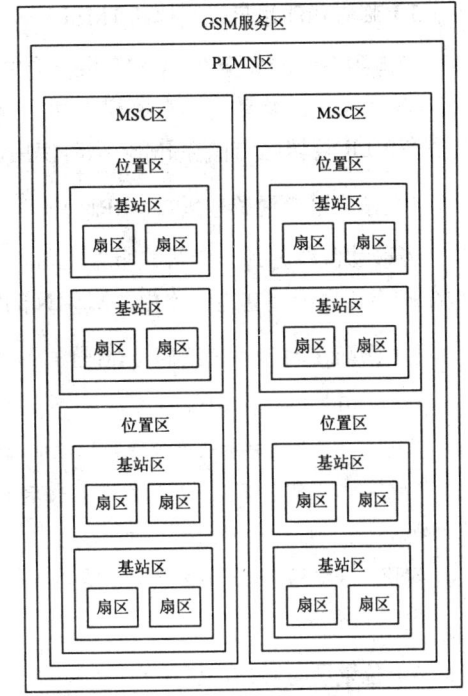

图 5.12　GSM 的区域定义

2. 编号方式

1）**移动用户 ISDN 号码（MSISDN）**

MSISDN 指主叫用户为呼叫 GSM 移动用户所需拨的号码，其组成格式如图 5.13 所示。

CC – 国家码。即 MS 登记注册的国家码，我国为 86。

NDC – 国家目标代码，和不同的运营公司有关，例如，138，139 等。

SN – 移动用户号码。采用等长 8 位编号计划，具体号码分配由运营公司决定。

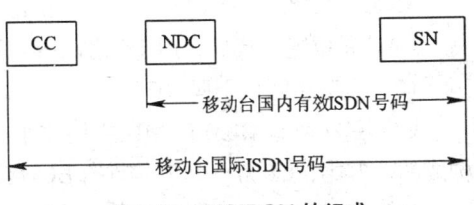

图 5.13　MSIDSN 的组成

2）国际移动用户识别码（IMSI）

在 GSM 系统中，每个用户都分配有一个唯一的 IMSI 号码，此号码在整个 GSM 系统中有效，是用户身份的识别，它是全球唯一的。其组成格式如图 5.14 所示。

MCC－移动国家代码。唯一地标识移动用户所属的国家。中国的 MCC 为 460。MCC 与 MSISDN 中的 CC 不同在于，它只有固定长度（即 3 位数字），而 CC 字位是可变的。同样，在每一个国家 MCC 不同于 CC。例如，美国的 CC 是 1，而 MCC 是 310～316；我国的 CC 是 86，而 MCC 为 460。

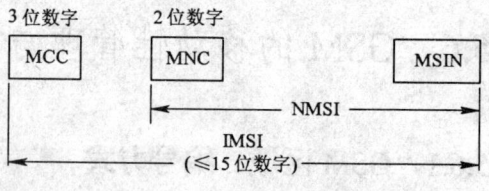

图 5.14　IMSI 的组成

MNC－移动网络代码，识别移动用户所归属的移动通信网（PLMN），和不同的运营公司有关。

MSIN－移动用户识别码，唯一地识别某一移动通信网中的移动用户。

NMSI－国家移动用户识别码，由 MNC 和 MSIN 组成。

3）临时移动用户识别码（TMSI）

考虑到系统的安全性，GSM 系统提供了在空中接口传递 TMSI 代替 IMSI 的保密措施。TMSI 由 VLR 为来访的移动用户在鉴权成功后分配，它是一个由 VLR 自行分配的 4 字节的 BCD 编码，仅限在 VLR 管辖区内代替 IMSI 临时使用，且与 IMSI 相互对应。

4）移动用户漫游号码（MSRN）

当移动台漫游到一个新的服务区时，由 VLR 临时分配给它的一个漫游号码，并通知该移动台的 HLR，用于建立通信路由。MSRN 的组成与 MSISDN 类似。

5）国际移动设备识别码（IMEI）

IMEI 用于唯一的识别一个移动台，为一个 15 位的十进制数据。其组成格式如图 5.15 所示。

TAC－型号批准码，由欧洲型号标准中心分配。

FAC－工厂装配码，由厂家编码，表示生产厂家及装配地。

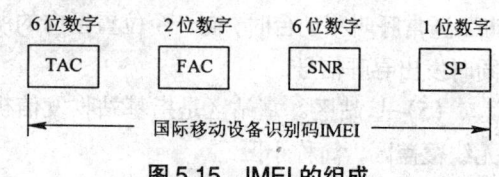

SNR－序号码，由厂家分配，用于识别每个设备。

SP－备用码。

图 5.15　IMEI 的组成

6）位置区与基站小区识别

（1）位置区识别码（LAI）

LAI 用于识别位置区和位置更新。其组成如图 5.16 所示。

MCC、MNC 与 IMSI 中该部分相同。

LAC 是位置区代码，用于识别 GSM 网络中的一个位置区，它可由运营部门自定。

（2）全球小区识别码（GCI）

GCI 是在所有 GSM PLMN 中用作小区的唯一标识，是在 LAI 的基础上再加小区识别码（CI）构成的。其中，CI 为一个 2 字节的 BCD 编码，可由运营部门自定。

（3）基站识别码（BSIC）

BSIC 用于识别相邻国家的相邻基站，为 6bit 编码。其组成如图 5.17 所示。

NCC 是 PLMN 色码，用于区分国界两侧的运营者（国内用于区别不同的省）。

BCC 是基站色码，由运营者自行设定，用来唯一识别相邻的采用相同载频的不同 BTS。

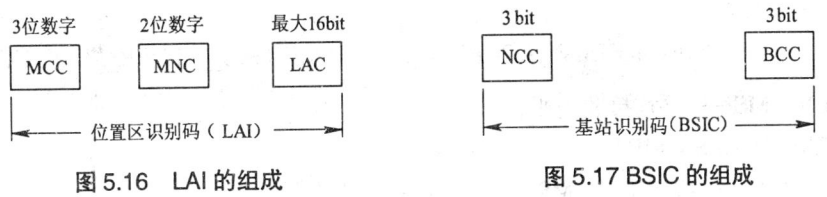

图 5.16　LAI 的组成　　　　　图 5.17　BSIC 的组成

5.6.2　小区的选择与重选

小区的选择和重选程序是为了保证 MS 选择一个最合适的小区，一旦 MS 选择了某个小区作为服务小区，就可以在该小区上与网络进行通信。MS 是通过服务小区系统广播消息中"BCCH 分配（BCCH Allocation，BA）"表的信息来进行小区选择和重选的。

1. 小区选择

当手机开机或从盲区进入覆盖区时，小区将寻找 PLMN 允许的所有频点，并选择合适的小区驻留，这个过程被称为"小区选择"。

1）在 MS 无储存 BCCH 信息情况下的小区选择过程

（1）如果 MS 并无储存的 BCCH 消息，它将首先搜索完所有的 124 个 RF（射频）信道（如果为双频手机还应搜索 374 个 GSM1800 的 RF 信道，即多搜索 250 个），并在每个 RF 信道上读取接收的信号强度，计算出平均电平，整个测量过程将持续 3~5 s，在这段时间内将至少分别从不同的 RF 信道上抽取 5 个测量样点。

（2）MS 调谐到接收电平最大的载波上后，将首先来判断该载波是否为 BCCH 载波（通过搜索 FCCH 突发脉冲）。如果是，MS 将尝试解码 SCH 信道来与该载波同步并读取 BCCH 的系统广播信息。如果手机能正确解码 BCCH 数据，并通过数据证实该小区属于所选的 PLMN、参数 C1 值大于 0，该小区并没被禁止接入，MS 方可驻留在该小区中。否则，MS 将调谐到次高的载波上直到找到可用的小区。

（3）如果 30 个最强的 RF 信道都被搜索后仍未找到合适的小区，MS 将继续监测所有的 RF 信道的信号强度并搜索 C1 大于 0 且未被禁止接入的 BCCH 信道，当找到该载波后，MS 选择该小区，而不考虑 PLMN 识别。在这种模式下，仅可进行紧急呼叫。

① 当 MS 的接入等级被该小区禁止时，并不影响小区选择算法，即该小区符合要求时，MS 仍会选择它为驻留小区。

② 当 MS 所选小区属于 PLMN，但被禁止接入（小区接入禁止参数 CBA 设为"禁止"）或算法 C1 小于 0，MS 则使用从该小区中获得的 BA 表去搜索这些 BCCH 载波。

2）MS 有储存的 BCCH 信息情况下的小区选择过程

如果 MS 在上次关机时，存储了 BCCH 载波的消息，它将首先搜索已储存的 BCCH 载波。若 MS 可以译码该小区的 BCCH 数据，但不能驻留该小区，则检查该小区的 BA 表，若表中所有的

BCCH 载波都被搜索后，仍未找到合适的小区，则执行无储存 BCCH 信息的小区选择过程。

上面提到的 C1 是指供小区选择和重选的路径损耗准则，服务小区的 C1 必须大于 0，其公式表示为

$$C1 = RXLEV - RXLEV\_ACCESS\_MIN - MAX(MS\_TXPWR\_MAX\_CCH - P, 0)$$

式中　RXLEV-MS——平均接收电平；

　　　RXLEV_ACCESS_MIN-MS——最小接入电平；

　　　MS_TXPWR_MAX_CCH-MS——被允许的最大发射功率；

　　　P-MS——实际最大发射功率。

上述各参数的单位均为 dBm。

2. 小区重选

小区选择是 MS 在刚开机时进行的过程，而小区重选是在 MS 已经选择了小区后进行的过程。当 MS 选择某小区为当前服务小区后，在各种条件不发生重大变化的情况下，MS 将驻留在所选的小区中，并继续监测由服务小区的 BCCH 系统消息所指示的 BA 表中的所有 BCCH 载波的信号电平，记录其中信号电平最大的 6 个相邻小区，并从中提取出每个相邻小区的各类系统消息和控制信息。在满足一定的条件时 MS 将从当前停留的小区转移到另一个小区，这个过程称为小区重选。

当满足以下条件时，将触发小区重选：

(1) 若 MS 计算某邻区（与当前小区位于同一位置区）的 C2 值超过 MS 当前停留小区的 C2 值，且维持 5 s 以上。

(2) 若 MS 测量到一个与当前小区不在同一个位置区的小区，其计算得到的 C2 值超过当前小区 C2 值与小区重选滞后参数的和，且维持 5 s 以上。

(3) 当前服务小区被禁止。

(4) MS 监测出下行链路故障。

(5) 服务小区的 C1 值连续 5 s 小于 0。

(6) MS 随机接入时，在最大重传后接入尝试仍不成功的情况下。

小区重选时采用的信道质量标准为参数 C2，C2 是基于参数 C1 并加入一些人为的偏置参数而形成的，加入人为影响是为了鼓励 MS 优先进入某些小区或阻碍 MS 进入某些小区，通常这些手段都用来平衡网络中的业务量，这里不再多述。

5.6.3　鉴权与加密

由于空中接口极易受到侵犯，GSM 系统为了保证通信安全，采取了如下保护措施：在接入网络方面通过 AuC 鉴权中心对客户鉴权、在无线路径上采取对通信信息加密的方法、对移动设备采用了设备识别（通过 EIR 设备识别中心）、对用户身份识别码 IMSI 用临时识别码 TMSI 保护、SIM 卡用个人身份码 PIN 保护。

1. 鉴权过程

鉴权实际上就是鉴别用户 SIM 卡的真实性，防止无权用户接入网络。

鉴权中心（AuC）为鉴权与加密提供了三参数组（RAND、SRES 和 K_c），在用户入网签约时，用户鉴权密钥 K_i 连同 IMSI 一起分配给用户，这样每一个用户均有唯一的 K_i 和 IMSI，它们分别存储于 AuC 数据库和 SIM 卡中。

根据 HLR 的请求，AuC 按下列步骤产生一个三参数组，如图 5.18 所示。

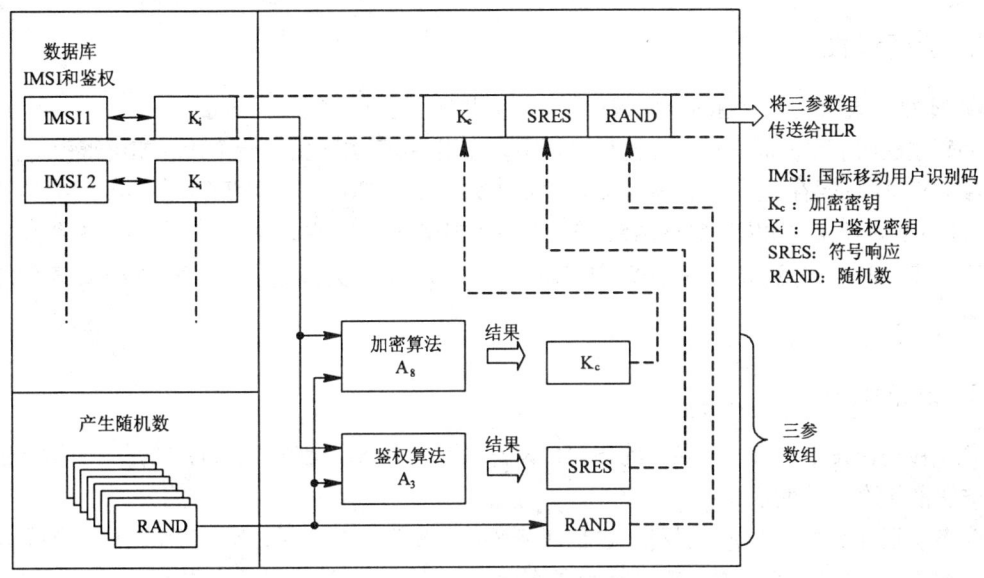

图 5.18　AuC 产生三参数组

首先，产生一个随机数（RAND）；然后用 RAND、K_i、加密算法（A_8）计算出加密密钥（K_c）；同时用 RAND、K_i、鉴权算法（A_3）计算出符号响应（SRES）；最后（RAND、SRES 和 K_c）作为一个三参数组一起送给 HLR。

在每次位置登记时，呼叫（主呼与被呼）建立时，或执行某些补充业务的登记、删除前需鉴权，鉴权程序如图 5.19 所示。

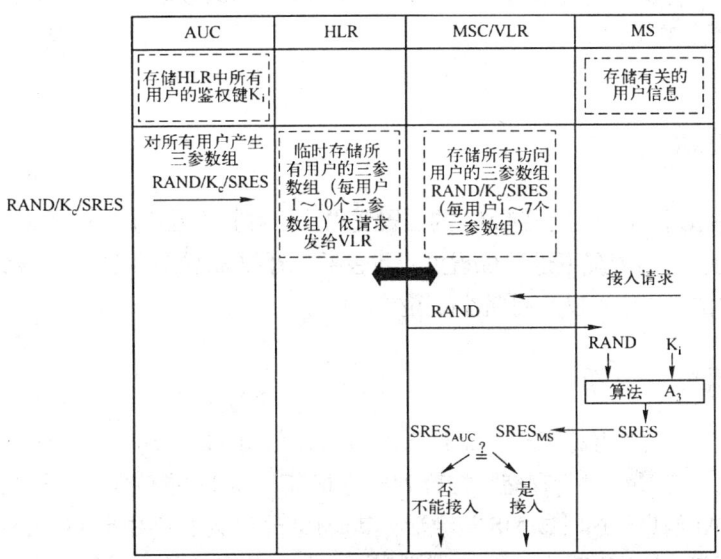

图 5.19　鉴权过程

鉴权过程主要涉及 AuC、HLR、MSC/VLR 和 MS，它们均各自存储着用户有关的信息或参数。当 MS 发出入网请求时，MSC/VLR 就向 MS 发送 RAND，MS 在 SIM 卡的帮助下，使用该 RAND 及与 AuC 内相同的鉴权密钥 K_i 和鉴权算法 A_3，计算出符号响应 SRES，然后把 SRES 回送给 MSC/VLR，VLR 将收到的 SRES 与内部存储的值进行比较，如果匹配，用户被认为是合法的。

2. 加密过程

GSM 对无线信道上传输的数据进行了加密，以防止窃听。

加密过程如下：前面说过，在鉴权过程中，利用 A_8 算法产生了一个新的加密密钥 K_c，并在 BTS 和 MSC 中均暂存 K_c。当 MSC/VLR 把加密模式命令（M）通过 BTS 发往 MS，MS 根据 M、K_c 及 TDMA 帧号通过加密码算法 A5，产生一个加密消息，表明 MS 已完成加密，并将加密消息回送给 BTS。BTS 采用相应的算法解密，恢复消息 M，如果无误则告知 MSC/VLR，表明加密模式完成。

3. 设备识别

每个移动台设备均有一个唯一的移动台设备识别码 IMEI。设备识别的目的是为了防止盗用设备或非法设备的入网使用。

设备识别在呼叫建立阶段进行。过程如下：当 MS 发起呼叫时，MSC/VLR 要求 MS 发送其 IMEI，MSC/VLR 收到后，与 EIR 中存储的名单进行核对，以决定是否允许入网。

4. 用户识别码（IMSI）的保密

为了防止非法监听进而盗用 IMSI，在无线链路上需要传送 IMSI 时，均用临时移动用户识别码（TMSI）代替 IMSI。仅在位置更新失败或 MS 得不到 TMSI 时，才使用 IMSI。

MS 每次向系统请求一种程序，如位置更新、呼叫尝试等，MSC/VLR 将给 MS 分配一个新的 TMSI。IMSI 是唯一且不变的，但 TMSI 是不断更新的（TMSI 仅在一个 VLR 区域内有效），TMSI 与 IMSI 对应关系是变动的。

5.6.4 位置更新

位置更新是指通信网为了跟踪 MS 的位置变化，而对其位置信息进行登记、修改和删除的过程。移动台可能在不同情况下进行位置更新，包括：开/关机位置更新、通常位置更新（由 LAI 的变化所引起的位置更新）以及周期性位置更新。

1. 开/关机位置更新

开机位置更新：位置区标识码（LAI）在广播控制信道（BCCH）中播送，当 MS 开机后，就可搜索此 BCCH，将 LAI 进行存储；接着 MS 向 MSC/VLR 发送位置登记报文，MSC/VLR 就存储了该 MS 的 LAI 信息。这时该 MS 被激活，其 IMSI 号码做了"附着（或可及）"标记。

关机位置更新：MS 关机时，MS 请求分配一个信令信道；通过信令信道通知系统，手机将进入关机状态,即用户不可及;MSC 将 IMSI 不可及信息发送给 VLR,VLR 设置"IMSI 分离"标志,拒绝所有呼入。

2. 通常位置更新

当移动台更换位置区时,移动台发现其存储器中的 LAI 与接收到的 LAI 发生了变化,便执行位置更新过程。位置更新是移动台主动发起的,有两种情况:移动台的位置区发生了变化,但仍在同一 MSC/VLR 局内;移动台从一个 MSC 局移到了另一个 MSC/VLR 局。不同情况下进行位置更新的具体过程会有所不同,但基本方法都是一样的。图 5.20 给出的是涉及两个 VLR 的位置更新过程,其他情况可依此类推。

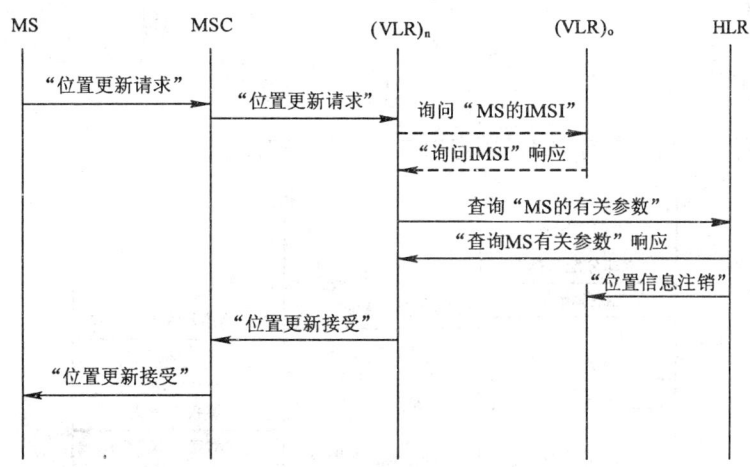

图 5.20 跨 MSC/VLR 区的位置更新过程

当移动台进入某个访问区需要进行位置更新时,它就向该区的 MSC 发出"位置更新请求"。若"位置更新请求"中携带的是 IMSI,新的访问位置寄存器(VLR)$_n$ 在收到 MSC"位置更新请求"的指令后,可根据 IMSI 直接判断出该 MS 的归属位置寄存器(HLR)$_o$,(VLR)$_n$ 给该 MS 分配 MSRN,并向该 HLR 查询"MS 的有关参数",获得成功后,再通过 MSC 和 BS 向 MS 发送"位置更新接受"的确认信息。HLR 要对该 MS 原来的移动参数进行修改,还要向原来的访问位置寄存器(VRL)$_o$ 发送"位置信息注销"指令。

如果 MS 是利用"TMSI"(由(VLR)$_o$ 分配的)发起"位置更新请求"的,(VLR)$_n$ 收到后,必须先向(VRL)$_o$ 询问该用户的 IMSI,如询问成功,(VLR)$_n$ 再给该 MS 分配一个新的 TMSI,接下去的过程与上面一样。

如果 MS 因故未收到"确认"信息,则此次申请失败,可以重复发送三次申请,每次间隔至少是 10 s。

这里要特别提出的是:在每次位置更新之前,都将对这个用户进行鉴权。

3. 周期性位置更新

当 MS 向网络发送"IMSI 分离"消息时,有可能因为此时无线链路质量差或其他原因,GSM 系统无法正确译码,而仍认为 MS 处于附着状态。或者 MS 开机,却移动到覆盖区以外的地方,即盲区，GSM 系统也不知道，仍认为 MS 处于附着状态。在这两种情况下，该用户若被寻呼，系统就会不断地发出寻呼消息，无效占用无线资源。

为了解决上述问题，GSM 系统采用了强制注册的措施。要求 MS 每过一定时间注册一次，这就是周期性更新。若 GSM 系统没有接收到 MS 的周期性更新信息，它所处的 VLR 就以"隐分离"状态在该 MS 上做记录，只有当再次接收到正确的周期性更新信息后，将它改写成"附着"状态。

5.6.5 呼叫接续

当 MS 完成位置更新以后，便进入空闲模式，监听公共控制信道，等待用户发生主呼或等待来自网络的寻呼。

1. MS 主呼流程

图 5.21 给出了移动用户向 PSTN 固定用户发起呼叫的接续流程。

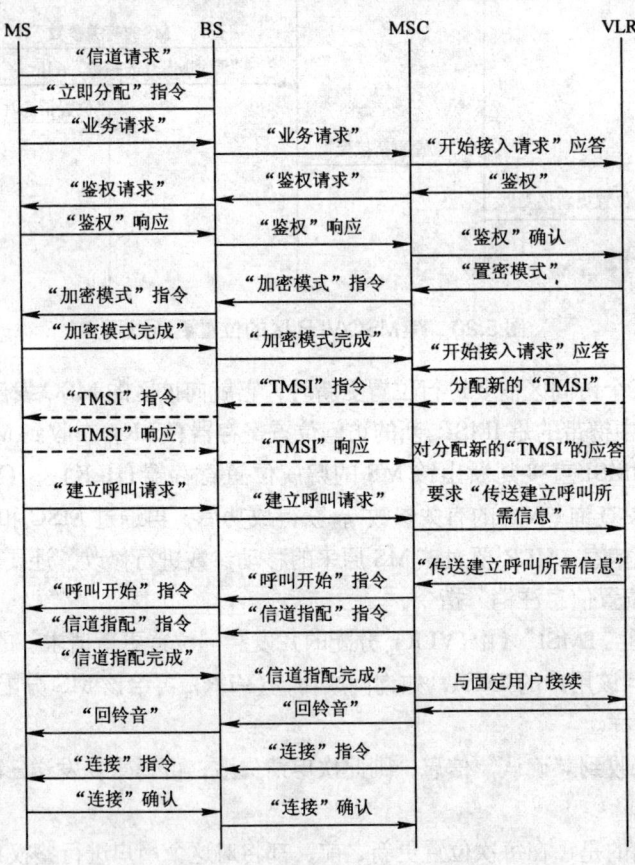

图 5.21 移动用户主呼时的接续流程

当移动台接收到小区系统广播信息并已在该小区所属的 MSC/VLR 上登记后，该移动用户就可以发起一个呼叫。

呼叫过程描述如下：

(1) MS 在随机接入信道（RACH）上向 BS 发出"信道请求"信息。

(2) 若 BS 接收成功，会在接入许可信道（AGCH）上向 MS 发送"立即分配"信息，给 MS 分配一个专用控制信道 SDCCH。

(3) MSC/VLR 与 MS 经 SDCCH 建立信令连接，如：鉴权、确立加密模式、TMSI 再分配等。

(4) 完成鉴权、加密后，MS 向 MSC 发出"建立呼叫请求"信息。

(5) MSC 通过 BS 向 MS 发出"信道指配"信息，给 MS 分配业务信道。

(6) MS 通过 BS 向 MSC 发出"信道指配完成"信息。

(7) MSC 与 PSTN 建立至被叫用户的通路，并向被叫用户振铃，向 MS 发送回铃音。

(8) 被叫摘机，进入通话状态。

2. MS 被呼流程

图 5.22 给出了 PSTN 固定用户向移动用户发起呼叫的接续流程。

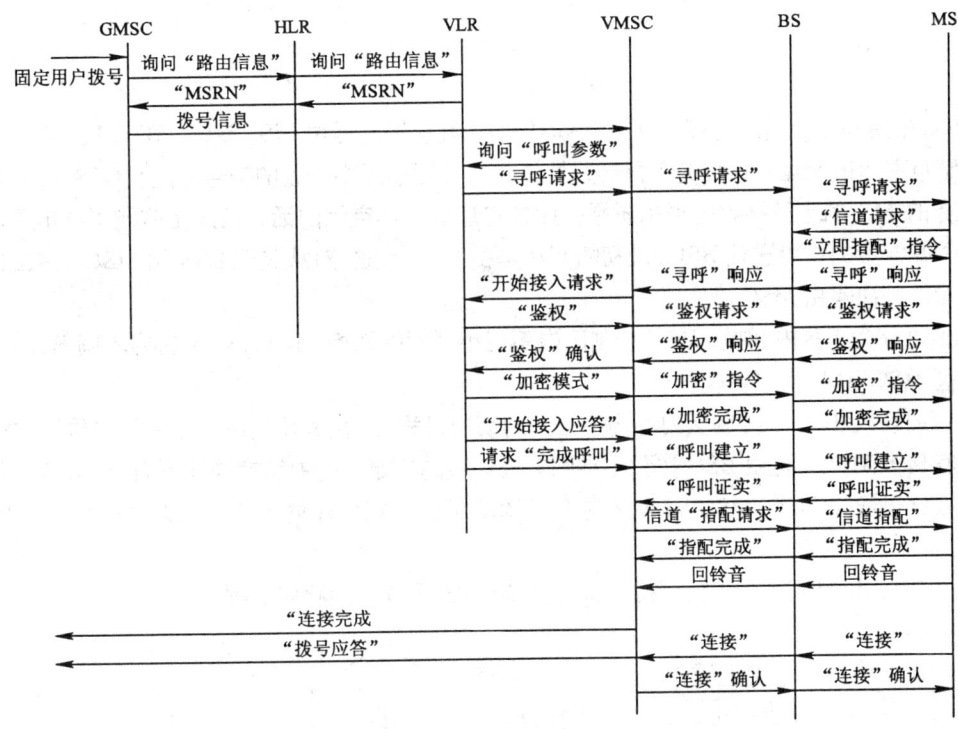

图 5.22 移动用户被呼时的接续流程

固定用户向移动用户发起呼叫的接续过程描述如下：

(1) 主叫用户拨移动用户的 MSISDN 号，从 ISDN/PSTN 来的呼叫通过固定网络的交换机把呼叫接续到网关 MSC（GMSC）。

(2) GMSC 通过分析 MSISDN，得知被叫 MS 的归属 HLR；GMSC 向 HLR 查询路由信息，得到被呼 MS 所在的地区的 MSC/VLR 地址；HLR 向该区的 VLR 查询该 MS 的漫游号码(MSRN)，并转发给查询路由信息的 GMSC。

(3) 通过漫游号 MSRN，GMSC 把呼叫接续到被呼 MS 所在地区的移动交换中心（VMSC）。

(4) VMSC 中存储着被叫 MS 登记的位置区域（LA），并通过该 LA 的 BSC、向 LA 的所有 BTS 发送"寻呼请求"消息；BTS 在寻呼信道（PCH）上用 IMSI 或 TMSI 向 MS 发送"寻呼请求"信息。

(5) MS 收到寻呼请求信息后，就在 RACH 上向 BS 发出"信道请求"信息；BS 在 AGCH 上向 MS 发送"立即指配"信息，给 MS 分配一个专用控制信道 SDCCH；MS 利用分配到的 SDCCH 与 BS 建立起信令链路，然后向 VMSC 发回"寻呼"响应。

(6) VMSC 接到 MS 的"寻呼"响应后，向 VLR 发送"开始接入请求"，接着启动常规的"鉴权"和"加密模式"过程。

(7) VMSC 向 BS 及 MS 发送"呼叫建立"的信令；VMSC 收到 MS 的"呼叫证实"信息后，向 BS 发出信道"指配请求"，要求 BS 给 MS 分配无线业务信道（TCH）。

(8) MS 通过 BS 向 VMSC 发出"指配完成"响应和回铃音。

(9) VMSC 向固定用户发送"连接完成"信息，被叫 MS 摘机，进入通话状态。

5.6.6 切　换

GSM 采用移动台辅助的越区切换（MAHO），其切换过程由 MS、BTS、BSC 和 MSC 共同完成。MS 负责测量无线子系统的下行链路性能和从周围小区中接收的信号强度；BTS 负责监视每个被服务的 MS 的上行接收电平和质量，此外它还要在其空闲的话音信道上监测干扰电平。BTS 把它和 MS 测量的结果送往 BSC，最初的判决是由 BSC 完成，对从其他 BSS 和 MSC 发来的信息，测量结果的判决是由 MSC 来完成。

切换可分为小区内切换、BSC 控制区内不同小区间的切换、MSC/VLR 区内不同 BSC 间的切换、不同 MSC/VLR 间的切换。

小区内切换和 BSC 控制区内不同小区间的切换过程为：由 MS 测量无线链路的质量并将结果报告并存储于 MSC，再由 BSC 按预定准则完成切换的判定。这种切换操作不需要 MSC 参与，但要将切换结果通知 MSC。MSC/VLR 区内不同 BSC 间的切换和不同 MSC/VLR 间的切换是由 MSC 启动的。

图 5.23 给出 MSC 之间的切换示意。图 5.24 给出了其切换呼叫流程。

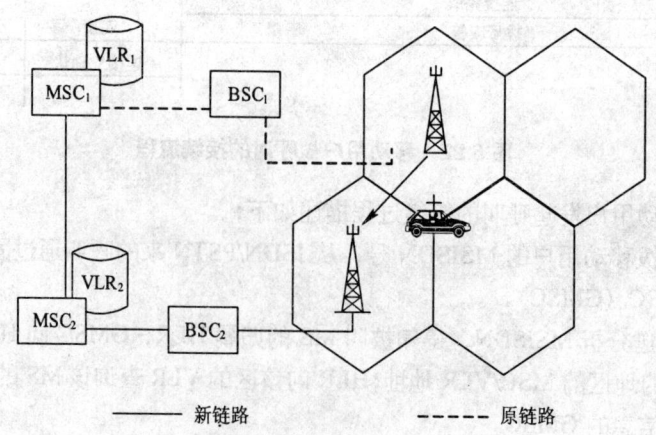

图 5.23 不同 MSC/VLR 间的切换示意

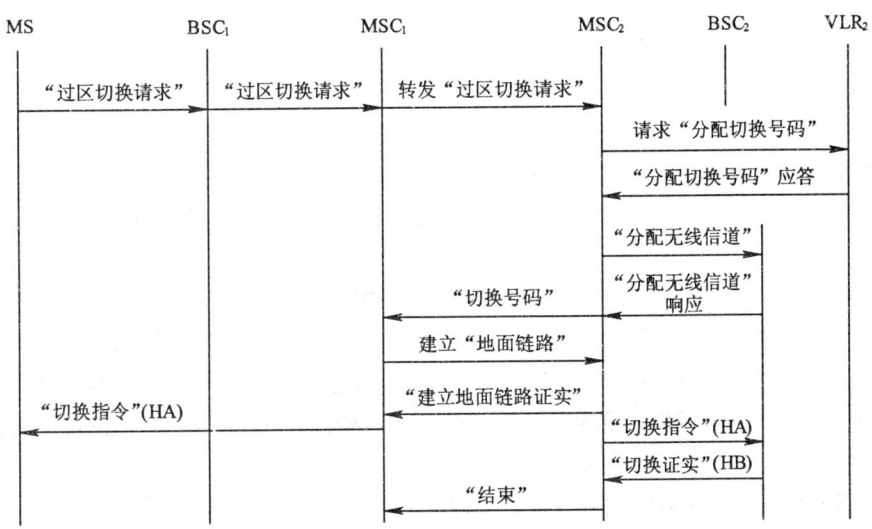

图 5.24 不同 MSC/VLR 间的切换流程

当 MS 在通话中发现信号强度过弱，而邻近的小区信号较强，即可通过正在服务的基站 BS_1 向正在服务的 MSC_1 发出"过区切换请求"。由 MSC_1 向另一个新的 MSC_2 转发此切换请求。请求信息中包含该 MS 的标志和所要切换到的新基站 BS_2 的标志。MSC_2 收到后，通知其相关的 VLR_2 给该 MS "分配切换号码"，并通知新基站 BS_2 分配"无线信道"，然后向 MSC_1 传送"切换号码"。

如果 MSC_2 发现无空闲信道可用，即通知 MSC_1 结束此次切换过程，这时 MS 现用的通信链路将不被拆除。

MSC_1 收到"切换号码"后，要在 MSC_1 和 MSC_2 之间建立起"地面链路"。完成后，MSC_2 向 MSC_1 发送"链路建立证实"信息，并向 BS_2 发出"切换指令（HA）"。而 MSC_1 向 MS 发送"切换指令（HA）"，MS 收到后，将其业务信道切换到新指配的业务信道上去。BS2 向 MSC_2 发送"切换证实"信息（HB），MSC_2 收到后向 MSC_1 发出"结束"信息，MSC_1 收到后，即可释放原来占用的信道，于是整个切换过程结束。

5.7 GPRS 系统

GSM 自身可提供低速（9.6 Kb/s 或 14.4 Kb/s）数据业务，且只能为每个用户分配一个信道。GSM Phase 1 的数据业务由高速电路交换数据（HSCSD）实现，它能提供与有线网 64 Kb/s 相比的高速数据，但 HSCSD 基于电路交换方式，不适于突发性强的数据传输。

GPRS 是 GSM Phase 2.1 规范实现的内容之一，能提供上百 Kb/s 的数据率，且适合各种突发性强的数据传输。GPRS 是通用分组无线业务的简称，它是在 GSM 网的基础上发展的移动数据分组网。目前全世界已有上百个运营商开通了 GPRS 商用系统。

5.7.1 GPRS 的特点及业务

1. GPRS 特点

与原有的电路型业务相比较，GPRS 具有如下特点：

（1）在核心网络中引入 GPRS 支持节点（GSN），SGSN 和 GGSN 采用分组交换方式，定义了基于 TCP/IP 的 GTP（GRPS 隧道协议）方式来承载高层数据。

（2）GPRS 提供了无缝、直接的 Internet 连接，支持端到端的分组交换网络（x.25、IPv4、IPv6 网络）。

（3）以灵活的方式与 GSM 语音业务共享无线和网络资源，实现数据与语音业务共存。

（4）GPRS 可以根据用户需要灵活动态地分配无线资源，适合各种突发性强的数据传输，从而实现多用户共享，提高了频率利用率。

（5）GPRS 定义了四种信道编码方案，可提供 9.05～171.2 Kb/s 的数据传输速率。

（6）GPRS 系统同 GSM 系统一样，提供了安全功能。在 GRPS 系统中，身份认证和加密功能由 SGSN 来执行。

（7）用户数据在 MS 和外部数据网络之间透明的传输，它使用的方法是封装和隧道技术。这种透明的传输方式减小了 GPRS 网络对外部数据协议解释的需要，容易引进新的互通协议。

（8）GPRS 可以实现基于数据流量、业务类型及服务质量（QoS）等级的计费功能，计费方式更为合理。

2. GPRS 业务

GPRS 网络可以提供两类业务：点对点（PTP-Point To Point）的业务；点对多点（PTM-Point To Multipoint）的业务。这两类业务也被称为 GPRS 网所提供的承载业务。在此基础上，GPRS 可支持或提供给用户一系列的电信业务，包括用户终端业务、补充业务以及短消息业务、匿名接入等其他业务。

1）基于 PTP 的用户终端业务

（1）信息点播业务。例如，Internet 浏览业务（www）；各种类型的信息查询业务，如娱乐类（影视、餐馆等）、商业类（股票等）、交通类（路况、时刻表等）、新闻类、天气预报等。

（2）E-mail 业务。

（3）会话业务。在两个用户的实时终端到实时终端之间提供双向信息交换。

（4）远程操作业务。如：电子银行、电子商务、远程监控定位业务等。

2）基于 PTM 的用户终端业务

点对多点应用业务包括点对多点单向广播业务和集团内部点对多点双向数据业务。例如：新闻广播、天气预报、本地广告、旅游信息等。

3. GPRS 与电路交换的业务关系

引入 GPRS 之后，GSM 网就包括了电路交换和分组交换两个部分。根据网络对电路业务和 GPRS 业务的寻呼方式及其配合关系，可将网络划分为 3 种网络运行模式。网络运行模式的选择将由小区广播给移动台。

4. GPRS 的业务质量（QoS 的描述）

GPRS 对不同的用户提供灵活的 QoS 服务机制，并在签约时确定其 QoS 等级。图 5.25 给出了五种可协商的 QoS 属性。

上述的每一种属性都有多个级别的值可供选用，不同级别属性值的组合构成了对要求不同的 QoS 的各种应用的支持。

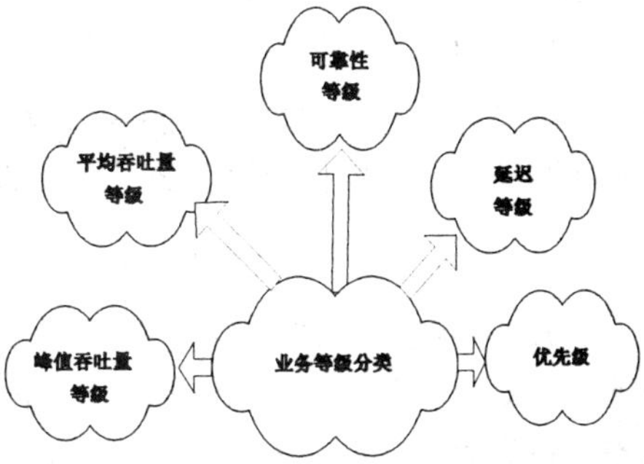

5.7.2 GPRS 网络结构、主要实体及接口

图 5.25 业务等级的分类

GPRS 网络在 GSM 网的基础上增加了一些新的功能实体、对基站软件进行了更新、通过引入新的 GPRS 移动台、新的移动性管理（MM）程序以及对原有 GSM 网络子系统的软件更新和新的 MAP 信令及 GPRS 信令等，以实现在移动终端和标准数据通信网的路由器之间传递分组业务。

1. GPRS 网络结构及主要实体

如图 5.26 所示，GPRS 共用 GSM 系统的基站，但 BSC 需要增加处理分组数据及无线分组信道管理的 PCU（分组控制单元），同时还要增加 SGSN（GPRS 服务支持节点）和 GGSN（GPRS 网关支持节点）等功能实体来实现分组业务的传输。

图中，GPRS 移动台与基站通信，GPRS 分组数据从基站发送到 SGSN。SGSN 与 GGSN 进行通信；GGSN 对分组数据进行相应的处理，再发送到目的网络。来自外部网络的分组数据包，由 GGSN 接收，再转发到 SGSN，继而传送到移动台上。

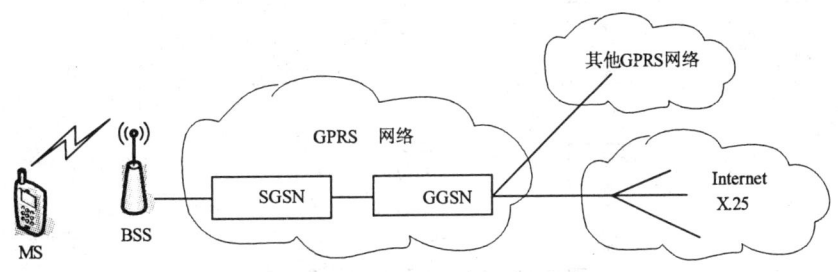

图 5.26 GPRS 网络结构示意图

1）分组控制单元 PCU

该功能实体可以和 BSC 合设，也可以作为一个单独的网元。它负责处理无线信道的数据业务；无线数据信道的管理和分配，允许多个用户接入同一无线资源；用户数据的压缩、加密和转发；同时还具有功率控制、质量控制和选择信道编码方案的功能。

2）GPRS 服务支持节点 SGSN

SGSN 是 GPRS 骨干网的重要组成部分，是分组交换的核心部分，通过帧中继和 PCU 相连。GPRS 骨干网（IP Backbone）是将（S/G）GSN 等互联起来的 IP 专用网或分组数据网（PDN），也可做为专用线路。在一个归属 PLMN 内，可以有多个 SGSN。SGSN 的功能类同于 GSM 系统的 MSC/VLR 功能，它不仅处理分组交换中的信令传输，同时也进行数据包的处理和传送。面向 MS 执行移动性管理、安全管理、接入控制和路由选择功能。即记录当前活动在该 SGSN 区域内的移动数据用户的有关信息，如位置信息，可以对当前用户信息进行修改、删除等；负责数据用户的附着/去附着（Attach/Detach）、位置更新、寻呼、鉴权、加密等；负责 MS 和 SGSN 之间逻辑链路的建立、维护和释放；负责路由的选择和信息的存储转发；产生原始计费数据。

3）GPRS 网关支持节点 GGSN

GGSN 通过基于 IP 协议的 GPRS 骨干网连接到 SGSN。外部可以连接多个数据网如 Internet、企业网、X.25 网等，是 GPRS 骨干网和外部数据网的网关；在 GPRS 数据网中的地位很类同于传统 GSM 网中的 GMSC 的地位；其主要功能包括：网络接入控制、路由选择和转发、用户数据管理、移动性管理等。

2. GPRS 主要接口

GPRS 网络中存在很多接口和参考点，如图 5.27 所示。接口与参考点的区别是：接口是开放的，需要所有设备生产厂商都保持一致，支持不同设备的互连；而参考点不是标准接口。

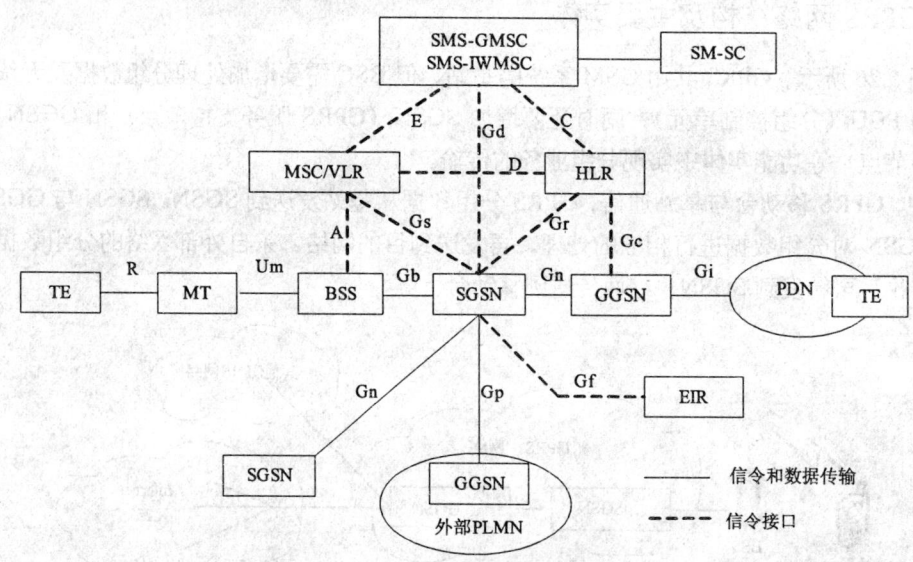

图 5.27　GPRS 网络结构及接口

1）R 参考点

R 参考点是设备终端（TE）和移动终端（MT）之间的接口参考点。

2）Um 接口

它是 BSS 与 MT 之间的无线接口，其射频（RF）部分和 GSM 相同，但逻辑信道增加了 PDCH，并采用了 4 种新的编码方式：CS1、CS2、CS3、CS4，并能支持多时隙传送方式，最多可支持 8 个时隙。

3）SGSN 及其对外的接口

Gb 接口：SGSN 与 BSS 间的接口。该接口协议可用来传输信令和话务信息。通过基于帧中继的网络业务提供流量控制，支持移动性管理功能和会话功能，如 GPRS 附着/分离、安全、路由选择、数据连接信息的激活/去激活等，同时支持 MS 经 BSS 到 SGSN 间分组数据的传输。

Gn 接口：同一 PLMN 中 SGSN 与 SGSN 间以及 SGSN 与 GGSN 间的接口。该接口协议支持用户数据和有关信令的传输，支持移动性管理（MM），在基于 IP 的骨干网中，Gn 以及 Gp 采用 GPRS 隧道协议（GTP）。

Gp 接口：不同 PLMN 间 SGSN 与 SGSN 间以及 SGSN 与 GGSN 间的接口。该接口与 Gn 接口功能相似，另外它还提供边界网关（BG）、防火墙及不同 PLMN 间的互联功能。它是一个可选接口，但对于 GPRS 的 A 类终端必须使用此接口。

Gs 接口：SGSN 与 MSC/VLR 的接口。其接口协议用来支持 SGSN 和 MSC/VLR 之间的配合工作，使 SGSN 可以向 MSC/VLR 发送 MS 的位置信息或接收来自 MSC/VLR 的寻呼信息。该接口采用 7 号信令（SS7）MAP 方式，使用 BSSAP+协议，是一个可选接口，但对于 GPRS 的 A 类终端必须使用此接口。

Gr 接口：SGSN 与 HLR 的接口。其接口协议用来支持 SGSN 接入 HLR 并获得用户管理数据和位置信息。该接口采用 7 号信令 MAP 方式。

Gf 接口：SGSN 与 EIR 的接口。其接口协议用来支持 SGSN 与 EIR 交换有关数据，认证 MS 的 IMEI 信息。

Gd 接口：SGSN 与 SMS-GMSC 的接口。此接口可提高短消息业务（SMS）的使用效率。

4）GGSN 及其对外的接口

Gc 接口：GGSN 与 HLR 之间的接口为 Gc 接口。通过此可选接口可以完成网络发起的进程激活，此时支持 GGSN 到 HLR 获得 MS 的位置信息，从而实现网络发起的数据业务。

Gi 参考点：Gi 参考点是 GGSN 与外部分组数据网络之间的接口参考点。

3. GPRS 协议栈

GPRS 网络传输平面的协议栈结构如图 5.28 所示。

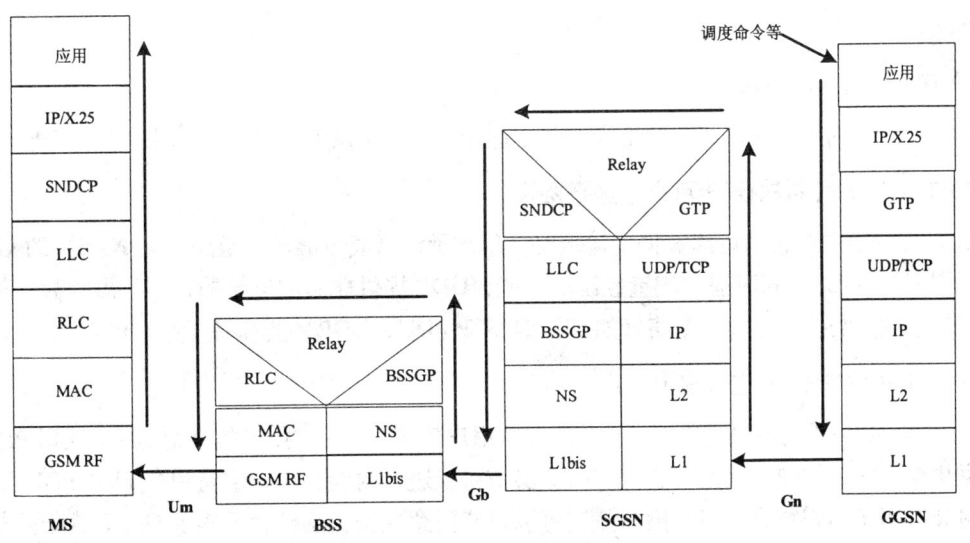

图 5.28　GPRS 网络传输平面协议栈

所谓协议栈就是对信息进行多次封装和解封的过程，以便能在不同的实体间传送信息。
以下对 GPRS 网络协议栈的各个层次作简单的概述：

1) GSM RF（射频部分）

采用与 GSM 相同的传输模式。

2) RLC/MAC（无线链路控制/媒体接入层）

无线链路控制功能，提供与无线解决方案有关的可靠的链路；媒体接入控制功能，控制无线信道的接入信令过程（请求和允许）以及将 LLC 帧映射为 GSM 的物理信道。

3) LLC（逻辑链路控制层）

基于 HDLC 无线链路协议，在 MS 与 SGSN 之间提供安全可靠的加密逻辑链路。其独立于低层无线接口协议，以便允许引入其他 GPRS 无线解决方案，而对 NSS 只作最少的改动。

4) SNDCP（子网汇聚协议）

将外网的各种协议（IPv4、Ipv6、X.25 等）格式统一为一种协议格式，用网络层业务接入点标识（NSAPI）区分不同的应用。主要作用是完成对用户数据的分段和重装；对数据或协议控制信息进行压缩和解压缩，以节约空中接口带宽；对数据进行加密等。

5) NS（网络服务协议）

该层基于帧中继，在 BSS 和 SGSN 之间建立帧中继的虚电路。基于帧中继连接基础上，传输 BSSGP 协议数据单元。

6) BSSGP（BSS GPRS 协议）

提供 PCU 和 SGSN 间的无连接链路，在 BSS 和 SGSN 间传输与路由及 QoS 相关的信息。

7) L1/L2 协议

底层传输网络相关的协议，底层传输网络可以是以太网、也可以是 ATM 网、DDN、ISDN、帧中继网等。

8) IP（网络互联协议）

用于骨干网内用户数据和控制信令的路由选择。目前采用的是 IPv4，将来可采用 IPv6。

9) TCP/UDP（传输控制/用户数据报协议）

TCP 提供面向连接的可靠数据传输链路，用来承载需要可靠数据链路（如 X.25）的 GTP 分组数据单元（PDU），同时提供流量控制的功能；UDP 提供非面向连接的、不可靠的数据传输链路，用来承载不需要可靠数据链路（如 IP）的 GTP PDU，UDP 不提供流量控制的功能。

10) GTP（GPRS 隧道协议）

用于在 GPRS 骨干网内部的 GSN 之间传输用户数据和信令。所有的点对点的、采用 PDP（分组数据协议）的分组数据单元都通过 GPRS 隧道协议进行封装打包。它将用户 PDP PDU 用 GTP 字头封装，用于标识特定用户。因为隧道可以封装任意数据，这样就可实现 GPRS 骨干网与多种外部数据网互通。

5.7.3 GPRS 空中接口

1. 逻辑信道与物理信道

GPRS 的无线接口主要利用现有的 GSM 资源，GPRS 用户可以与 GSM 语音用户共享同一个 TDMA 帧。GPRS 无线接口的信道配置方式有两种，如图 5.29 所示。

0	1	2	3	4	5	6	7
BCCH	CS	CS	CS	CS	CS	P-Data	P-Data

（a）使用GSM信令资源和静态或动态的业务信道

0	1	2	3	4	5	6	7
BCCH	CS	PBCCH	CS	CS	CS	P-Data	P-Data

（b）使用引入GPRS专用信令资源和静态或动态的业务信道

图 5.29 GPRS 无线接口信道配置方案

（1）如图 5.29（a）所示，GPRS 建网初期，可利用现有的 GSM 信令资源作为 GPRS 的信令资源。例如，直接利用 BCCH 来携带 GPRS 系统广播消息。GPRS 分组业务信道的设置可以是静态也可以是动态的。静态 PDCH 是专门承载 GPRS 业务的，而动态信道则既可承载 GSM 语音业务也可承载 GPRS 数据业务，且优先承载语音业务。

（2）如图 5.29（b）所示，GPRS 网络形成一定规模后，可以设置专用的 GPRS 信令资源和分组业务信道。这时可利用 PBCCH 信道来承载 GPRS 系统广播消息。分组数据业务信道可以设置在除 BCCH 所占用的 TS_0 外的所有时隙上。

1）逻辑信道

GPRS 的逻辑信道分为分组数据业务信道和分组控制信道两大类。

分组数据业务信道（PDTCH）用于在分组交换模式下承载用户数据。与电路型双向业务信道所不同的是，PDTCH 为单向业务信道。

分组控制信道用于承载信令或同步数据，它可分为：分组广播控制信道（PBCCH）、分组公共控制信道（PCCCH）、分组专用控制信道（PDCCH）。PCCCH 包括分组寻呼信道（PPCH）、分组随机接入信道（PRACH）、分组接入许可信道（PAGCH）和分组通知信道（PNCH）。PDCCH 包括分组定时控制信道－上行（PTCCH/U）、分组定时控制信道－下行（PTCCH/D）和分组随路控制信道（PACCH）。

表 5.2 给出了 GPRS 的逻辑信道。其中除了业务信道必须要进行配置，其他的信道都可以利用现有的 GSM 信令资源来进行传输。

表 5.2 GPRS 逻辑信道

分组业务信道	PDTCH	PDTCH/U	上 行	传送分组数据
		PDTCH/D	下 行	传送分组数据

续表 5.2

分组控制信道	PBCCH	PBCCH	下行	广播与分组数据相关的系统信息
	PCCCH	PRACH	上行	MS 随机接入
		PPCH	下行	寻呼 MS，可以用来寻呼电路交换业务
		PAGCH	下行	向 MS 发送资源分配信息
		PNCH	下行	通知 MS 组播业务呼叫
	PDCCH	PTCCH/U	上行	估计 MS 的定时提前量
		PTCCH/D	下行	向 MS 传送定时提前量
		PACCH	下行和上行	功率控制、测量、证实等信息，与当前指定给某个移动台的 PDTCH 共享资源

2）逻辑信道到物理信道的映射

一般通过"复帧"的技术将逻辑信道映射到物理信道上去，复帧就是固定数目的 TDMA 帧组合在一起实现一定功能的集合。GPRS 系统中的物理信道称为分组数据信道（PDCH），它用于承载分组逻辑信道。逻辑信道可以映射到 52 复帧上，如图 5.30 所示。

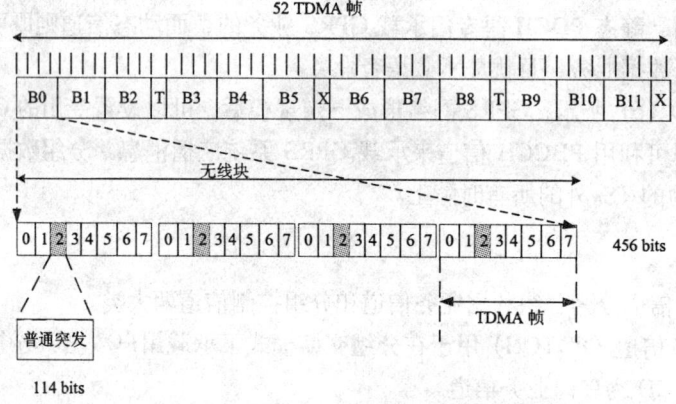

图 5.30 52TDMA 复帧结构

图中，每一个无线块（B0～B11）为 4 个 TDMA 帧，空闲帧 X 用于解码临小区的 BSIC、测量干扰和功率控制，T 为 PTCCH 帧。

2. 无线信道特性

1）信道编码

GPRS 的一个 TDMA 的突发脉冲承载 114 bit 的信息，每个无线块是由 4 个突发脉冲组成的，因此一个无线块能承载 456 bit 的信息，这些信息中既有数据信息也有编码信息。信道编码为无线传输提供纠错和检错的机制。

GPRS 采用了与 GSM 不同的信道编码方案，其分组数据业务信道定义了四种编码方案，即 CS1～CS4。其中，CS1 编码的纠错能力很强，对无线环境的要求较低，但其吞吐量最小。编码方案越高（CS4 是最高的编码方案），纠错能力就越弱，吞吐量就越高。四种编码方案的有效数据速率（含 RLC 块字头）分别为：CS1（9.05 Kb/s）、CS2（13.4 Kb/s）、CS3（15.6 Kb/s）、CS4（21.4 Kb/s），信道编码后的速率均为 22.8 Kb/s。

GPRS 可根据用户需要灵活动态的分配无线资源，即一个用户可分配多个时隙，一个时隙也可由多个 MS 共享，这样便提高了频率利用率。编码方案和时隙数的多少在理论上决定了数据的传输速率。例如，采用 CS4 编码方式并使用 8 个时隙，在理论上就可以得到 171.2 Kb/s（21.4 Kb/s×8）的传输速率。但是由于实际环境的限制（如无线传输损耗和移动台对多时隙的支持程度），理论值在实际环境中通常是达不到的。所以说，选择何种编码方案，是由空中接口的质量决定的。

PDTCH 可使用四种不同的编码方案；PACCH、PBCCH、PAGCH、PPCH、PNCH、PTCCH/D 采用 CS1 编码；其他信道上的编码方案同 GSM。

2）多时隙配置

多时隙配置是指给同一个移动台安排多个电路和分组交换业务信道，以及其相应的随路控制信道。多时隙配置最多占用 8 个基本物理信道，且上下行的时隙分配是独立的。规范定义了 29 种多时隙级别。

3）功率控制

功率控制对于提高频谱有效性和减少 MS 的功率输出非常有益。由于分组数据业务中没有连续的双向链路，所以数据业务的功率控制算法要比话音业务的复杂的多。

对于上行链路，由 MS 执行功率控制算法；下行链路的功控过程则在 BTS 执行。应该注意的是，GPRS 网路中的功率控制并不用于 PTM 业务。

4）定时提前

分组交换和电路交换的最大不同就在于分组传输是不连续的。在电路交换的传输模式下，若移动台是连续传输信息的，BTS 就很容易从以前的时间提前量（TA）值导出延迟。但是在分组传输模式下，信息传输是不连续的，BTS 就不容易从以前的时间提前量 TA 值导出延迟。为此 GPRS 系统采用了新技术来获得有效的 TA 值，从而可以避免时隙间的干扰。新的定时提前量算法分为两步：（1）初始定时提前控制，类似于电路交换的算法；（2）连续定时提前控制，即采用初始定时提前算法后，网络将通过 52 复帧上的 PTCCH 逻辑信道来执行连续定时提前算法。

5）不连续接收（DRX）模式

当移动台处于分组空闲模式时，它应支持 DRX 模式。在 DRX 模式下，MS 仅收听归属寻呼组的寻呼块。在非 DRX 模式期间内，MS 将收听所有的 CCCH 信道（设 PCCCH 信道不存在）。在每个小区，网络都定义了当 MS 从分组传输状态返回到分组空闲状态后应保持非 DRX 模式时间的上限。

5.7.4 GPRS 的移动性管理与会话管理

本节主要研究 GPRS 网络的典型移动性管理（MM）、无线资源管理（RRM）和会话管理（SM）程序。

MM 的功能是将 GPRS 用户的移动性，如将用户当前位置通知网络等。SM 的功能是支持移动用户对 PDP 关联的处理，也就是说 GPRS 移动台连接到外部数据网络的处理过程。

1. MM 状态、MS 运行模式、SM 状态及 RR 工作模式

1）移动性管理（MM）状态

GPRS 网络内 MS 的移动性管理（MM）状态可分为三种：

空闲状态（Idle State）。此时的 MS 尚未向 GPRS 网络系统登录，或称附着（Attach），不能使用 GPRS 网络的数据传输业务，如 MS 在进入 GPRS 盲区时，就进入这种状态。GSM 网络内手机的空闲状态也是 MS 刚开机后尚未以 IMSI 向 GSM 网络登录。

待命状态（Standby State）。此时的 MS 已经向 GPRS 网络系统登录，网络储存 MS 目前所在的路由区域 RA，这种状态的 MS 只能收到部分的数据信息（例如，寻呼信息），但尚无法接收与传送点对点的数据信息。

就绪状态（Ready State）。此时的 MS 已经向 GPRS 网络系统登录，网络不仅储存 MS 目前所在的 RA，还储存 MS 目前所在的蜂窝小区，这种状态的 MS 具有接收与传送点对点的数据信息等功能。

2）MS 运行模式

GPRS 移动台能以下列三种模式之一运行：

A 类（Class-A）模式：MS 申请有 GPRS 和 GSM 服务，而且 MS 能同时运行 GPRS 和 GSM 服务。自动进行业务切换。

B 类（Class-B）模式：一个 MS 可同时监测 GPRS 和 GSM 业务的控制信道，但同一时刻只能运行一种业务。自动进行业务切换。

C 类（Class-C）模式：只能轮流使用 GSM 业务和 GPRS 业务。必须人工进行业务切换。

3）会话管理（SM）状态

会话管理程序指的是 GPRS 移动台连接到外部数据网络的处理程序，其主要程序包括 PDP 关联的激活、解除和修改。

PDP 状态有激活和未激活两种：在激活状态下可以进行数据传输，未激活状态是指用户的某个 PDP 地址没有激活的数据业务，这两种 PDP 状态在相关事件的触发下进行转换。

4）无线资源（RR）管理工作模式

GPRS 定义了两种 RR 工作模式：分组空闲模式和分组传输模式。在分组空闲模式下，不存在临时块流（TBF）。在分组传输模式下，网络给移动台提供了 TBF。移动台在一个或多个分组数据物理信道上被分配了无线资源，能够传递 LLC PDU。

根据上述介绍可知，GPRS 移动台要与外部网络进行分组数据传输，需要满足以下条件：

（1）移动台附着到 GPRS 网络上，处于就绪状态。
（2）移动台有一个激活的 PDP 关联。
（3）移动台处于分组传输模式。

如果上述条件不能满足，则需首先执行附着、PDP 激活、TBF 建立等相应过程。

2. 路由区（RA）更新与小区选择/重选

GPRS 网络是按照路由区（RA）来进行位置管理的。由多个蜂窝小区组成一个路由区（RA），通常一个 LA 区域范围包含许多个 RA 区，这与电信营运商对网络的规划有关。路由区是由路由区标识（RAI）来标识的，移动台监视 RAI，以确定是否穿越了路由区边界。进行数据传输的 MS（处于 Standby 状态）在同一个 RA 内移动时，不必更新 MS 的位置记录；如果确实穿越了边界，MS 将启动路由区更新过程。多个 RA 共同组成一个 SGSN 区域，SGSN 负责记录追踪 MS 目前所在的 SGSN 路由区标识码，以确保数据分组能发送到正确的 MS 上。

GPRS 的小区选择算法同 GSM 是一样的，采用 C1 准则。小区选择是 MS 在刚开机时进行的过程，是指处于空闲模式的 MS 选择 GPRS 网络中合适的小区驻留，同时开始测量临近小区的广播控制信道的信号电平，记录其中信号电平最大的 6 个相邻小区。

MS 完成小区选择后，在各种条件不发生重大变化的情况下，MS 将驻留在所选择的小区，当达到触发条件时，移动台将从当前停留的小区转移到另一个小区，此过程称为小区重选。GPRS 的小区重选分为两种情况：(1) 若 MS 的服务小区不存在 PBCCH 信道，则 MS 采用 C1、C2 准则进行小区重选；(2) 若 MS 的服务小区存在 PBCCH 信道，则 MS 执行 C31、C32 准则进行小区重选。

3. 鉴权和加密

GPRS 网络内同样具有鉴权手机用户身份权限以及将数据信息加密的能力。GPRS 的鉴权是由 SGSN 来执行的，其鉴权程序与 GSM 的鉴权过程基本一致。GPRS 的加密与 GSM 却稍有不同。

1) 鉴权

当 MS 向 GPRS 网络登录（Attach）或进行路由区更新时，网络都必须对 MS 的身份进行鉴权，如图 5.31 所示。

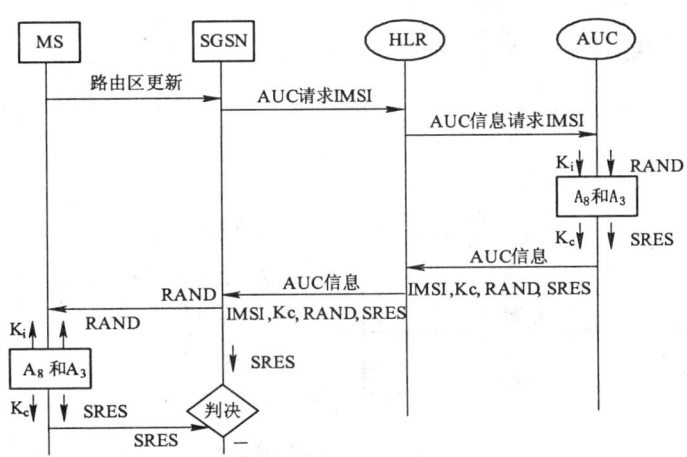

图 5.31 鉴权加密程序

鉴权时用到的标识码为国际移动用户识别码（IMSI）及鉴权密钥（K_i），IMSI 及 K_i 同时储存在 MS 及系统内。当 SGSN 需要对 MS 进行鉴权时，会向 HLR 送出 MS 的 IMSI 并提出鉴权请求。HLR 则命令 AuC 提供验证需要的数据，AuC 接收命令后产生随机数变量 RAND，RAND 与 K_i 经 A_3 算法计算出签名响应 SRES。RAND、SRES 这些和验证有关的数据会传回并储存在 HLR 内，同时 HLR 将 RAND 送至 MS 上，MS 用 RAND 与 K_i 经 A_3 算法计算出 SRES。若 MS 产生的 SERS 和系统 SRES 相同，则认为鉴权成功。

2）加 密

GPRS 网络为了保证数据传输上的安全性，对数据信息进行加密，定义出另一种特殊的加密算法 GEA（GPRS Encryption Algorithm），SGSN 与 MS 都必须同时支持这种算法。在 GSM 网络内，加密是在 MS 与 BSS 之间的无线路径进行的。而在 GPRS 网络内，加密是在 MS 与 SGSN 之间进行的，且加密是在 LLC 层进行的，同时 GPRS 采用了特定的加密算法。

如上图所示，在 MS 与网络侧皆用 RAND 与 K_i 经 A_8 算法计算出 K_c，MS 将 K_c 与 LLC 帧内的参数相结合，经过 GEA 算法产生一连串的加密位，这些加密位对数据信息进行异或（XOR）运算后，如同对数据信息进行了加密处理。当 SGSN 收到 MS 送出的加密数据信息后，用加密位与数据信息进行 XOR 运算，将加密过的数据信息译码成原来的数据信息。

4. GPRS 附着/去附着（GPRS Attach/Detach）

GPRS 网络内的 MS 开机后处于空闲状态，为了告知 GPRS 网络有关 MS 的 IMSI 标识码、位置信息等数据，MS 必须向 GPRS 网络进行登录的操作，称为 GPRS 附着（Attach）。附着后，MS 就建立了与 GPRS 网络的连接，同时在 MS 和 SGSN 间建立起移动性管理（MM）。

欧洲 ETSI 定义的附着情况有三种，即 IMSI 附着、GPRS 附着和 GPRS/IMSI 联合附着。GSM 网络的 MS 开机后登录到 GSM 网络内属于 IMSI 附着；GPRS 网络内的 MS 若为 C 类，必须依赖用户自行设置 MS 支持 GSM 网络的电路交换（CS）方式，此时的 MS 为 IMSI 附着。当用户设置 GPRS 网络内的 C 类 MS 支持 GPRS 网络的分组交换（PS）方式时，MS 为 GPRS 附着。A 类和 B 类的 MS 都支持 GSM 网络的 CS 方式和 GPRS 网络的 PS 方式，此时的 MS 为 GPRS/IMSI 联合附着。

GPRS 附着程序是由 MS 触发的，如图 5.32 所示。

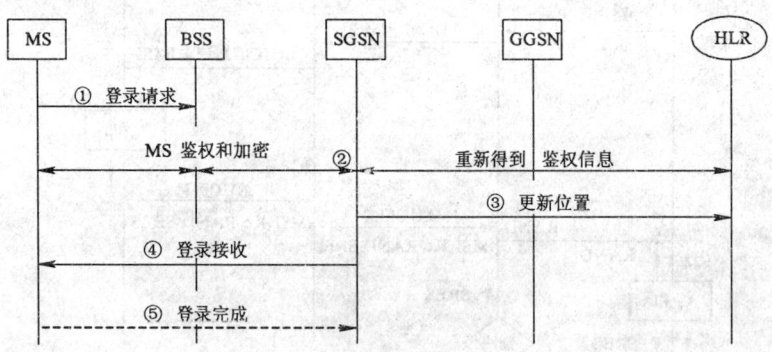

图 5.32 GPRS 附着过程

（1）首先 MS 传送登录请求指令到 SGSN，这个指令包括 MS 的 IMSI、P-TMSI 以及何种登录方式等。

（2）启动 MS 鉴权程序，并选择是否进行数据加密。

（3）若 MS 是第一次登录进 GPRS 网络，或是从一个 SGSN 区域移动到新的 SGSN 区域，则需进行位置更新，由 SGSN 记录 MS 目前的位置，并送出更新位置消息告知 HLR 有关 MS 的位置。

(4) SGSN 通知 MS 有关 SGSN 已经接收登录的"登录接收"指令，若是此时 SGSN 分配 MS 一个 P-TMSI 识别码时，在登录接收指令内也将包括该 P-TMSI 码。

(5) MS 收到登录接收指令并接收到新的 P-TMSI 码后，将送一个登录完成的指令给 SGSN。

从上述的程序流程可看出：MS 进行 GPRS 附着后，并未向 GGSN 登记，因此 MS 尚无法接收到 GGSN 外部网络的数据分组数据。

GPRS 去附着就是 GPRS 手机结束与 GPRS 网络的连接，MS 将从就绪状态变为空闲状态，结束与 SGSN 建立的 MM 移动关联的连接。当移动台关机，MS 就应该触发 GPRS 分离程序。网络也可以触发 GPRS 分离程序，将 IMSI 从 GPRS 业务中分离出来。当执行了 GPRS 分离程序后，本地的 PDP 关联置为无效。

5. PDP 关联（PDP Context）的激活/去激活

移动台附着到 GPRS 网络后，在传输数据信息前，必须先建立一传输信道，称为会话管理（SM）。也就是说，SM 是指 GPRS 移动台连接到外部数据网络的处理过程。

在该过程中，MS 将开启 PDP 关联（Context），即 MS 与 SGSN 协商出一个服务质量（QoS），MS 向 GGSN 登录，MS 从网络上得到一个 PDP 地址（通常指 IP 地址）等过程，称为 PDP 关联的激活。经过此过程后，MS 即可经过 GGSN 传送与接收外部网络的数据信息。当数据传输结束后，再解除 PDP Context，即 PDP 关联的去激活。

PDP Context 是为每个呼叫所创建的一系列参数，包括 PDP 类型（IPv4）、分配给 MS 的 PDP 地址（即 IP 地址）、请求的 QoS 参数、以及给外部分组数据网 PDN 提供接入点的 GGSN 地址，此外,有关 MS 移动性管理的变化参数也记录在 PDP 关联内。这些参数存储在 MS、SGSN 和 GGSN 中，GPRS 网络即依据 PDP 关联的内容对分组数据进行相应的路由。PDP 地址可以静态指定也可以动态分配，决定于电信运营商的网络规划方式。

当 MS 发起分组数据业务时，就由 MS 激活 PDP Context。反之，也可以由网络来激活 PDP Context。图 5.33 是由 MS 发起的 PDP Context。

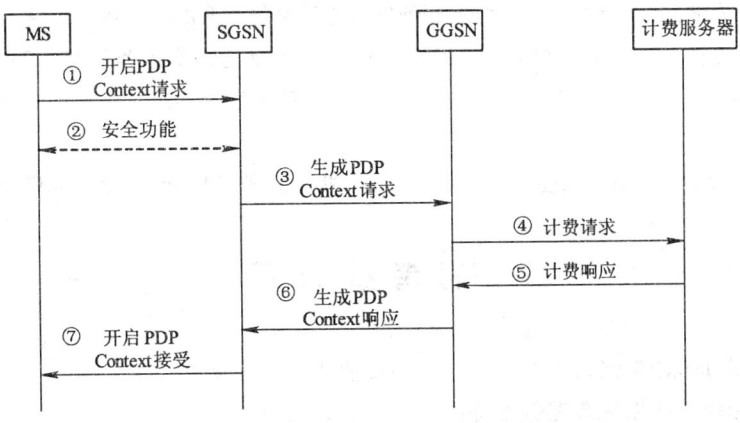

图 5.33 PDP 关联（PDP Context）的激活过程

(1) 首先 MS 传送开启 PDP Context 请求指令到 SGSN，这个指令包括请求 IP 地址的分配及所要求的 QoS 参数。

(2) 执行 MS 的鉴权程序，并选择是否进行数据加密。

(3) SGSN 收到该指令后，向 GGSN 发出生成 PDP Context 的请求，GGSN 内部的接入控制功能将检验该 MS 所要求的 QoS 以及连接因特网的权限。

(4) 当这些设置与请求都经过 GGSN 处理后，GGSN 向计费服务器发出计费请求通知，计费服务器位于电信运营商的 Intranet 内，负责动态分配 MS 的 IP 地址与计费功能。

(5) 计费服务器传回计费响应指令给 GGSN，并告知 GGSN 有关 MS 应分配的 IP 地址。

(6) GGSN 传回生成的 PDP Context 响应指令给 SGSN。这个指令中包含 MS 分配到的 IP 地址。

(7) SGSN 发出接受开启 PDP Context 的指令告知 MS 关于 PDP Context 已经开启。这个指令中包含 MS 分配到的 IP 地址。

本章小结

本章分别对 GSM 数字移动通信系统和 GPRS 系统进行了介绍。GSM 系统部分，内容涉及 GSM 特点和业务、系统组成、无线接口理论、语音/数据的无线传输和移动性管理与呼叫接续。基于对 GSM 系统的认识，接下来对 GPRS 系统进行了介绍，包括 GPRS 特点及业务、网络结构、空中接口和移动性管理与会话管理。

GSM 系统部分，主要介绍了 GSM 系统结构，包括移动台（MS）、基站子系统（BSS）、网络与交换子系统（NSS）、操作与维护子系统（OMS），且各实体之间通过一定的接口互连；在 GSM 无线接口理论一节中，涉及到频率的配置、信道和帧结构、定时前置以及为了对抗衰落所采用的 DTX 和跳频技术，通过上述介绍使大家对 GSM 基本原理有了一定的理论基础。接下来，简要描述了 GSM 语音/数据的无线传输过程，随后对 GSM 移动性管理与呼叫接续流程进行了分析，如小区的选择与重选、鉴权与加密、位置更新、呼叫接续等等。通过对 GSM 系统的理解，下面开始介绍 GPRS 系统。

GPRS 系统部分，首先介绍了 GPRS 区别与 GSM 的特点及业务类型、同时告诉大家，GPRS 系统是利用现有 GSM 网络并通过增加新的分组交换网络设备（如 SGSN、GGSN、PCU 等）实现的；在 GPRS 空中接口理论一节中，主要介绍了逻辑信道和物理信道的映射关系以及无线信道特性；GPRS 的移动性管理与会话管理过程，主要涉及到路由区更新与小区选择/重选、鉴权和加密、GPRS 附着，即用户登录到 GPRS 网络、PDP 关联的激活，即 MS 附着到 GPRS 网络后，连接到外部数据网络的处理过程。

本章内容为后续两章做了铺垫，接下来的两章中将分别介绍 IS-95 窄带 CDMA 系统和 3G 系统。

思考练习题

5.1 试画出 GSM 系统结构图（包括主要功能实体及主要接口）。

5.2 请写出 GSM 系统各逻辑信道的名称并简述其作用。

5.3 试解释帧、时隙和突发的含义以及三者的关系。

5.4 目前 GSM 网络广泛采用的无线小区模型有 4×3 复用方式，试说明其含义。

5.5 在 GSM 系统中，下行帧相对于上行帧在时间上有 3 个时隙的时间偏差。请解释这样安排的原因。

5.6 数字蜂窝通信系统的典型代表有哪些?

5.7 GSM 系统通信安全性采取了哪些措施?

5.8 GSM 系统采取了哪些抗衰落、抗干扰措施?

5.9 什么是 GSM 所谓的不连续发送(DTX),其作用是什么?

5.10 GSM 系统为什么要采用定时前置技术?

5.11 简述位置更新的含义。为什么要进行周期性位置更新?

5.12 试说明 MSISDN、MSRN、IMSI、TMSI、IMEI 的含义及各自的作用。

5.13 试解释下列术语:(1) HLR;(2) VLR;(3) TCH;(4) CCH;(5) MSC;(6) AuC;(7) EIR。

5.14 试画出移动用户呼叫 PSTN 用户的接续流程图。

5.15 SGSN 和 GGSN 网络设备的功能是什么?

5.16 试解释 GPRS 附着、PDP 激活的含义。

第6章 窄带 CDMA 数字蜂窝移动通信系统

20世纪80年代,蜂窝组网理论和数字通信技术的逐渐成熟及应用,使欧洲的 GSM 数字技术得以迅速推广,在 2G 应用中占据了无可争议的领先地位。CDMA 蜂窝系统是与 GSM 技术几乎同时诞生的移动通信技术,但由于当时功率控制等关键技术尚不成熟延缓了其商用进程。但由于 CDMA 系统以扩频技术为基础,具有更大的系统容量和更高的频谱利用率等优点,所以自20世纪90年以来发展迅速,并成为了 3G 系统的主流技术。本章中,将主要以 IS-95 标准为基础,介绍窄带 CDMA 蜂窝移动通信的特点、链路操作模式等内容。

6.1 概 述

6.1.1 CDMA 系列标准简介

美国高通公司于 1990 年提出了基于 DS-CDMA 的数字蜂窝移动通信系统,1993 年正式成为了北美的一项数字蜂窝通信标准,由其主导的 CDMA 技术标准包括 CDMA One 和 CDMA 2000 两大部分。

CDMA One 是以 IS-95 为核心的系列标准的统称,包括 IS-95、IS-95A、TSB74、STD-008 等标准。IS-95 是 CDMA One 系列标准中最先发布的标准,而 IS-95A 则是第一个真正在全球得到广泛应用的 CDMA 标准,它是 IS-95 的改进版,支持 8K 编码话音服务。此后颁布的 TSB74 标准在 IS-95 的基础上将 8 Kb/s 的语音升级为 13 Kb/s,所以可以看做是 IS-95A 的语音升级版本,其中的 13 Kb 编码话音服务质量已非常接近有线电话的话音质量。STD-008 标准是为了将 IS-95A 从 800 MHz 扩展到 1.9 GHz 的 PCS 系统而发布的新标准。为了支持较高速率的数据通信,1999 年又将 IS-95B 标准应用于 CDMA 基础平台,能够提供对 8×8 Kb/s=64 Kb/s、8×9.6 Kb/s=76.8 Kb/s、8×14.4 Kb/s=115.2 Kb/s 的数据业务的支持。

CDMA 2000 是为了把 CDMA One 系列向 3G 演进而制定的新列标准,主要包括 CDMA 2000 1X、CDMA 2000 1X-EV (Evolution) 和 CDMA 2000 3X 等,其中 1X 和 3X 分别表示采用单载波和 3 载波方式。CDMA 2000 1X 属于 2.5G 技术,可提供 144 Kb/s 以上的电路或分组数据业务,且增加了辅助信道,允许一个用户同时承载多个数据流信息,业务提供能力较 IS-95 已有了很大的提高,为提供多媒体分组业务打下了基础。

CDMA 2000 1X-EV 理论上仍属于 2.5G 技术,因为仅占用了 1.25 GHz 带宽,与 1X 和 IS-95 带宽相同,当实际上已经能够实现 3G 业务的需求。它又分为 EV-DO (Data Only & Data Optimized)

和 EV-DV (Data & Voice) 两个阶段：EV-DO 可以在 1X 语音业务不同的独立单载波上提供分组数据业务，峰值可达 2.4 Mb/s，平均速率为 650 Kb/s；EV-DV 可以和 1X 语音业务共享单载波提供分组数据业务。

CDMA 2000 3X 占用 3 个载波，每个载波上都采用 1.228 8 Mc/s 的直扩技术，故属于多载波方式，码片速率可达 3×1.228 8 Mc/s＝3.6864 Mc/s。目前这一方案已停止研究，它已经被性能更优越的 CDMA 2000 1X-EV 所替代，研究表明，1X 及其增强型技术代表了未来发展方向。

6.1.2 CDMA 系统特点

窄带 CDMA 系统组成与 GSM 相类似，由移动台子系统、基站子系统、网络子系统等几部分组成，在此不再赘述。CDMA 手机最初不支持 UIM 卡，号码和手机绑定使用，现在该问题也已解决。UIM 卡和 GSM 手机中的 SIM 卡功能类似，包含有与用户有关的一些无线接口信息，用于协助完成鉴权和加密等操作，机卡分离使 CDMA 系统的应用更加灵活。

由于采用了抗干扰性能很强的直接扩频、多种分集接收方式、功率控制、语音激活等技术，CDMA 系统具有很多优良的性质，这里仅对其中比较突出的几点作简要说明。

1. 系统容量大

在 4.1 节中，已经提到 CDMA 系统的信道容量比 FDMA 系统和 TDMA 系统大，其主要原因是 CDMA 系统中采用的扩频技术带来的扩频增益，以及话音激活、频率再用系数、扇区化等措施都是提高 CDMA 系统容量的主要因素。通常 CDMA 系统的前向链路容量要大于反向链路容量，这里以反向系统容量为例，针对上述要素逐一作分析说明。

首先分析单小区的容量，假设小区中有 M 个用户，功率控制使基站接收到的各用户的功率相等，记作 S_r，则用户的载干比为

$$\frac{C}{I} = \frac{R_b E_b}{B N_0} = \frac{E_b / N_0}{B / R_b} = \frac{S_r}{(M-1)S_r} \tag{6.1}$$

式中，B 为信道带宽；R_b 为信息速率，可得

$$M \approx M - 1 = \frac{B / R_b}{E_b / N_0} = \frac{G_p}{E_b / N_0} \tag{6.2}$$

式中，$G_p = B / R_b$ 是扩频增益。可见 CDMA 系统容量正比于扩频系统的处理增益。

在典型的全双工通话中，每次语音工作周期约为 35%。如果采用语音激活技术，仅在讲话时发射信号，在话音停顿时停止信号发射，对 CDMA 系统而言，就减少了对其他用户的干扰，使系统的容量提高到原来的 1/0.35＝2.86 倍。虽然 FDMA 和 TDMA 两种系统都可以利用这种停顿，使容量获得一定程度的提高，但是要做到这一点，必须增加额外的控制开销，而且要实现信道的动态分配必然会带来时间上的延迟，而 CDMA 系统可以很容易地实现。如果 CDMA 系统的语音工作周期用变量 α 表示，则容量公式可以修正为

$$M \approx \frac{G_p}{E_b / N_0} \cdot \frac{1}{\alpha} \tag{6.3}$$

CDMA 小区扇区化有很好的容量扩充作用，因为扇区化之后，每根天线仅接收其中一个扇区的用户信号，干扰会有明显减少。标准做法是把小区分成 3 个扇区，实际中接收天线大约有 15%的重复覆盖区，因此有效的增容系数为 $G_s = 3 \times 0.85 = 2.55$，相应的系统容量为

$$M \approx \frac{G_p}{E_b/N_0} \cdot \frac{1}{\alpha} \cdot G_s \tag{6.4}$$

以上仅是单小区系统分析，在多小区系统中必须要考虑相邻小区的干扰。在典型的 FDMA 系统中为满足同频干扰的要求，同样的载频仅内在 7 个小区之一中使用，故其容量以 1/7 的因子降低。CDMA 系统中，所有小区都可以工作在同一频率上，高通公司的模拟实验表明，来自其他小区的干扰是本小区干扰的 35%，所以对 (6.4) 式再作修正，加上频率再用效率系数 F_e 的影响，有

$$M \approx \frac{G_p}{E_b/N_0} \cdot \frac{1}{\alpha} \cdot G_s \cdot F_e \tag{6.5}$$

IS-95 的实际使用参数是，$G_p = 128$，$E_b/N_0 = 7$ dB，$\alpha = 0.5$，$G_s = 2.55$，$F_e = 0.65$。所以可得 IS-95 在 1.25 MHz 的带宽上内容纳大约 85 个用户，如式 (6.6) 示，这是 AMPS 系统的 14 倍之多。

$$M \approx \frac{128}{5} \times \frac{1}{0.5} \times 2.55 \times 0.65 = 85 \tag{6.6}$$

2. 软容量

在 FDMA、TDMA 系统中，当小区服务的用户数达到最大信道数后，发生的呼叫将会产生呼损。而在 CDMA 系统中，用户数目和服务质量之间可以相互折中，灵活确定。例如系统运营者可以在话务量高峰期将某些参数进行调整，例如可以将目标误帧率稍稍提高，从而增加可用信道数。同时，在相邻小区的负荷较轻时，本小区受到的干扰较小，容量就可以适当增加。

体现软容量的另外一种形式是小区呼吸功能，所谓小区呼吸功能就是指各个小区的覆盖大小可以根据小区负荷动态调整。例如，当两个相邻小区负荷一轻一重时，负荷重的小区通过减小导频发射功率，使本小区的边缘用户切换到相邻的小区，将部分负荷分流到相邻的负荷轻的小区，使网络资源得到更充分的利用，其效果亦相当于增加了容量。

软容量功能还可以降低切换过程中由于信道不足所造成的掉话概率。在模拟系统和 TDMA 数字系统中，如果没有可用信道，呼叫必须重新被分配到另一条候选信道，或者在切换时中断。但是在 CDMA 中，建议可以适当提高用户的可接受的误比特率直到另外一个呼叫结束。

3. 软切换

所谓软切换是指移动台需要切换时，先与新的基站建立连接再切断原基站链路，与之相对应的硬切换是先切断与原基站的链路再与新的基站建立新的连接。软切换只能在同一频率的信道间进行，因此，模拟系统、TDMA 系统不具有这种功能。软切换可以显著地提高切换的可靠性，大大减少切换造成的掉话率。因为据统计，模拟系统、TDMA 系统无线信道上的掉话 90%发生在切换中。此外，软切换时移动台最多可以得到 3 个基站的同时支持，因此还可以获得宏分集增益。

4. 发射功率低

CDMA 采用了扩频、功率控制、语音激活等技术，使得发射功率比 GSM 有较大幅度的降低。例如，目前普遍使用的 GSM 手机 900 MHz 频段最大发射功率为 2 W (33 dBm)，1 800 MHz 频段最大发射功率为 1 W (30 dBm)，同时规范要求，对于 GSM900 和 GSM1800 频段，通信过程中手机最小发射功率分别不能低于 5 dBm 和 0 dBm。CDMA IS-95A 规范对手机最大发射功率要求为 0.2~1 W (23~30 dBm)，实际上目前网络上允许手机的最大发射功率为 23 dBm (0.2 W)。此外，从链路的载干比来看，GSM 系统要求到达基站的手机信号的载干比通常为 9 dB 左右，由于 CDMA 系统采用扩频技术，扩频增益对全速率编码的增益为 21 dB（对其他低速率编码的增益更大），接收机输入的载干比要求为 -14 dB 即可达到通信要求。发射功率低对手机来讲效果更突出，首先，发射功率低可以延长电池的供给时间和通话时长，其次，发射功率低意味着辐射影响小，对环境和人体健康都有益，故 CDMA 手机有"绿色手机"之美誉。

5. 更有利于实现大范围覆盖

由于 CDMA 系统特有的扩频增益和软切换增益等因素的作用，其链路预算所得出的允许的最大路径损耗要比 GSM 大 5~10 dB。这意味着，在相同的发射功率和相同的天线高度条件下，CDMA 有更大的覆盖半径，因此需要的基站也更少（对于覆盖受限的区域这一点意义重大）；或者对于相同的覆盖半径，CDMA 所需要的发射功率更低。

此外，CDMA 系统还有频率规划简单、建网成本低、保密性好等特点，在此不再详述。

6.1.3 CDMA 系统的地址码

地址码的选择直接影响到 CDMA 系统的容量、抗干扰能力、接入控制和切换管理等性能。所选择的地址码应能够提供足够数量的相关函数特性尖锐的码序列，保证信号经过地址码解扩之后具有较高的信噪比。地址码提供的码序列应接近白噪声特性，同时编码方案简单，保证具有较快的同步建立速度。

1. 地址码类型

在 CDMA 系统中，地址码可以划分为用户地址码、信道地址码和基站地址码 3 类：用户地址码主要用于反向链路区分不同的移动用户；信道地址码用于区分小区内的不同信道，它又可分为单业务、单速率地址码和多业务、多速率的信道地址码，前者主要用于 IS-95，后者用于 3G 的 CDMA 系统；基站地址码用于区分不同的基站小区。

由于 CDMA 是信噪比受限系统，且实际用户之间的干扰主要取决于信道间的隔离度，因此，信道地址码的选择直接决定了系统的用户容量和通信质量。它采用 Walsh 序列实现扩频，由于 Walsh 序列的理想正交性，不仅可以获得理想的正交信道特性，还由于扩频增益提高了抗干扰性能。

用户地址码和基站地址码的主要目的是为了区分用户和基站，同时又可以起到传输中平衡信息序列中"1"和"0"的扰码作用，故又称之为扰码。这两类码一般采用数量较多的准正交性的伪随机序列，例如采用 m 序列和 Gold 序列来实现。

在 CDMA 系统中，为了容纳足够多的用户，就要求提供数量充分的伪随机序列作为用户地址码，但 m 序列和 Gold 序列都不能够在数量上满足公用移动通信系统的需求。为了提供足够的地址码数量，目前 CDMA 采用的方法是利用局部相关特性代替 PN 序列的周期相关特性，即选择一个超长的 m 序列或 Gold 序列，选择其中一段序列作为区分用户的地址码。这种方式以牺牲质量获得数量上的满足，工程实践证明是可行的。

在第 4 章中已介绍了 CDMA 系统中用到的正交码和伪随机序列，IS-95 使用了其中的 Walsh 码和 m 序列来构造系统的地址码，下面对其用法作简要介绍。

2. IS-95 用户地址码设计

用户地址码由移动台产生，用于反向（上行）信道中，IS-95 选用了一个周期为 $2^{42}-1$ 的超长 m 序列，其对应的特征多项式和反多项式见式（6.7）和式（6.8）。

$$f(x) = x^{42} + x^{41} + x^{40} + x^{39} + x^{37} + x^{36} + x^{35} + x^{32} + x^{26} + x^{25} +$$
$$x^{24} + x^{23} + x^{21} + x^{20} + x^{17} + x^{16} + x^{15} + x^{11} + x^9 + x^7 + 1 \tag{6.7}$$

$$f^*(x) = x^{42} f(x^{-1})$$
$$= x^{42} + x^{35} + x^{33} + x^{31} + x^{27} + x^{26} + x^{25} + x^{22} + x^{21} + x^{19} +$$
$$x^{18} + x^{17} + x^{16} + x^{10} + x^7 + x^6 + x^5 + x^3 + x^2 + x + 1 \tag{6.8}$$

采用 MSRG 结构实现的原理框图如图 6.1 所示。

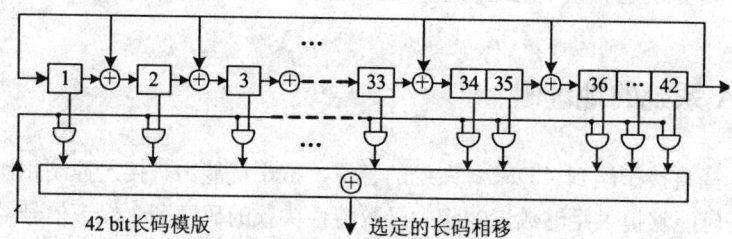

图 6.1 IS-95 长码发生器结构

该序列的周期为 41 天，其参考相位（起始比特）和系统时钟的一个特殊参考时间点保持同步，不同的移动台在接入反向业务信道时将随机分配一个延时相位，并与以该移动台置换后的电子序列号（ESN）做为掩码，产生不同相位的地址码。反向业务信道的长码掩码格式如图 6.2 所示。

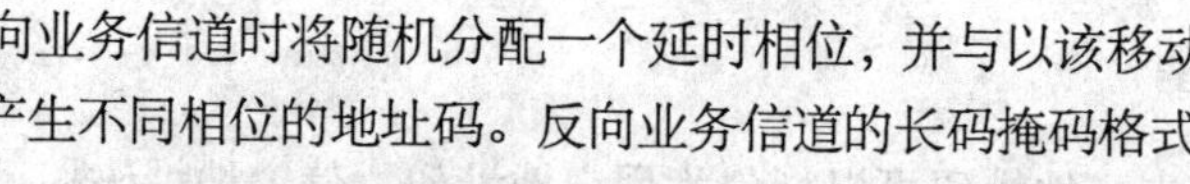

```
41              31 30                           0
| 1100011000   |       置换后的ESN            |
```

图 6.2 IS-95 反向业务信道长码掩码格式

其中，高 10 位 1100011000 是固定的同步头。移动台的 ESN 置换前为

$$\text{ESN} = (E_{31}\ E_{30}\ E_{29}\ E_{28}\ E_{27}\ \cdots\ E_2\ E_1\ E_0) \tag{6.9}$$

ESN 号码置换是为了消除 ESN 之间的相关性，置换后的 ESN 为

$$\text{ESN}' = (E_0\ E_{31}\ E_{22}\ E_{13}\ E_4\ E_{26}\ E_{17}\ E_8\ E_{30}\ E_{21}\ E_{12}\ E_3\ E_{25}\ E_{16}\ E_7\ E_{29}$$
$$E_{20}\ E_{11}\ E_2\ E_{24}\ E_{15}\ E_6\ E_{28}\ E_{19}\ E_{10}\ E_1\ E_{23}\ E_{14}\ E_5\ E_{27}\ E_{18}\ E_9) \tag{6.10}$$

3. IS-95 信道地址码设计

信道地址码在基站中产生,用于前向(下行)信道中。在 IS-95 中,选用了周期为 64 的正交 Walsh 码作为信道地址码。Walsh 码由多种构造方式,通过 Hadamard 矩阵产生其中一种方法,IS-95 采用的就是这种方法来构造 Walsh 码,64 个 Walsh 码实际上是一个 64 阶 Hadamard 矩阵的各行,把第 i 行记作 H_i。IS-95 前向链路通过 Walsh 码构造 64 条正交信道,一种典型的配置方案是:1 条导频信道采用全 0 的 H_0,1 条同步信道采用 H_{32},7 条寻呼信道采用 $H_1 \sim H_7$,55 条业务信道采用 $H_8 \sim H_{31}$,$H_{33} \sim H_{63}$。

4. IS-95 基站地址码设计

基站地址码是为了尽量减少基站间的多用户干扰,用于上、下行信道区分不同的基站。在 IS-95 中,采用了两个较短的 PN 码,码长为 $2^{15}-1$,分别用于上下链路的同相(I)和正交(Q)分路(IS-95 前向和反向链路分别采用了 QPSK 和 OQPSK 调制),它们对应的特征多项式分别为

$$\begin{cases} f_I(x) = x^{15} + x^{10} + x^8 + x^7 + x^6 + x^2 + 1 \\ f_Q(x) = x^{15} + x^{12} + x^{11} + x^{10} + x^9 + x^5 + x^4 + x^3 + 1 \end{cases} \tag{6.11}$$

它们对应的反多项式和 MSRG 结构可以参照式(6.8)和图 6.1 得到。各个基站的短 PN 序列都由式(6.11)控制产生,区别仅在于相位不同。IS-95 规定各基站地址码的相位差是 64 个码片的整数倍。而上述短 PN 序列的周期为 $2^{15}-1=32767$ 码片,是奇数不可约,为使其可约,在序列的 14 位长的"0"游程后再加上一个 0,将其转换成了周期为 2^{15} 的 PN 序列(这种非线性序列通常亦称之为 M 序列)。从而,IS-95 最多可提供的基站地址的数目为 $2^{15}/64=512$ 个。

6.2 IS-95 前向信道

IS-95 前向信道包括用于控制的广播信道:导频信道、同步信道、寻呼信道和用于传输用户数据信息的业务信道。系统中 Walsh 码用作信道地址码,构造了 64 条正交信道,包含 1 条导频信道、1 条同步信道、7 条寻呼信道和 55 条业务信道,所有这些信道都在同一个 1.23 MHz 的 CDMA 载频上同时传输,具体的配置结构如图 6.3 所示。

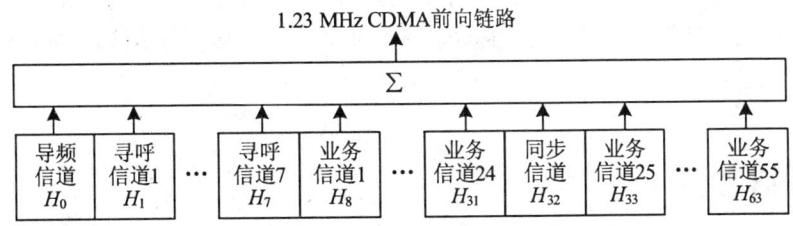

图 6.3 前向链路信道类型及配置

6.2.1 导频信道

导频信道以大功率连续发送导频信号,主要为移动台完成相干解调提供参考相位,通过导频信道,移动台还可以获得初始系统同步,完成对来自基站信号的时间、频率和相位的跟踪。导频信道的工作模式如图 6.4 所示,图中 PN_I 和 PN_Q 分别为同相和正交分路的基站地址码,由式 (6.11) 给出的特征多项式得到。导频信道以 19.2 Kb/s 的速率发送全"0"码,仅经过正交调制后发射,所以移动台很容易捕获它。因为导频信道含有很重要的定时信息,所以它的发射功率要比其他信道的高,通常占到总发射功率的 12%~20%。

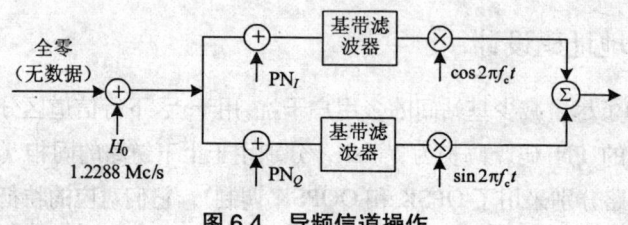

图 6.4 导频信道操作

6.2.2 同步信道

同步信道反复广播系统的同步信息,包括基站协议版本、系统和网络识别号、导频序列的偏置指数、详细的时间信息、寻呼信道速率、信道数量等信息,所有移动台都需要解调该信道。

同步信道的操作过程如图 6.5 所示,它以 1.2 Kb/s 的固定速率传输,首先经编码效率为 1/2,约束长度为 9 的卷积编码器,编码后的速率为 2.4 Kb/s;再经过重复编码,每个符号重复一次,信息速率为 4.8 Kb/s;为提高抗突发错误的能力,重复后的数据送入交织器进行分组交织,数据符号按列读入交织器,形成一个 16×8 的交织矩阵,再根据一定的准则按行读出;交织后的数据被 H_{32}(Hadamard 矩阵的第 32 行)扩频调制,扩频增益为 1 024;扩频后的数据与短 m 序列模二加,获得基站地址信息后经 QPSK 调制发射。

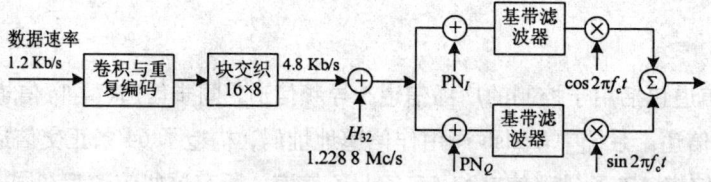

图 6.5 同步信道操作

H_{32} 的前 32 位是"0",后 32 位是"1",即是一个方波,码片速率是 1.228 8 Mb/s。使用这个简单的 Walsh 序列,是为了方便移动台捕获。当同步完成后,移动台就能够接收寻呼信道并在接入信道上进行发送。

6.2.3 寻呼信道

寻呼信道供基站在呼叫建立阶段传输控制信息。移动台建立同步后,通常在 1 号寻呼信道或基站指定的寻呼信道上守听基站的广播信息。移动台被呼时,寻呼信道上就会传输该移动台的识别码等信息,移动台收到基站分配的业务信道后就转入业务信道进行数据传输。

寻呼信道的操作过程如图 6.6 所示,它以 4.8 Kb/s 和 9.6 Kb/s 的速率传输,经卷积编码、重复编码和交织后进行扩频调制。注意到重复编码的次数与信息速率有关,以满足交织的符号速率达到 19.2 Kb/s 为准。与同步信道不同的是,交织后的寻呼信道符号用长 m 序列(发生器如图 6.1 所示)加扰,长 m 序列的速率为 1.228 8 Mb/s,通过对每 64 个码片抽样一次,速率降低为 19.2 Kb/s。

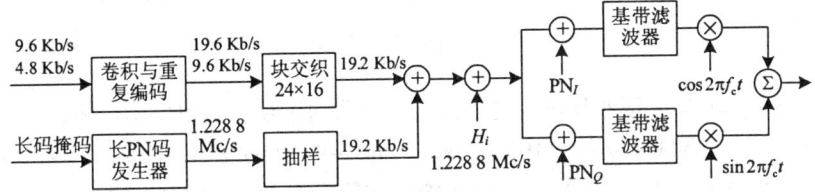

图 6.6 寻呼信道操作

长码掩码格式如图 6.7 所示,由 18 位同步头、3 位寻呼信道号(PCN)、12 位长的固定 0 序列以及 9 位前向信道导频偏置组成。

41	24 23	21 20	9 8	0
110 001 100 110 100 000	PCN	000 000 000 000	Pilot-PN	

图 6.7 寻呼信道长码掩码格式

6.2.4 业务信道

IS-95 通常配置 55 条业务信道,但当系统负荷很重时,亦可将分配给寻呼信道的 Walsh 码用作业务信道。业务信道的操作过程如图 6.8 所示。用户语音数据采用可变速率的 QCELP 编码方式按帧编码,帧长为 20 ms。语音编码器首先根据不同的语音动态范围,产生 8.6 Kb/s、4.0 Kb/s、2.0 Kb/s 或 0.8 Kb/s 的数据,每帧分别对应 172 bit、80 bit、40 bit 或 16 bit。对于较高的两种速率,每帧中通过 CRC 校验分别加入 12 bit 和 8 bit 的帧质量指示位;较低的两种速率不加 CRC 校验,是因为这两种速率低,抗噪声能力较强,且通常传输的是背景噪声。

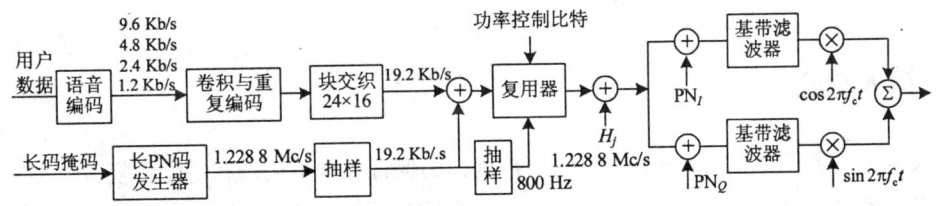

图 6.8 业务信道操作

为了实现以块为基础的卷积编码(一帧中的符号不能影响到相邻帧的符号),每帧增加了 8 位的尾比特,从而每帧的数据块长分别为 192 bit、96 bit、48 bit 或 24 bit,对应的速率分别为 9.6 Kb/s、4.8 Kb/s、2.4 Kb/s 或 1.2 Kb/s,通常又将其称作全速率、半速率、1/4 速率或 1/8 速率,对应的帧结构如图 6.9 所示。

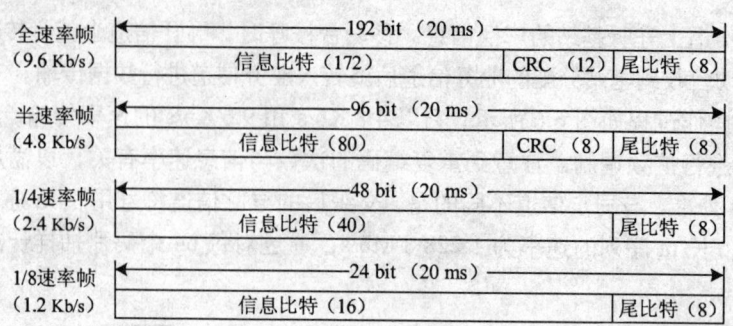

图 6.9 业务信道帧结构

经过语音编码后的数据符号先进行卷积编码,然后通过重复编码使输出恒定在 19.2 Kb/s,交织器对每 20 ms 一帧的 384 个比特(19.2 Kb/s×20 ms=384 bit)进行交织。和寻呼信道相同,业务信道的数据符号经过长 PN 序列加扰,长码掩码与用户的 ESN 号有关,如图 6.2 所示。加扰后的数据以 800 Hz 的频率打孔,并写入功率控制比特,用以指示移动台发射功率的调整,"1" 表示降低发射功率,"0" 表示增加发射功率,移动台根据其按 1 dB 的步长调整发射功率。最后将复用后的数据经正交扩频调制后发送到传输信道。

6.3 IS-95 反向信道

IS-95 反向信道包括接入信道和业务信道两种:前者用于完成移动台初始化、响应基站的寻呼等;后者用于把用户数据传输到基站。不同用户使用不同的用户地址码接入,接入信道的数目(N_a)和业务信道的数目(N_s)受限于系统的干扰水平。N_s 通常与前向业务信道数目相当;接入信道与寻呼信道相对应,1 条寻呼信道至少有 1 条、最多有 32 条接入信道与之对应。反向链路信道配置如图 6.10 所示。

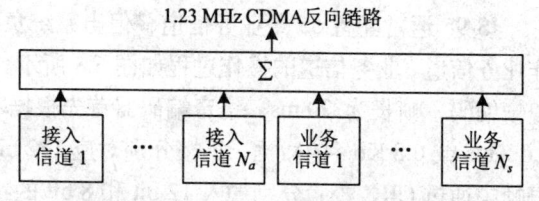

图 6.10 反向链路信道类型及配置

6.3.1 接入信道

接入信道固定地每 20 ms 产生 88 bit 的数据,为保证卷积编码器在每帧后复位,加入 8 位尾比特,故速率为 (88+8) bit/20 ms=4.8 Kb/s。其结构与前向 1/4 速率的业务信道类似(如图 6.9 所示),没有加入 CRC 校验。

图 6.11 给出了接入信道的操作过程,4.8 Kb/s 的数据经过编码效率为 1/3,约束长度为 9 的卷积编码器,输出速率为 14.4 Kb/s,再经重复编码使其速率变为 28.8 Kb/s,这样可以使反向链路使用与前向链路相同的交织器,交织器每次的输入速率为 28.8/3=9.6 Kb/s。交织器对 28.8 Kb/s×20 ms=576 bit 的符号进行交织。

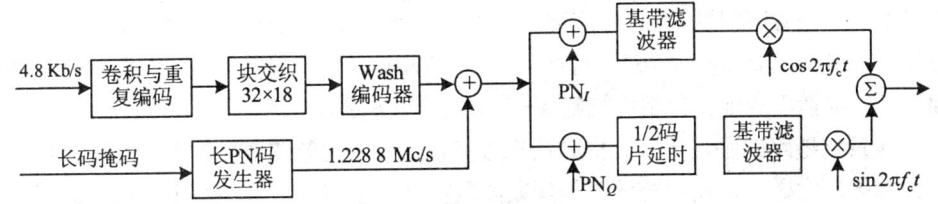

图 6.11 接入信道操作

交织后的数据送到一个 (64, 6) 的 Walsh 编码器,每 6 个二进制编码符号 $c_0\ c_1\ c_2\ \cdots\ c_5$ 选择 64 阶 Walsh 序列 H_i 中的一个,选择准则为

$$i = c_0 + 2c_1 + 4c_2 + 8c_3 + 16c_4 + 32c_5 \qquad (6.12)$$

式中,i 表示 Hadamard 矩阵的行号。经 Walsh 编码其后,速率为 307 kc/s。这一过程也可以理解为二进制符号进行了 64 进制的 Walsh 正交调制。

数据符号进一步通过一个特定相位偏置的长 PN 码进行 4 倍扩频,PN 码的速率为 1.228 8 Mc/s。长码掩码格式如图 6.12 所示,由 9 位同步头、5 位接入信道号 (ACN)、3 位移动台当前所属的寻呼信道号 (PCN)、16 位当前的基站识别码 (BASE-ID) 和 9 位前向信道导频偏置组成。

41	33	32	28	27	25	24		9	8		0
110 001 1111		ACN		PCN		BASE-ID			Pilot-PN		

图 6.12 接入信道长码掩码格式

经过加扰的数据符号在基带波形形成之前分别与同相 (I) 和正交 (Q) 支路的短 PN 码相加,然后经 OQPSK 调制后发射。IS-95 反向链路采用 OQPSK 调制的主要目的是希望能通过非相干解调完成数据解调。

6.3.2 业务信道

图 6.13 给出了反向业务信道的操作过程。反向业务信道的语音编码与前向业务信道中的相同,以长为 20 ms 的帧的形式组织数据符号。根据不同的语音动态范围,产生 9.6 Kb/s、4.8 Kb/s、2.4 Kb/s 或 1.2 Kb/s 四种速率。经编码效率为 1/3 的卷积编码器和重复器后,使输出速率为 28.8 Kb/s。然后数据以按列读入方式在交织器内形成 32×18 的交织矩阵,这个过程使重复的符号处于不同的行中;交织器再根据符号的重复频率,按照特定的顺序将数据按行读出。

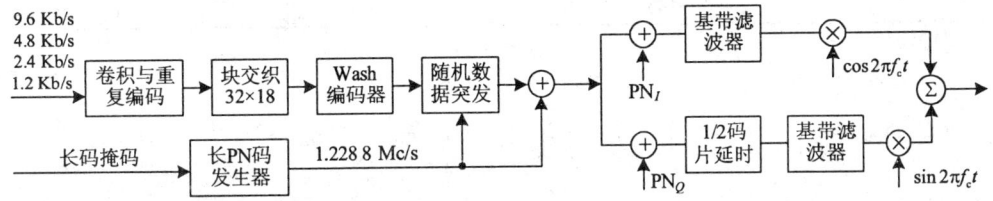

图 6.13 业务信道操作

交织之后的数据进入与接入信道中相同的 Walsh 编码器,进行 (64, 6) 的正交编码,即每 6

个数据符号对应一个 64 码片的 Walsh 序列。因此交织器每行 18 个符号产生 3 个 Walsh 正交调制符号,每帧 22.8 Kb/s×20 ms＝576 bit 将产生 96 个 Walsh 正交调制符号,这些调制符号每 6 个一组,按照交织器的读出规则,每组将重复 $n-1$ 次,这里 n 是重复率。

为了减少反向链路的平均干扰,提高用户容量,在反向业务信道传输时,重复的符号需要经过传输门控筛选后发送,传输门控的工作周期随数据率(全速率、半速率等)变化而不同。工作周期是指一帧中传输数据的功率控制组与全部功率控制组之比。IS-95 中功率控制频率是 800 Hz,一帧长度是 20 ms,即每帧被分为了 16 个功率控制组。对于全速率业务,其工作周期为 100%,即所有的功率控制组都发送数据;对于半速率,其工作周期为 50%;对于 1/4 速率,其工作周期为 25%;对于 1/8 速率,其工作速率为 12.5%。不传送数据的功率控制组的发射功率比相邻的传输数据的功率控制组的发射功率低 20 dB 或低于噪声电平(二者取其小)。

为了均匀地在 20 ms 的帧上传输数据,IS-95 使用了一种数据突发随机算法决定在哪个功率控制组上传输数据,不同的速率模式对应不同的发送方式。具体方案是取出前一帧的倒数第二个功率控制组中用于长 PN 码的最后 14 bit,并结合发送数据的速率模式来决定。将 14 位比特从高位到低位记作 $b_0b_1b_2\cdots b_{13}$,每帧 16 个功率控制组序号记作 0~15,则:

(1) 对于全速率(9.6 Kb/s)数据,将在 0~15 所有 16 个功率控制组上发送。

(2) 对于半速率(4.8 Kb/s)数据,将在 b_0, $2+b_1$, $4+b_2$, $6+b_3$, $8+b_4$, $10+b_5$, $12+b_6$, $14+b_7$ 8 个功率控制组上发送。

(3) 对于 1/4 速率(2.4 Kb/s)数据,根据控制比特 $b_8b_9b_{12}b_{11}$ 的取值从表 6.1 中选择 4 个功率控制组发送。

表 6.1 1/4 速率突发方案

控制比特及其取值	b_8		b_9		b_{10}		b_{11}	
	0	1	0	1	0	1	0	1
功率控制组序号	b_0	$2+b_1$	$4+b_2$	$6+b_3$	$8+b_4$	$10+b_5$	$12+b_6$	$14+b_7$

(4) 对于 1/8 速率(1.2 Kb/s)数据,根据控制比特 $b_8b_9b_{12}$ 和 $b_{10}b_{11}b_{13}$ 的取值,分别从表 6.2 和表 6.3 中选择 1 个功率控制组,共 2 个功率控制组发送。

表 6.2 1/8 速率突发选择 I

控制比特		b_8		b_9	
		0	1	0	1
b_{12}	0	b_0	$2+b_1$	—	—
	1	—	—	$4+b_2$	$6+b_3$

表 6.3 1/8 速率突发选择 II

控制比特		b_{10}		b_{11}	
		0	1	0	1
b_{13}	0	$8+b_4$	$10+b_5$	—	—
	1	—	—	$12+b_6$	$14+b_7$

6.4 IS-95 前向链路与反向链路比较

IS-95 前向链路与反向链路存在许多相同之处和不同之处。前向与反向链路的主要差异在于前者是点对多点的传输,因此可以利用导频进行相干解调,而反向链路是多点对点的传输,不利于采用导频,故常使用非相干解调。这也是前向链路采用 QPSK 调制,而反向链路采用 OQPSK 调制的原因之一。另一方面,IS-95 中用户地址码采用长 PN 序列的部分相关特性,从而很难保证反向链路的正交特性,作为补偿反向链路采用了很多抗干扰技术提高链路质量。

前向和反向链路从语音编码器到交织器之间的操作过程基本类似,只是具体的参数不同,而反向链路则需要更强的抗干扰及纠错能力。例如卷积编码器约束长度都是 9,但前向链路的编码效率是 1/2,而反向链路的编码效率是 1/3,通常后者能够提供比前者多 0.3 dB 的增益。又如块交织都是在 20 ms 的帧内进行,前向链路有 384 个符号,而反向链路有 576 个符号,后者具有更大的交织深度。

前向链路使用 Walsh 码作为信道地址码区分不同用户,每个加扰后的符号包含一个周期的 Walsh 码。反向链路中采用长 PN 序列的不同偏置做用户地址码,区分不同用户。

前向业务信道上所有重复的符号都被发送,而反向链路业务信道上的重复符号则要经过随机筛选后发送。前向和反向业务信道对比见表 6.4。

表 6.4 前向和反向业务信道比较

参 数	前向链路	反向链路
卷积编码	约束长度 9,编码效率 1/2	约束长度 9,编码效率 1/3
交 织	1 帧,384 个符号	1 帧,576 个符号
Walsh 序列	用作信道地址码	提供 64 进制调制
长 PN 序列	数据加扰	用作用户地址码
重复的符号	发送所有符号	通过门控筛选
调 制	QPSK	OQPSK

6.5 IS-95 链路增强技术

在此前的介绍中,我们已经反复提到了 IS-95 系统中的功率控制、软切换等技术,这些技术的应用大大提高了系统的链路性能,本节将对其原理及在 IS-95 中的应用情况作介绍。

6.5.1 功率控制

功率控制简称功控,蜂窝移动通信系统中采用功率控制的目的是为了克服阴影衰落、多径干扰以及远近效应等。对于 CDMA 系统,功率控制可以有效地减少干扰,而 CDMA 软容量特性意味着系统中的干扰越小,则系统就能为更多的用户提供服务,所以功率控制对 CDMA 系统尤为重要。

IS-95 中采用的功率控制方案按链路方向可以分为前向(下行)功率控制和反向(上行)功率控制,按功控过程中基站和移动台是否同时参与,又可分为开环(不同时参与)和闭环(同时参与)两类。因为 IS-95 前向链路性能优于反向链路,所以反向功率控制更为重要。

1. 反向开环功率控制

反向开环功率控制由移动台自主完成，系统中的每个移动台都会连续测量前向链路的信号强度，当接收信号强度较大时，移动台降低其发射功率，反之则增加发射功率。由于这种方式是利用前向链路的质量控制反向发射功率，而 IS-95 是 FDD 系统，所以该方法只能做到粗略控制。开环功控的主要作用有两个：一是调制移动台初始接入时的发射功率，二是补偿阴影和远近效应导致的衰耗，所以其调节范围较大，根据 IS-95 空中接口标准，它至少应有 ±32 dB 的动态范围。

2. 反向闭环功率控制

闭环功率控制通常是在开环功率控制的基础上提供一个快速精确的校正，以实现系统功率的自适应调节。其基本思想是基站估计接收到的反向链路的信号强度，产生功率控制信息，并通过前向链路将其发送给移动台，移动台再依据其调整发射功率。在 IS-95 中，基站在前向业务信道中以 800 Hz 的频率，将闭环功控比特通过打孔的方式插入到数据帧中，"0" 表示平均发射功率增加 1 dB，"0" 表示降低 1 dB。也即，基站每 125 ms 对移动台的发射功率做一次调节。一般基站对收到的第 k 个功率控制组的信号进行评估后，将在第 $k+2$ 个功率控制组发送功控比特，可见反向闭环功控只比反向业务信道的实际情况延迟了 250 ms。

3. 前向功率控制

前向链路中，总的发射功率是按照一定比例分配给不同信道，通常导频信道占到总功率的 20% 左右、同步信道约占 3%、寻呼信道占 6%、剩下的功率分配给各业务信道。

因为移动台在小区中的位置不同，距离基站的远近各异，因此基站必须控制发射功率，为每条前向业务信道分配适当的功率，这种基站为不同移动台前向业务信道分配功率的过程称为前向功率控制。

前向功控的具体实现是由移动台检测来自基站信号的强度或 SIR，并将其与一个用误帧率控制的门限电平相比较，以决定是发送增加还是减少功率请求的信息给基站，基站根据各移动台的报告情况决定下行功率的分配方案。

6.5.2 软切换

软切换（Soft Handoff）是 CDMA 系统特用的一种切换方式。在软切换过程中，允许移动台同时接收多个基站的信号，相应的几个基站也同时接收该移动台的信号，直到满足一定的条件后移动台才切断同原来基站的联系。

IS-95 中采用软切换至少能带来三方面的好处：一是提高了链路质量，小区边缘因为远离基站，其链路质量一般都较差，通过软切换提供的空间分集和多径分集可以很好的改善链路性能；二是显著降低了切换掉话率；三是有效地控制移动台的干扰，在小区的边缘地带移动台对其他小区的移动台的干扰是最大的，因此，如果从这些小区对移动台进行功率控制，会有效地控制这种干扰，而这种功能软切换更易于实现。

IS-95 中软切换发生在以下四种场景中：① 同一基站的两个同频扇区之间，又称之为更软切换。② 不同基站的两个同频小区之间。③ 不同基站的小区和扇区之间的三方切换；④不同基站控制器之间。

为了实现软切换，IS-95 系统为每个移动台维护多种导频集，这里导频是指导频信道，导频集是指来自不同基站的具有相同频率但不同 PN 码相位的导频集合。IS-95 中的导频集有以下 4 种：① 激活集，与移动台正在通信的基站的导频集。② 候选集，不在当前激活集里，但其强度表明将要进入激活集的导频集。③ 相邻集，不在当前激活集或候选集里，但很快就可以进入候选集里的导频集合。④ 剩余集，不被包括在相邻集、候选集和激活集里的所有其他导频的集合。

通过合理的算法控制，及时更新以上导频集就可以实现软切换，图 6.14 给出了某基站导频相对于一个特定移动台的更新过程，具体如下：

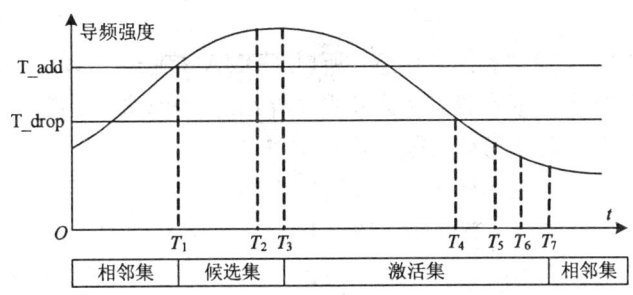

图 6.14　软切换实现过程

(1) T_1 时刻导频强度达到 T_add，移动台发送导频强度测量消息，并将该导频转到候选集。
(2) T_2 时刻基站发送一个切换指示消息。
(3) T_3 时刻移动台将此导频转到激活集并发送一个切换完成消息。
(4) T_4 时刻当导频强度掉到 T_drop 以下时，移动台启动切换计时器。
(5) T_5 时刻切换计时器到期，移动台发送一个导频强度测量消息。
(6) T_6 时刻基站发送一个切换指示消息。
(7) T_7 时刻移动台把导频从激活集移到相邻集并发送切换完成消息。

6.5.3　多种分集技术

IS-95 系统综合利用了时间分集、频率分集、空间分集以及多径分集来抵抗衰落对信号的影响，从而获得高质量的通信性能。

IS-95 链路中采用了重复编码以及交织技术可以获得时间分集效果，加之卷积码强大的纠错能力，使链路误码率大幅度降低。软切换在系统中的应用，使得小区边缘区域可以获得空间分集，确保了小区边缘的链路质量，大大降低了切换区域的掉话率。此外，根据衰落的频率选择性，当两个频率间隔大于信道的相关带宽时，接收到的此两种频率的衰落信号不相关。市区的相关带宽一般为 50 kHz 左右，郊区的相关带宽一般为 250 kHz 左右。而 IS-95 的一个信道带宽为 1.23 MHz，无论在郊区还是在市区都远远大于相关带宽的要求，所以码分多址的宽带传输本身就隐含了频率分集。

IS-95 前向和反向链路均采用了四进制相移键控调制方式，但和传统的 QPSK 和 OQPSK 不同的是，在 IS-95 应用中，所有的数据符号分别与短 PN 码 PN_I 和 PN_Q 相加后，再进行同相（I）支路和正交（Q）支路调制，而非传统的数据符号是经串并转换后交替在同相或正交支路传输。即 IS-95 给同相和正交支路分配了相同的数据符号，同一数据符号通过两个正交信道调制传输也能获得分集效果，特别是反向链路采用 OQPSK 调制时，同相与正交支路的传输的数据间隔 1/2 个码片。研究表明，IS-95 采用的四相调相方案与采用 BPSK 的 CDMA 系统相比在抗码间干扰和信道间干扰方面有更好的优势。

在 CDMA 扩频系统中，信道带宽远远大于信道的平坦衰落带宽。不同于传统的调制技术需要用均衡算法来消除相邻符号间的码间干扰，CDMA 扩频码在选择时就要求它有很好的自相关特性。这样，在无线信道中出现的时延扩展，就可以看作是信号的再次传送。如果这些多径信号相互间的延时超过了一个码片的长度，那么它们将被 CDMA 接收机看做是非相关的噪声，而不再需要均衡了。

由于在多径信号中含有可以利用的信息，所以 CDMA 接收机可以通过合并多径信号来改善接收信号的信噪比。这实际上就是我们在第 4 章中介绍的 Rake 接收原理，即当传播时延超过一个码片周期时，多径信号实际上可被看做是互不相关的。

对于 IS-95 系统，在城市繁华地区，其多径时延扩展大约在 5 μs，即相干带宽在 200 kHz 左右。而 IS-95 的扩频信号带宽为 1.25 MHz，所以 IS-95 系统理论上可以提供 1.25 MHz/200 kHz≈6（重）Rake 隐分集的可能。但由于多径时延扩展的随机性，实际上有利用价值的在 3～4 径。IS-95 中 Rake 接收可以用于分集接收或切换区域信号的合并。在反向链路中，基站采用具有 4 个接收支路的 Rake 接收机，在每个用户的数据信号中搜索 4 个最强的路径进行合并。前向链路与反向链路 Rake 接收原理相似，区别在于前向链路是同步码分接入，得益于导频信道的作用，可以采用相干检测，且路径的时延只需通过导频序列的搜索即可实现；而上行链路属于异步码分，基站利用 Rake 接收机接收多个用户的信号，采用非相干解调，且多径信号的分离需要搜索和跟踪等必要的环节。

本章小结

本章以 IS-95 为例对窄带 CDMA 通信系统作了简要概述，目的是帮助读者对 CDMA 系统的链路操作模式以及 CDMA 中特有的一些技术特性例如功率控制、软切换等有一些基本的认识。由于窄带 CDMA 系统组成以及呼叫处理过程均与 GSM 系统类似，所以本章对其没做阐述。

首先，对 CDMA 标准的发展过程和软容量、软切换等系统特点做了简单介绍，然后介绍了 CDMA 系统中地址码的种类，以及 IS-95 中地址码的设计。在 IS-95 中，为保证前向链路的正交性，使用 Walsh 序列作信道地址码。而反向链路中，为解决数量问题，使用到了周期为 $2^{42}-1$ 的超长 m 序列（文中称为长 PN 码）作用户地址码，长 PN 序列也作数据扰码使用。此外，IS-95 使用了周期为 $2^{15}-1$ 的 m 序列（文中称为短 PN 码）作基站地址码。

然后，对 IS-95 系统的链路操作过程作了介绍。IS-95 前向链路是同步 CDMA 方式，使用 Walsh 码构造了 64 条正交信道，包括用于广播控制信息的导频信道、同步信道、寻呼信道和用于传输用户数据信息的业务信道。IS-95 反向链路属于异步 CDMA 方式，用户通过不同的用户地址码接入系统，反向链路配置了接入信道和业务信道两种信道。这些信道分工明确，各尽其责，操作过程也略有不同，文中对其作了比较详细的描述。

最后，对 IS-95 系统中的前向和反向功率控制技术、软切换基本原理作了阐述，对系统中用到的空间分集、时间分集、频率分集和 Rake 接收作了简要说明。

思考练习题

6.1　CDMA 系列标准包括哪些主要内容？

6.2　CDMA 系统具有哪些特点？

6.3　CDMA 系统中的地址码有哪些类型？各有何用途？

6.4　阐述 IS-95 系统中地址码的设计方式？

6.5　IS-95 系统前向链路包括哪些信道，各有何作用？

6.6　IS-95 系统反向链路有那些信道，各有何用途？

6.7　比较 IS-95 前向业务信道和反向业务信道的异同。

6.8　简述前向功率控制和反向功率控制、开环功率控制和闭环功率控制的过程，并比较它们的异同。

6.9　简述 CDMA 系统中软切换的实现过程。

6.10　IS-95 用到了哪些分集技术？对其实现方式作简要描述。

第7章 第三代（3G）数字蜂窝移动通信系统

第三代移动通信系统（3G）旨在采用更先进的技术、支持多种业务和全球的覆盖范围。3G最初的研究工作始于1985年，当时ITU-R成立临时工作组，提出了未来公共陆地移动通信系统（FPLMTS），1996年更名为国际移动通信-2000系统（IMT-2000），意即该系统核心工作频段为2 000 MHz，最高传输速率第一阶段为2 Mbps，第二阶段实现10 Mbps的无线多媒体通信于2000年左右开始商用。欧洲电信标准协会（ETSI）从1987年开始研究，将该系统称为通用移动通信系统（UMTS）。

无线传输技术（RTT）是第三代移动通信系统的重要组成部分，主要包括多址技术、调制技术、信道编码与交织、双工技术、物理信道结构和复用、帧结构、RF信道参数等。本章将重点研究3G无线传输技术。

7.1 概 述

7.1.1 3G主流标准

1. 3G标准化进程

1985年开始了第三代移动通信系统（3G）最初的研究工作，3G的发展大致经历了以下的历程：

1991年，国际电联正式成立TG8/1工作组，负责FPLMTS标准的制定工作。

1992年，国际电联在世界无线电管理委员会（WARC）上对FPLMTS的频率进行了划分。这次会议成为3G标准制定进程中的一个重要里程碑。

1994年，ITU-T和ITU-R正式携手研究FPLMTS。

1996年，FPLMTS正式更名为IMT-2000，即国际移动通信系统，工作于2 000 MHz频段，定于2000年左右投入商用。

1997年初，国际电联发出通函，向各国征集IMT-2000无线传输技术（RTT）方案。

1998年6月，ITU共收到16个有关移动通信无线接口的候选技术方案，其中10个为地面无线传输方案。

1999年3月，ITU-R TG8/1第16次会议在巴西召开，确定了3G技术的大格局。IMT-2000

地面无线接口被分为两大组,即 CDMA 与 TDMA。这次会议的结果虽然表明第三代标准将是多技术的,但同时也为各技术标准的融合提供了机会。

1999 年 3 月至 6 月间,一些国家和地区的标准化组织以及国际运营商组织召开了一系列技术融合会议,在 CDMA FDD、TDD 技术融合方面取得了重大进展。特别是 5 月的多伦多会议,三十多家世界主要无线运营商以及十多家设备厂商针对 CDMA FDD 技术达成了融合协议,使两种宽带 CDMA 技术(WCDMA 与 CDMA2000)实现了标准的统一。

1999 年 6 月,ITU-R TG8/1 第 17 次会议在北京召开。这次会议不仅全面确定了 3G 系统无线接口最终规范的详细框架,而且在进一步推进 CDMA 技术融合方面取得了重大成果,使技术融合前景更加光明。

1999 年 10 月 25 日至 11 月 5 日在芬兰赫尔辛基召开的 ITU-R TG8/1 第 18 次会议最终确定了 IMT-2000 的无线传输技术规范,将无线接口标准明确为五种方案。

2000 年 5 月,国际电信联盟-无线标准部(ITU-R)最终通过 IMT-2000 无线接口规范(M.1457),包括:美国电信工业协会(TIA)提交的 CDMA2000、欧洲电信标准协会(ETSI)提交的 WCDMA、中国电信科学技术研究院(CATT)提交的 TD-SCDMA。

2. 3G 标准化组织

在 3G 标准的制定过程中,ITU 主要起领导和组织的作用,具体规范的制定则是靠地区性标准化组织来完成。这其中起主导作用的有两个,一个是以欧洲为主体的 3GPP(第三代合作伙伴计划),另外一个是以美国为主体的 3GPP2(第三代合作伙伴计划 2)。

3GPP 成立于 1998 年 12 月,它主要是制定以 GSM MAP 核心网为基础、以 UTRA(FDD 为 WCDMA 技术,TDD 为 TD-SCDMA 技术)为无线接口的第三代技术规范,同时负责在无线接口上定义与 ANSI-41 核心网兼容的协议。参与 3GPP 的地区性标准化组织包括:ETSI(欧洲)、ARIB(日本)、TTC(日本)、TTA(韩国)、T1P1(美国)和中国无线通信标准研究组 CWTS(1999 年后半年加入)。此外,3GPP 还包括一些市场代表的合作伙伴:GSM 协会、UMTS 论坛、全球移动供应商协会、IPv6 论坛和通用无线通信联盟(UWCC)。1998 年底 3GPP 正式开始工作,并在 1999 年初进行细致的技术工作,目的是制定规范的第一个版本——Release 99,该版本于 1999 年底完成。3GPP 为了制定标准,成立了以下技术规范组(TSG):无线接入网(RAN)TSG、核心网 TSG、业务和系统方面的 TSG、终端 TSG。2000 年期间,原来由 ETSI 承担的 GSM 演进工作也转移到了 3GPP,为此建立了一个新的 TSG:GERAN,负责 GPRS 和 EDGE 的标准化工作。

3GPP2 成立于 1999 年 1 月,它由美国的 TIA、日本的 ARIB、日本的 TTC、韩国的 TTA 四个标准化组织发起,主要是制订以 ANSI-41 核心网为基础、CDMA2000 为无线接口的第三代技术规范。

3. 3G 目标

基于 IMT-2000 的宽带移动通信系统称为第三代移动通信系统,简称为 3G。3G 的初始设计目标可概括为:

(1)全球无缝漫游,以低成本的多模手机来实现:2G 系统基本上是地区性的,而 3G 则是一个在全球范围内覆盖和使用的系统。它将使用共同的频段,全球统一标准。

(2) 适应多种环境：第三代移动通信的业务能力将比第二代有明显的改进。它应能支持从话音到分组数据到多媒体业务，根据需要提供带宽，满足移动性高比特率可变业务的需求：在大动态范围快速移动环境下，数据速率至少为 144 Kb/s；在小范围慢速移动环境下，数据速率为 384 Kb/s；室内环境下，数据速率至少为 2 Mb/s。

(3) 提供高质量的多媒体业务：要求各类移动特点业务的质量达到与固定网相比拟的高质量业务要求。

(4) 高频谱效率：高于 2G 系统两倍的频谱效率。

(5) 高保密性：满足具有巨大需求的个人通信的保密性要求。

(6) 便于系统的升级、演进，易于向下一代系统灵活发展：鉴于 2G 网络的体制、标准不尽相同（主要是 GSM 和 CDMA），以及 2G、3G 系统将在较长时间内共存，3G 网络一定要能在 2G 网络的基础上实现逐渐灵活演进，并能与固定网兼容。

3G 系统必须采用演进策略，在现有的 2G 系统上尽可能的平滑过渡，以保证现有投资和运营商的利益。IS-95 的演进方向是 CDMA2000，GSM 的演进方向是 UMTS 系统。在现有 2G 系统的基础上通过适当的增加一些系统组件和一些适合数据业务的协议，使系统可以较高效率地传送数据业务，如 GPRS、EDGE 系统。通常人们将这样的系统称为 2.5G，CDMA2000 1x 也属于 2.5G 系统。

4. 3G 主流标准比较

3G 系统包含 FDD 和 TDD 两种双工模式。WCDMA 和 CDMA2000 属于 FDD-CDMA 范畴。TDD-CDMA 技术的无线接口又被称为 WCDMA TDD（或称为 UTRA TDD）和 TD-SCDMA，国际上通常称前者是高码速率系统（HCR TDD），而后者是前者的低码速率组成（LCR TDD）。由于 UTRA TDD 可以和 TD-SCDMA 相互融合，所以，在 3G 技术上只对 TD-SCDMA、WCDMA 和 CDMA2000 进行比较，见表 7.1。

表 7.1 3G 主流标准技术比较

	WCDMA	TD-SCDMA	CDMA2000
载频间隔	5 MHz	1.6 MHz	1.25 MHz
码片速率	3.84 Mc/s	1.28 Mc/s	1.228 8 Mc/s
双工方式	FDD	TDD	FDD
帧长	10 ms	10 ms（分成两个子帧）	20 ms
信道编码	卷积码、Turbo 码	卷积码、Turbo 码	卷积码、Turbo 码
信道估计	公共导频	DwPCH、UpPCH、midamble	前向、反向导频
检测方式	相干解调	联合检测	相干解调
基站同步	异步、同步（可选）	同步（GPS 或其他方式）	同步（GPS）
功率控制	快速功控：上、下行 1 500 Hz	0~200 Hz	反向：800 Hz 前向：慢速/快速功控
频率间切换	支持，可用压缩模式进行测量	支持，可用压缩模式进行测量	支持
下行发射分集	支持	支持	支持

7.1.2 3G 系统结构、功能实体及接口

1. UMTS 网络结构

IMT-2000 目前采用标准化组织 3GPP 制定的 UMTS 网络结构，可以分为 UMTS 陆地无线接入网（UTRAN）和核心网（CN）。UMTS 按照功能可分为两个基本域，用户设备域和基本结构域，如图 7.1 所示。

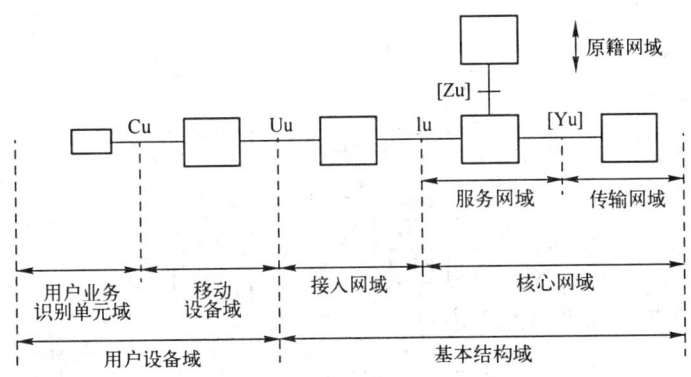

图 7.1 UMTS 网络结构模型

1）用户设备域

用户设备域由具有不同功能的各类设备组成，如双模 GSM/UMTS 用户终端、智能卡等。其中，前者能够兼容一种或多种现有的接入（固定或无线）设备。用户设备域可进一步分为移动设备域和用户业务识别单元域。

(1) 移动设备域：主要完成无线传输和应用，其接口和功能与 UMTS 的接入层和核心网结构有关，而与用户无关。

(2) 用户业务识别单元域：用来安全地鉴定用户的身份，这些功能一般存入智能卡中。它只与特定的用户有关，而与用户所使用的移动设备无关。

2）基本结构域

基本结构域可进一步分为接入网域和核心网域。接入网域由与接入技术相关的功能模块组成，直接与用户相连接，而核心网的功能与接入技术无关，两者通过开放接口连接。从逻辑功能划分，核心网可分为电路交换（CS）域和分组交换（PS）域。网络和终端可以只具有分组交换功能或电话交换功能，也可以同时具有两种功能。

(1) 接入网域：向用户提供接入到核心网域的机制。UMTS 的无线接入网（UTRAN）由无线网络子系统（RNS）组成，RNS 通过 Iu 接口和核心网相连。

UMTS 将支持多种接入方法，以便于用户利用各种固定和移动终端接入 UMTS 核心网和虚拟家用环境（VHE）业务。此时，不同模式的移动终端对应不同的无线接入环境，用户则依靠用户业务识别单元接入相应的 UMTS 网络。

(2) 核心网域：包括支持网络特征和通信业务的功能实体，提供包括用户位置信息的管理、网络特性和业务的控制、信令和用户信息的传输机制等功能。核心网域又可分为服务网域、原籍网域和传输网域。

其中，服务网域与接入网域相连接，其功能是呼叫路由和将用户数据与信息从源传输到目的地。它既和原籍网域联系以获得和用户有关的数据与业务，也和传输网域联系以获得与用户无关的数据和业务。

原籍网域管理用户永久的位置信息。用户业务识别单元和原籍网域有关。

传输网域是服务网域和远端用户间的通信路径。

第三代移动通信 UMTS 的网络结构如图 7.2 所示。

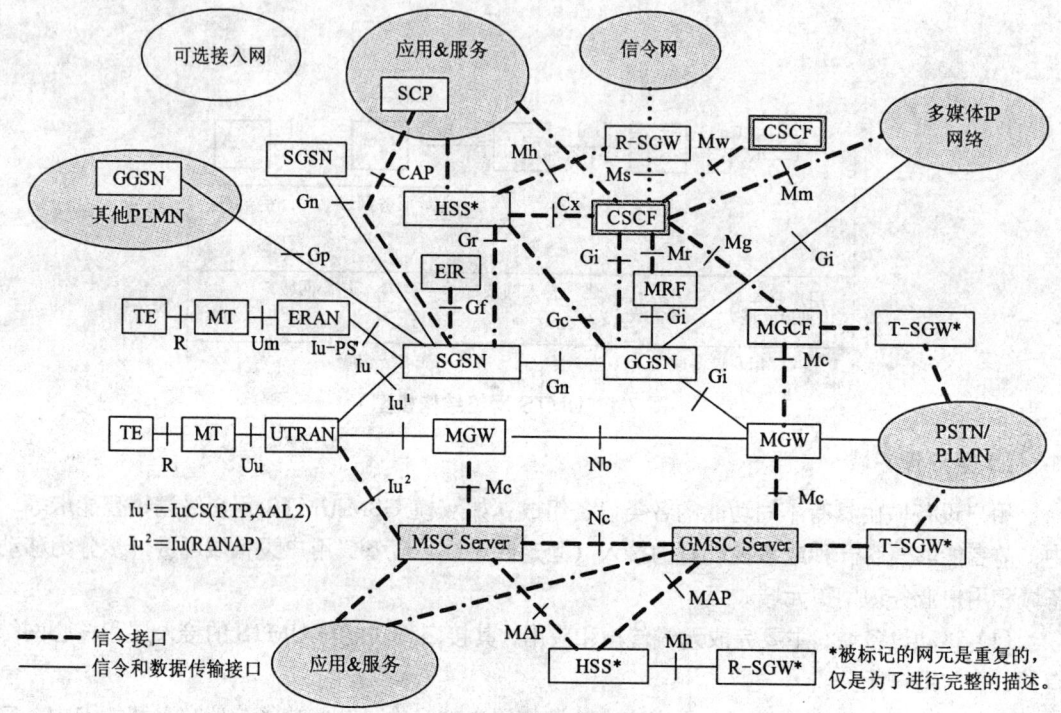

图 7.2　UMTS 网络结构（R5 版本）

2. 核心网功能实体及接口

1）PS 和 CS 域的公共功能实体

PS 和 CS 域的公共功能实体主要包括以下几个部分：

（1）归属用户服务器（HSS）。负责存储用户信息，包括支持网络实体处理呼叫/会话的相关签约信息。HSS 包括 HLR（归属位置寄存器）和 AuC（鉴权中心）。

（2）访问位置寄存器（VLR）。负责用户的位置登记和位置信息的更新，用于控制漫游到一个或若干个 MSC 区的移动台的位置信息。

（3）设备识别寄存器（EIR）。负责存储国际移动设备识别码（IMEI）的数据库，用于对移动设备的鉴别和监视，并拒绝非法终端入网。

（4）短消息服务网关移动交换中心（SMS-GMSC）。短消息业务中心和 PLMN 之间的接口，使短消息能够从业务中心（SC）传送到终端。

（5）短消息服务互连网关移动交换中心（SMS-IWMSC）。PLMN 和短消息业务中心的接口，使短消息能够从终端传送到业务中心。

2）CS 域的功能实体

在 R99 中，CS 域的功能实体包括以下部分：

(1) 移动交换中心（MSC）。CS 域的核心，执行所有必需的功能来处理和终端之间的电路交换业务，是一个对位于本 MSC 控制区域内的移动用户执行信令和交换功能的交换机。

(2) 网关 MSC（GMSC）。负责转接相关网络间的呼叫。当网络传递一个呼叫到 PLMN，但无法查询 HLR 时，该呼叫将被路由到 GMSC，由 GMSC 查询 HLR，并将呼叫路由转接到 MS 所处的 MSC。

在 R4 中，CS 域实体有所变化，MSC 根据需要可分为两个不同的实体：MSC 服务器（MSC Server，仅用于处理信令）和电路交换媒体网关（CS-MGW），VLR 和 MSC Server 集成在一起，MSC Server 和 CS-MGW 共同完成 MSC 功能；对应的 GMSC 也分成 GMSC 服务器和 CS-MGW。各实体功能如下：

MSC 服务器（MSC Server）。负责完成 CS 域的呼叫处理等功能。MSC 服务器将用户－网络信令转换成网络－网络信令。MSC Server 包括一个 VLR，以处理移动用户的业务数据和用户化应用移动网络增强逻辑（CAMEL）相关数据。

电路交换媒体网关（CS-MGW）。是 PSTN/PLMN 的传输终接点，并且通过 Iu 接口连接核心网和 UTRAN。CS-MGW 可以是从电路交换网络来的承载通道的终接点，也可以是从分组网来的媒体流（例如 IP 网中的 RTP 流）的终接点。

GMSC 服务器（GMSC Server）。主要由 GMSC 的呼叫控制和移动控制组成。

3）PS 域的功能实体

PS 的实体主要包括以下两个部分：

(1) 服务 GPRS 支持节点（SGSN）。主要完成分组的路由寻址和转发，负责跟踪记录终端的位置信息，执行安全性功能。

(2) 网关 GPRS 支持节点（GGSN）。起网关的作用，主要完成移动性管理、网络接入控制、路由选择和转发、计费数据的收集和传送，以及网络管理等功能。

R4 版本中，PS 域的功能实体 SGSN 和 GGSN 没有改变，与外界的接口也没有改变。R5 版本的网络结构和接口形式与 R4 版本基本一致，差别主要是当 PLMN 包括 IP 多媒体子系统（IMS）时，HLR 被归属用户服务器所替代；另外，BSS 和 CS-MSC、MSC 服务器之间同时支持 A 接口及 Iu-CS 接口，BSC 和 SGSN 之间支持 Gb 及 Iu-PS 接口。R5 还新增了漫游信令网关（R-SGW）和传输信令网关（T-SGW），新增了 IMS。

4）IP 多媒体核心网子系统 IMS 的实体

IMS 的实体主要包括以下部分：

(1) 呼叫会话控制功能（CSCF）。可起到 P-CSCF（代理 CSCF）、S-CSCF（服务 CSCF）或 I-CSCF（询问 CSCF）的作用。

P-CSCF－IMS 内的第一个接触点，接受请求并进行内部处理或在翻译后接着转发。

S-CSCF－实现用户设备 UE 的会话控制功能，维持网络运营商支持该业务所需的会话状态。

I-CSCF－运营网络内关于所有到用户的 IMS 连接的主要接触点，用于所有与该网络内签约用户或当前位于该网络业务区内漫游用户相关的连接。

(2) 媒体网关控制功能（MGCF）。负责控制 IP 多媒体网关功能（IM-MGW）中的媒体信道的连接，负责与 S-CSCF 通信，并提供 ISUP 协议和 IMS 呼叫控制协议 SIP 间的转换。

(3) IP 多媒体-媒体网关功能（IM-MGW）。能够支持媒体转换、承载控制和有效负荷的处理，并能提供支持 UMTS/GSM 传输媒体的必需资源。

(4) 多媒体资源功能控制器（MRFC）。MRFC 负责控制 MRFP 中的媒体流资源，解释来自应用服务器和 S-CSCF 的信息并控制 MRFP。

(5) 多媒体资源功能处理器（MRFP）。MRFP 负责控制 Mb 参考点上的承载，为 MRFC 的控制提供资源，产生、合成并处理媒体流。

(6) 签约位置功能（SLF）。在注册和会话建立期间，用于 I-CSCF 询问并获得包含了所请求用户特定数据的 HSS 的名称，而且 S-CSCF 也可以在注册期间询问 SLF。

(7) 突破网关控制功能（BGCF）。选择在哪个网络中将发生 PSTN 突破。

5）主要接口

(1) CS 域内的接口。

B 接口：MSC Server 和与其关联的 VLR 之间的接口。该接口是 MSC Server 与 VLR 的内部接口，接口上的信令并未被标准化。

C 接口：HLR 与 MSC Server 之间的接口。

D 接口：HLR 与 VLR 之间的接口。

E 接口：MSC Server 之间的接口。

F 接口：MSC Server 与 EIR 之间的接口。

G 接口：VLR 之间的接口。

C、D、E、F、G 等接口上的信令使用 MAP（移动应用部分）。

Mc 参考点：(G) MSC Server 与 CS-MGW 之间的参考点。

Nc 参考点：MSC Server 与 GMSC Server 之间的参考点。

Nb 参考点：CS-MGW 之间的参考点。

(2) PS 域内的接口。

Gr 接口：SGSN 与 HLR 之间的接口。

Gn 和 Gp 接口：SGSN 与 GGSN 之间的接口。

Gc 接口：GGSN 与 HLR 之间的信令通道。

Gf 接口：SGSN 与 EIR 之间的接口。

(3) 用于 CS 和 PS 域之间的接口。

Gs 接口：MSC/VLR 和 SGSN 之间的接口。

H 接口：HLR 和 AUC 之间的接口。

3. UTRAN 结构及接口协议

1）UTRAN 基本结构

UTRAN 是 UMTS 的无线接入网部分，如图 7.3 所示。

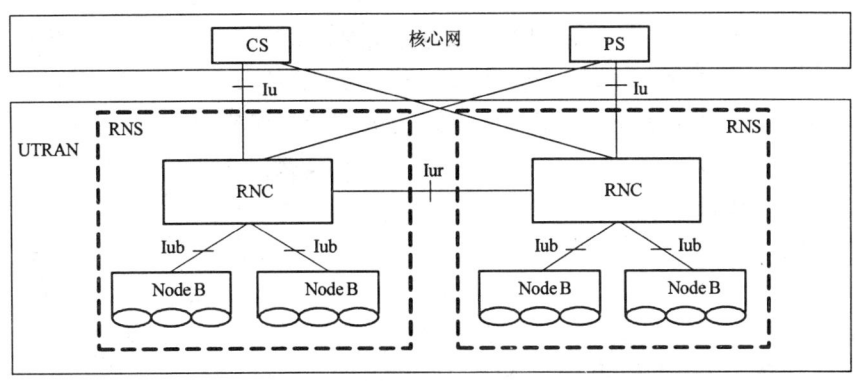

图 7.3 UTRAN 结构

无线接入网分为两种不同类型：基站系统（BSS）及无线网络子系统（RNS），这两种网都可以得到 PLMN 的支持。其中，BSS 是被保留的第二代移动通信 GSM 的基站系统，RNS 是 3G 特有的接入网络。

3G UTRAN 由一组 RNS 组成，每一个 RNS 包括一个无线网络控制器（RNC）和一个或多个节点 B（Node B）。RNC 是 RNS 的控制单元，用于控制一个或多个 Node B。Node B 主要由收发信机设备组成，在其服务的小区内建立无线电覆盖。Node B 和 RNC 之间通过 Iub 接口进行通信，RNC 之间通过 Iur 接口进行通信，RNC 则通过 Iu 接口和核心网相连。

2）UTRAN 无线接口协议

用户设备和 RNS 之间通过无线接口（Uu 接口）相连，Uu 协议模型如图 7.4 所示。

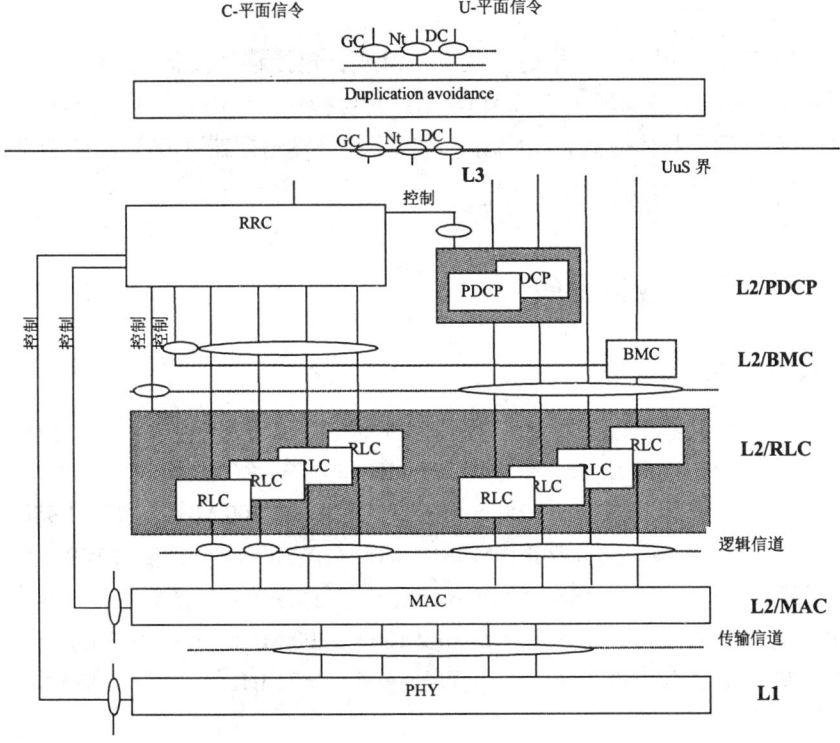

图 7.4 无线接口协议结构

无线接口分三个协议层：物理层（L1）、数据链路层（L2）和网络层（L3）。数据链路层又分为若干个子层：媒体接入控制（MAC）子层、无线链路控制（RLC）子层、分组数据集中协议（PDCP）子层和广播/多点控制（BMC）子层。L3 层和 RLC 子层划分为控制（C-）平面和用户（U-）平面。在控制平面上，L3 分为几个子层，其中的最低层，即与 L2 接口并终止在 UTRAN 中的子层，记作无线资源控制层（RRC）。

图中的每一块分别表示一个协议体。层与层接口处的圆环表示对等通信的服务接入点（SAP）。每一层在服务接入点，通过一套服务原语为其上层提供服务。MAC 和物理层之间的 SAP 提供传输信道。RLC 和 MAC 之间的 SAP 提供逻辑信道。控制平面内，"Duplication avoidance"和 L3 更高子层（CC，MM）间的接口由 GC、Nt 和 DC SAP 定义。

物理层为 MAC 层和更高层提供信息传输服务。它描述数据是以何种方式，以什么样的特征在无线接口上传输。物理层主要完成下面的功能：物理信道的调制与扩频、信道的编译码、软切换的实施、频率和时间的同步及闭环功率控制等。

MAC 层和 RLC 层是数据链路层的两个主要组成部分。MAC 层和物理层间的业务接入点提供了传输信道，RLC 层和 MAC 层间的业务接入点提供了逻辑信道。MAC 层完成逻辑信道和传输信道间的相互映射，协调移动台之间对无线物理信道的竞争等功能。RLC 层的主要任务是提供数据成帧、差错控制和链路控制等功能。

网络层负责将数据从物理连接的一端传到另一端，其主要功能是路由选择以及与之相关的流量控制和拥塞控制等。它还包括移动用户的位置管理、越区切换以及用户身份认证等。RRC 为 L3 控制平面的最底层，用来处理 L3 层用户终端和接入网之间的控制平面信令。

4. 用户设备（UE）

用户设备由 PLMN 用户所使用的物理设备组成，包括移动设备（ME）和用户身份模块（SIM）。在 UMTS 网络中将 SIM 称为 UMTS 用户身份模块（USIM）。ME 由移动终端（MT）组成，MT 的功能依赖于具体的业务和应用，可以支持终端适配器（TA）和终端设备（TE）功能组的多种组合。

7.1.3 3G 工作频段及业务发展

1. 3G 工作频段

1987 年，ITU 世界无线电行政大会针对移动业务通过了 265 号决议，此决议为 FPLMTS 国际化选择了 1~3 GHz 的工作频段，最小带宽为 230 MHz。在 WARC-92 会议上，ITU 会员一致同意 IMT-2000 的频段为 2 GHz，即 1 885~2 025 MHz 和 2 110~2 200 MHz，其中 1 980~2 010 MHz 和 2 170~2 200 MHz 用于移动卫星业务（MSS）。随后在 WRC-95 会议上对 WRC-92 的决议进行了修改，主要是移动卫星业务（MSS）的 2GHz 频段，具体修改为：此频段在 2000 年投入使用，届时不能使用的区域改用 1 990~2 025 MHz 和 2 160~2200 MHz。ITU 在 2000 年的 WRC-2000 大会上在 WRC-92 基础上又批准了新的附加频段：806~960 MHz、1 710~1 885 MHz 和 2 500~2 690 MHz。

我国第三代移动通信系统的频率规划见表 7.2。

表 7.2 我国 3G 系统频率规划

频率范围 / MHz	工作模式	业务类型	备注
1 920～1 980/2 110～2 170	FDD（频分双工）	陆地移动业务	主要工作频段
1 755～1 785/1 850～1 880	FDD	陆地移动业务	补充工作频段
1 880～1 920/2 010～2 025	TDD（时分双工）	陆地移动业务	主要工作频段
2 300～2 400	TDD	陆地移动业务	补充工作频段，无线电定位业务共用
825～835/870～880 885～915/930～960 1 710～1 755/1 805～1 850	FDD	陆地移动业务	之前规划给中国移动和中国联通的频段，上下行频率不变
1 980～2 010/2 170～2 200	卫星移动业务		

2. 3G 业务

3G 支持多种业务，如话音、数据、图像及多媒体等，并能够灵活引进新业务。ITU-R 的建议 M.816 中将 3G 支持的主要业务，从用户的观点划分为三类：交互性业务、分配性业务和移动性业务。

1）交互性业务

交互性业务分为会话业务、消息业务和检索与存储业务三种。

2）分配性业务

分配性业务是从一个中心源向网上数量不限的授权接收机分配一种连续的信息流。

3）移动性业务

移动性业务是直接与用户移动性相关的业务，包括终端移动性和个人移动性，如漫游业务。一种特殊的移动性业务是定位业务。

全球的 3G 网络与业务目前均得到了商业运营。截至 2008 年三季度，全球 WCDMA 用户数已经突破 2.9 亿，有 91 个国家部署了 211 张 WCDMA 商用网络，占 3G 网络总数的 78%。

7.1.4 3G 关键技术

第三代移动通信系统的 RTT 采用了多种新技术，其关键技术包括：

（1）高效的信道编、译码技术。在第三代移动通信系统中采用了卷积码和 Turbo 码两种纠错编码。在高速率、对译码时延要求不高的数据链路中使用 Turbo 码以利于其优异的纠错性能；在语音和低速率、对译码时延要求比较苛刻的数据链路中使用卷积码，在其他逻辑信道中也使用卷积码。

（2）智能天线技术。它基于自适应天线阵列原理，利用天线阵列的波束合成和指向，产生多个独立的波束，自适应地调整其方向图以跟踪信号变化；对干扰方向调零以减少甚至抵消干扰信号，提高接收信号的载干比（C/I），以增加系统的容量和频谱效率。

（3）软件无线电技术。其基本原理是：高速模数和数模转换器尽可能靠天线处理，所有基带信号处理都用软件方式替代硬件实施。其系统升级、多种模式的运行可以自适应地完成，能够实现多模式通信系统的无缝连接。

(4) 多用户检测技术。其基本原理是：把所有用户的信号都当作有用信号，而不是当做干扰信号。多用户检测技术通过测量各个用户扩频码之间的非正交性，用矩阵求逆方法或迭代方法消除多用户之间的相互干扰。该技术目前主要用于基站。

(5) 向全 IP 网过渡。基于移动 IP 技术，使为用户快速、高效、方便地部署丰富的应用服务成为可能，同时支持 IPv6，解决了 IP 地址的不足。

此外，还有分集接收技术、功率控制技术、同步技术等。

7.2　WCDMA 系统

7.2.1　WCDMA 标准及发展

WCDMA 标准主要由欧洲 ETSI 提出，系统的核心网基于 GSM MAP，同时通过网络扩展方式提供在基于 ANSI-41 的核心网上运行的能力。

WCDMA 标准由 3GPP 制定，目前有 Release 99（R99）、Release 4（R4）、Release 5（R5）、Release 6（R6）四个版本完成定稿，正在进行 7 版本的制定工作。其中在全球已经安装和开通的 WCDMA 网络都是基于 Release 99 版本的，其最大的特征在于网络结构上继承了 GSM/GPRS 核心网结构，而无线接入网（RAN）部分则引入了全新的无线接口 WCDMA，并采用了分组化传输，更有利于实现高速移动数据业务的传输。在 R99 中，核心网（CN）包括 CS 域和 PS 域两部分，CS 域与 GSM 的相同，PS 域采用 GPRS 的网络结构。在 R4 和 R5 中，核心网（CN）的 CS 域采用了基于 IP 的网络结构，原来的（G）MSC 被（G）MSC 服务器（Server）和电路交换媒体网关（CS-MGW）代替。相对核心网的重大变化，R4 无线接入网络除了引入 TD-SCDMA 之外，结构基本没有改变，改变的只是一些接口协议的特性及其功能的增强。R5 于 2002 年 6 月功能冻结，其核心网引入了 IP 多媒体子系统（IMS），提供一种端到端的 IP 多媒体业务。为解决 IP 管理问题，IMS 引入了 IPv6，业界普遍认为 WCDMA 将是运营商部署 IPv6 网络的最大推动力。同时 R5 在接入网部分通过引入 IP 技术实现端到端的全 IP 化，这些技术包括 HSDPA（高速下行分组接入，其峰值数据速率可高达 10 Mb/s，时延更小）和移动终端定位增强功能。与 HSDPA 类似，HSUPA（高速上行分组接入）是继 HSDPA 后，WCDMA 标准的又一次重要演进，具体体现在 R6 规范中。利用 HSUPA 技术，上行用户的峰值速率可以提高 2~5 倍。此外，R6 中引入了 Presence 和 Push 业务、多媒体广播和多播业务、数字权限管理（DRM）、WLAN-UMTS 互通等。

随着 R6 版本的完善和成熟，在 2004 年 12 月展开了后 Release 6 的标准制定工作，也就是 Release 7 标准工作开始启动。R7 是为了增强 3G 系统在高速分组数据业务传输方面的能力，以便能够具有类似 WiMAX 以及未来 B3G/4G 系统所能提供的分组数据传输能力，目前称为 LTE（3G 长期演进）技术。LTE 的目标主要包括降低时延，实现更高的数据速率，增加系统容量和覆盖，降低运营成本。为此，R7 目前主要研究的技术包括：MIMO 技术、7.68 Mc/s 的 TDD 技术、3.84 Mc/s 的 TDD 模式上行链路分组数据传输增强等。

7.2.2 WCDMA 无线传输技术

WCDMA 的典型代表是欧洲 ETSI 提出的 UMTS。本节主要介绍 UMTS 陆地无线接入(UTRA)方式。

WCDMA 系统在无线接口上的信道类型有三种：逻辑信道、传输信道和物理信道。逻辑信道是 MAC 子层向上层（RLC 子层）提供的服务，它描述的是承载什么类型的信息；传输信道作为物理层向高层（MAC 子层）提供的服务，它描述的是所承载信息的传送方式；物理信道是物理层实际的传输通道，即在空中传输物理信道承载的信息。

1. 传输信道

传输信道是物理层提供给上层的服务接入点。根据其数据的传输方式和特点，传输信道可分为两类：专用传输信道和公共传输信道。

1）专用传输信道

专用传输信道只有一种，即 DCH，包括上行 DCH 和下行 DCH，它可以通过整个小区传输或采用波束赋形技术只覆盖小区的一部分。

2）公共传输信道

公共传输信道分为 6 类：广播信道（BCH）、前向接入信道（FACH）、寻呼信道（PCH）、随机接入信道（RACH）、公共分组信道（CPCH）和下行共享信道（DSCH）。

（1）广播信道（BCH）：为下行传输信道，用于广播系统或特定小区的信息。BCH 覆盖整个小区。

（2）前向接入信道（FACH）：为下行传输信道，当系统知道终端所在的小区时，用于向某个终端传送控制信息。

（3）寻呼信道（PCH）：为下行传输信道，当系统不知道终端所在的小区时，用于向终端传送控制信息。PCH 覆盖整个小区。

（4）随机接入信道（RACH）：为上行传输信道，用于终端向系统传送控制信息。RACH 也可以承载一些短的用户数据包。

（5）公共分组信道（CPCH）：为上行传输信道，用于提供功率控制及 CPCH 控制命令。

（6）下行共享信道（DSCH）：为多用户共享的传输信道，用于承载专用控制数据或业务数据。

2. 物理信道

物理层通过定义一个特定的载频、扰码、信道化码、起止时间（时间长度）和一个上行相对相位（0 或 $\pi/2$）的组合，可实现不同的物理信道。与传输信道相对应，物理信道也分为专用物理信道和公共物理信道。一般的物理信道包括三层结构：超帧、帧和时隙。超帧长度为 720 ms，包括 72 个帧；每帧长 10 ms，对应的码片数为 38 400 chip；每帧由 15 个时隙组成，一个时隙的长度为 2 560 chip。由于采用了可变扩频因子的扩频方式，每时隙中传输的比特数取决于扩频因子的大小。

1）上行物理信道

上行物理信道分为上行专用物理信道和上行公共物理信道。

（1）上行专用物理信道。

上行专用物理信道分为两类：上行专用物理数据信道（DPDCH）和上行专用物理控制信道（DPCCH）。DPDCH用于承载物理信道上的信息，为MAC子层提供专用传输信道（DCH）。每条无线链路可以有0、1或多个上行DPDCH。

DPCCH用于承载物理层控制信息，包括导频（Pilot）比特、发送功率控制（TPC）命令、反馈信息（FBI）及可选的传输格式组合指示（TFCI）。TFCI通知接收机在上行DPDCH的一个无线帧内同时传输的传输信道的瞬时传输格式组合参数（如扩频因子、选用的扩频码、DPDCH信道数等）。每条无线链路上有且只有一条上行DPCCH信道。

图7.5给出了上行专用物理信道的帧结构，每一个长度为10 ms的无线帧被分为15个时隙，每个时隙的长度为2 560个码片（chip），对应于一个功率控制周期。

图中的参数k决定了每个上行DPDCH时隙的比特数，与扩频因子有关。DPDCH扩频因子的取值范围是256~4，但DPCCH的扩频因子只能是固定的256，即每个DPCCH时隙只能传10bit的控制信息。

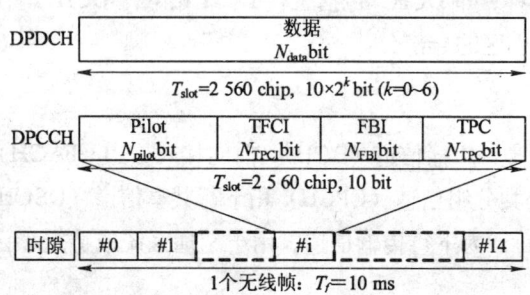

图7.5 上行DPCH帧结构

上行专用物理信道可以同时使用多个码字传输数据。此时，几个并行的DPDCH应使用不同的信道化码来传，但每条无线链路上只有一个DPCCH。

（2）上行公共物理信道。

与上行传输信道相对应，上行公共物理信道也分为两类：物理随机接入信道（PRACH）和物理公共分组信道（PCPCH）。PRACH用于承载RACH，即用于移动台在发起呼叫等情况下发送接入请求信息。PRACH的传输基于时隙ALOHA的随机多址协议，接入请求信息可在一帧中的任一个时隙开始传输。PCPCH用于承载CPCH，即它是一条多用户接入信道，用于传送CPCH传输信道上的信息。在该信道上采用的多址接入协议是基于时隙的载波侦听多址/冲突避免（CSMA/CA），用户可以将无线帧中的任何一个时隙作为开头开始传输。

2）下行物理信道

下行物理信道分为下行专用物理信道和下行公共物理信道,包括公共下行导频信道(CPICH)、主公共控制物理信道（PCCPCH）、辅助公共控制物理信道（SCCPCH）、同步信道（SCH）、物理下行共享信道（PDSCH）、捕获指示信道（AICH）、CPCH接入前缀捕获指示信道（AP-AICH）、CPCH碰撞检测/信道分配指示信道（CD/CA-ICH）、寻呼指示信道（PICH）和CPCH状态指示信道（CSICH）。

(1) 下行专用物理信道。

下行专用物理信道只有一种，即 DPCH。在一个下行 DPCH 信道上，L2 层及高层产生的专用数据以时间复用的方式与物理层产生的控制信息（如导频比特、TPC 命令以及一个可选的 TFCI 指示）一起传输。这样，一个下行 DPCH 就可以看做是一个下行 DPDCH 和一个下行 DPCCH 的时间复用组合。

图 7.6 给出了下行 DPCH 的帧结构，每个 10 ms 的无线帧被分为 15 个时隙，每个时隙的长度为 2 560 个码片（chip），对应于一个功率控制周期。下行信道也采用可变扩频因子的传输方式，参数 k 决定每个下行 DPCH 时隙的比特数，DPCH 扩频因子的取值范围是 512~4。

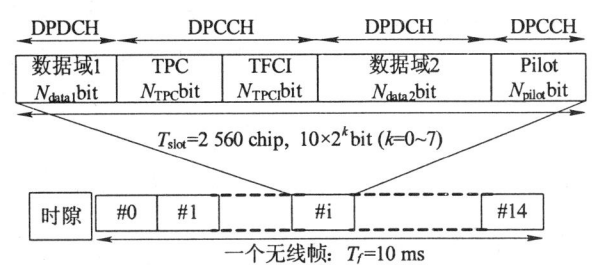

图 7.6 下行 DPCH 帧结构

当在一个下行链路连接上传输的总比特速率超过一个下行物理信道最大比特速率时，可采用多码传输，即采用相同扩频因子将一个链路连接通过若干个并行的下行 DPCH 传输。此时，为了降低干扰，L1 层控制信息仅在第一个下行 DPCH 上传输，其他 DPCH 在相应时间段内不发射任何数据。多码传输也可用于采用不同码的不同传输信道上。在这种情况下，不同并行码可有不同扩频因子，且 L1 层控制信息在每个信道上要独立传送。

(2) 下行公共物理信道。

① 公共下行导频信道（CPICH）：为固定速率的物理信道。CPICH 分两种：主公共导频信道（PCPICH）和辅助公共导频信道（SCPICH）。每个小区仅有一个 PCPICH，使用相同的信道化码进行扩频，使用主扰码进行加扰，可作为 SCH、PCCPCH、AICH、PICH 等下行信道的相位参考。SCPICH 每个小区可以没有，也可以有一个或数个；可以向整个小区发射或仅覆盖小区的一部分；可使用主扰码或辅助扰码；可使用扩频因子为 256 的任一信道化码；可以作为 SCCPCH 和下行 DPCH 的相位参考。

② 主公共控制物理信道（PCCPCH）：为固定速率的物理信道，用于携带 BCH 传输信道。与下行 DPCH 不同的是，PCCPCH 没有 TPC 命令、TFCI 和导频比特。在每个时隙开始的 256 个码片中，PCCPCH 是不传的，这段时间要留给主 SCH 和辅助 SCH 信道。

③ 辅助公共控制物理信道（SCCPCH）：用于携带 FACH 和 PCH 传输信道。SCCPCH 有两种类型：包括 TFCI 的和不包括 TFCI 的，由 UTRAN 决定是否发送 TFCI。SCCPCH 可能的速率集和下行 DPCH 相同，扩频因子的取值范围是 4~256。

④ 同步信道（SCH）：用于小区搜索。它包含两个子信道：主同步信道（PSCH）和辅助同步信道（SSCH）。PSCH 包含一个长度为 256 个码片的主同步码（PSC），每时隙发送一次，系统中所有小区的 PSC 都是相同的。SSCH 由 15 个长度为 256 个码片的码组成，与主同步码并行传输。

⑤ 物理下行共享信道（PDSCH）：用于携带 DSCH 传输信道。PDSCH 的分配是基于无线帧进行的，UTRAN 可以基于码复用的方式将相同的 PDSCH 根据信道化码分配给不同的 UE。在同

一个无线帧内，有着相同扩频因子的多个并行的 PDSCH 可以分配给同一个 UE。在相同的信道化码之下的所有 PDSCH 以无线帧同步的方式执行。在不同的无线帧中，分配给同一个 UE 的 PDSCH 可以有不同的扩频因子。

⑥ 捕获指示信道（AICH）：为固定速率的物理信道，用于携带捕获指示（AI）。AI 对应于 PRACH 信道的码型。

⑦ CPCH 接入前缀捕获指示信道（AP-AICH）：为固定速率的物理信道，用于携带 CPCH 的接入前缀捕获指示。

⑧ CPCH 碰撞检测/信道分配指示信道（CD/CA-ICH）：为固定速率的物理信道，用于在信道分配（CA）未激活的情况下携带碰撞检测指示（CDI），或在 CA 激活的情况下携带 CDI 和 CAI。

⑨ 寻呼指示信道（PICH）：为固定速率的物理信道，用于携带寻呼指示（PI）。PICH 总是与 SCCPCH 相关联的。

⑩ CPCH 状态指示信道（CSICH）：为固定速率的物理信道，用于携带 CPCH 状态信息。CSICH 总是与一个 AP-AICH 信道随路，并使用与之相同的信道化码和扰码。

3）逻辑信道、传输信道与物理信道之间的映射

图 7.7 概括了逻辑信道、传输信道和物理信道之间的映射关系。

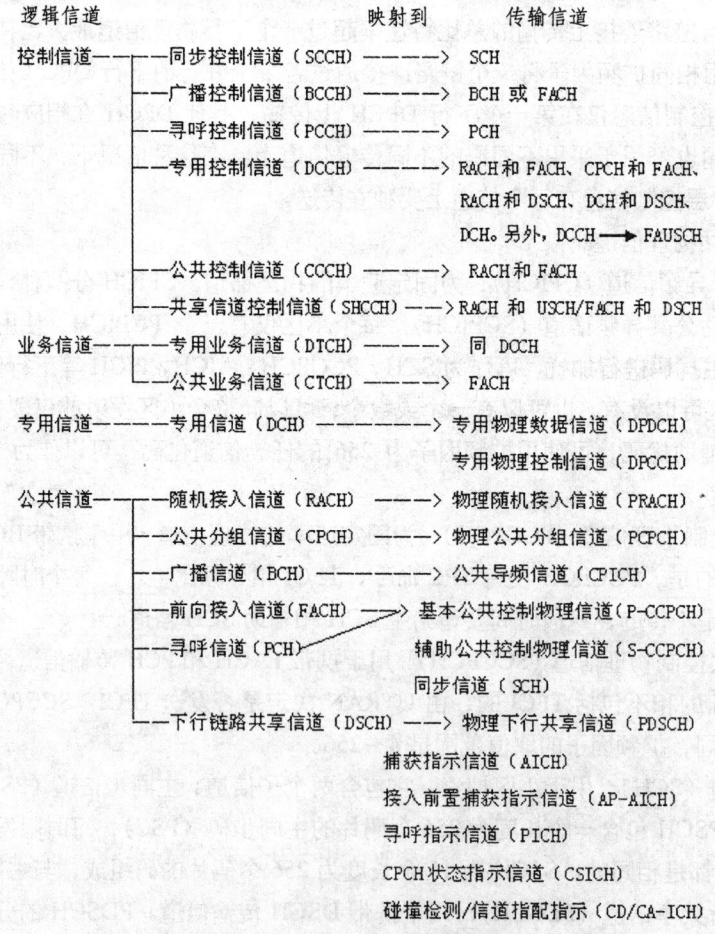

图 7.7 逻辑信道、传输信道与物理信道之间的映射关系

3. 信道编码与复用

为了在无线传输链路上提供可靠的数据传输服务,物理层需要对来自 MAC 子层和高层的数据流(传输块)进行编码/复用后发送。到达编码/复用单元的数据以传输块集的形式传递,每个传输时间间隔(TTI)内传递一次,TTI 长度可以取 10 ms、20 ms、40 ms 或 80 ms。

下行链路的编码/复用过程分为以下几步:

① 给每个传输块加 CRC。
② 传输块级联/码块分割。
③ 信道编码。
④ 速率匹配。
⑤ 插入非连续传输(DTX)指示比特。
⑥ 交织。
⑦ 无线帧分割。
⑧ 传输信道复用。
⑨ 物理信道分割。
⑩ 物理信道的映射。

上行链路的编码/复用步骤与下行链路相似,只是速率匹配要在无线帧分割之后进行,而且不需要插入 DTX 指示。

上行/下行链路的编码/复用步骤如图 7.8 所示。

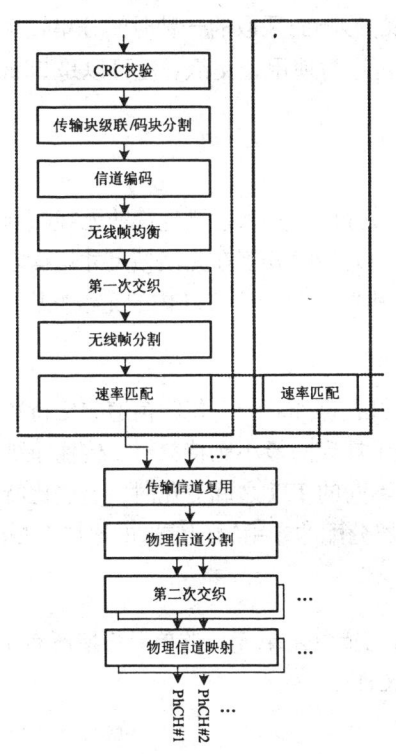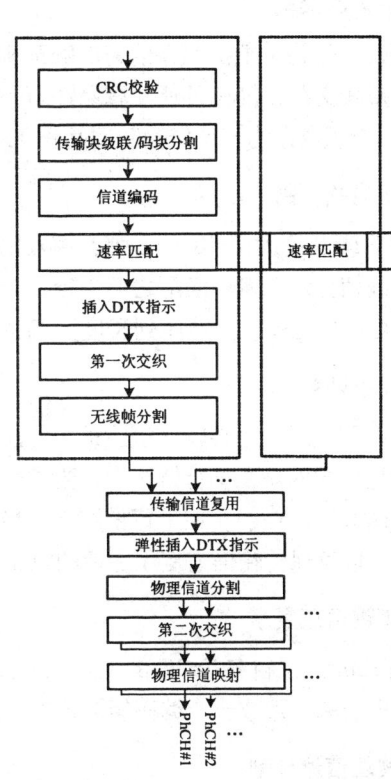

(a)上行传输信道的复用结构　　　　(b)下行传输信道的复用结构

图 7.8　复用结构

从传输信道复用单元输出的单个数据流称为编码组合传输信道（CCTrCH）。一个 CCTrCH 可以映射为一个或多个物理信道。

1）CRC 校验

差错检测功能是通过给传输块加入循环冗余校验来实现的。CRC 长度可以是 24 bit、16 bit、12 bit、8 bit 或 0 bit，每个传输信道（TrCH）使用的 CRC 长度由高层信令给出。

2）传输块级联/码块分割

在一个 TTI 内传输的所有传输块都是串联在一起的。如果一个 TTI 的总比特数大于规定的码块最大尺寸，那么在传输块级联之后将进行码块分割。

3）信道编码

码块被送到信道编码模块，可根据以下信道编码方案进行编码。

卷积编码：规定使用的编码速率通常为 1/2 和 1/3。

Turbo 编码：Turbo 编码器是一种并行级联卷积码编码器，可用于高速、高质量的业务中。

4）无线帧尺寸均衡

无线帧尺寸均衡是指对输入比特序列加以填充，以保证输出比特流可以被分成大小相同的数据段。无线帧尺寸均衡仅用于上行链路。

5）第一次交织

交织技术是为了抵抗无线信道的噪声和衰落带来的影响而采取的一种时间分集技术。第一次交织又叫帧间交织，仅在时延预算允许 10 ms 以上的延迟时使用，交织长度可以是 20 ms、40 ms 或 80 ms，交织周期为一个传输时间间隔 TTI。

6）无线帧分割

如果 TTI 长度大于 10 ms，那么输入比特序列将被分段，并映射到连续的无线帧当中。下行链路的无线帧分割在速率匹配之后进行，而上行链路的无线帧分割在无线帧尺寸均衡之后进行，因为这样可以保证输入比特序列长度为 F_i 的整数倍，其中 F_i 是一个 TTI 内的无线帧比特个数。

7）速率匹配

速率匹配是对一个传输信道上的比特进行重复或打孔操作。一个传输信道的比特数对不同的 TTI 可能是不同的。在下行链路上，当这个比特数低于规定的最小比特数时，传输将被中断（即非连续发送 DTX 方式）；在上行链路上，当比特数在不同的 TTI 之间变化时，这些比特将被重复或者打孔，以确保传输信道复用之后的总比特率与高层分配的专用物理信道的比特率相同。

8）传输信道复用

每隔 10ms，来自各 TrCH 的无线帧就被送到传输信道复用单元，该单元将把所有 TrCH 的比特顺序串联起来，形成一个编码组合传输信道（CCTrCH）。

9）物理信道分割

当使用了多个物理信道时，就需要将输入比特流分段，放入到不同的物理信道中，这一过程称为物理信道的分割。

10）第二次交织

第二次交织是帧内交织，完成一个无线帧内部数据比特的位置变换操作。

11）物理信道映射

输入到物理信道映射单元的比特用 v_{p1}，v_{p2}，…，v_{pU} 来表示，其中 p 是物理信道数，U 是一个物理信道在一个无线帧中的比特数。所有的比特 v_{pk} 都将被映射到物理信道上，且以 k 的升序通过空中接口传输。

在压缩模式下，物理信道的某些时隙没有映射的比特。

压缩模式是相对于正常的传输模式而言的，它是一种在特定情况下一个无线帧中有几个连续时隙不发送数据的物理层传输模式。

4. 扩频与调制

物理信道成帧之后，需要进行扩频与调制。扩频分两步进行：

第一步称为信道化操作：在 WCDMA 系统中用 OVSF 码作为信道化码。OVSF 码称为可变扩频因子码，主要用于物理层的信道化操作，对物理信道比特进行扩频，以保持不同数据速率和不同扩频因子的信道之间的正交性。

第二步是加扰操作：用一个伪随机序列与信道化后的已扩频符号相乘，进行加扰且扰码的码字速率与已扩频符号相同。上行链路的扰码作用是区分用户，而下行链路的扰码则用于区分小区和信道。WCDMA 系统采用 Gold 码作为扰码。

(1) 上行方向的扰码。

所有上行物理信道都要用复数值的扰码进行处理：DPDCH/DPCCH 信道既可以用长码扰码，也可以用短码扰码；PRACH 信道消息部分用长码扰码；PCPCH 信道消息部分用长码扰码。

上行方向共有 2^{24} 个长扰码和 2^{24} 个短扰码，上行扰码由高层分配。

(2) 下行方向的扰码

在下行链路上总共可以产生 $2^{18}-1=262\,143$ 个扰码。但并不是所有的扰码码字都可以使用，常用的扰码是序号 0，1，…，8 191 中的码字，这些码字可以分为 512 个码组，每个码组包含一个主扰码和 15 个辅助扰码。

下行链路的 512 个主扰码又可以分为 64 个扰码码组，每个码组有 8 个主扰码。

对于一个小区，系统只分配一个主扰码。P-CCPCH 和 P-CPICH 信道总是使用主扰码，其余的下行物理信道既可以使用主扰码，也可以使用与本小区分配的主扰码属于同一码组的一个辅助扰码。

经过扩频之后的信号要进行 QPSK 调制，调制后的码片速率都是 3.84 Mc/s。

1）上行链路

上行专用物理信道的扩频与调制原理如图 7.9 所示。

在上行 DPDCH/DPCCH 的扩频、调制中，1 个 DPCCH 和最多 6 个并行的 DPDCH 可以同时发送。所有的物理信道数据先被信道化码 $c_{d,n}$ 或 c_c 扩频，再乘以不同的增益 β（β_d 代表业务信道增益，β_c 代表控制信道增益），合并后分别调制到两个正交支路 I 和 Q 上，之后用移动台特定的复扰码进行复数扰码。扩频、加扰之后的复数值码片序列分裂为实部和虚部，再进行 QPSK 调制。脉冲成形滤波器使用的是升余弦滤波器，滚降系数 $\alpha=0.22$。

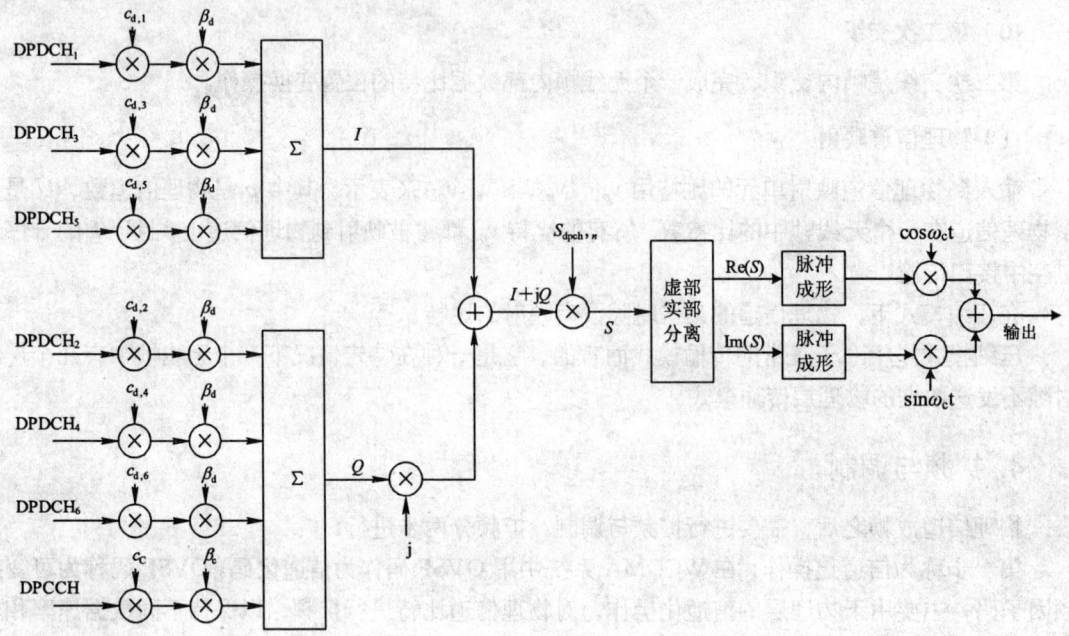

图 7.9　上行 DPDCH/DPCCH 的扩频与调制

PRACH 消息部分的扩频和调制与上行专用物理信道 DPDCH/DPCCH 的扩频和调制相似，如图 7.10 所示。PRACH 信道接入码由前缀特征码和消息部分扰码组成。前缀特征码是长度为 16 的汉明码。

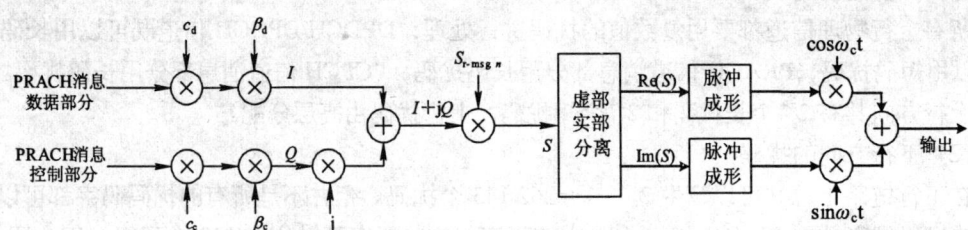

图 7.10　PRACH 消息部分的扩频与调制

2）下行链路

除 SCH 外，所有下行物理信道的扩频调制原理如图 7.11 所示。

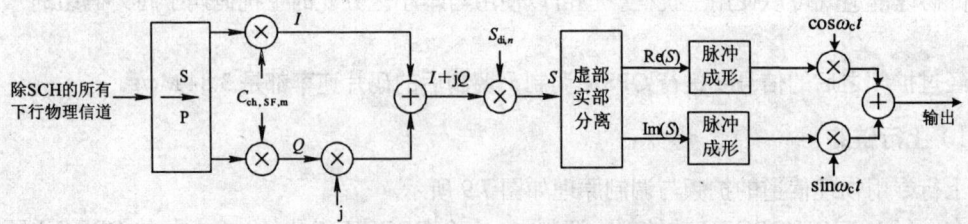

图 7.11　除 SCH 外的下行物理信道的扩频与调制

每一组两个比特经过串/并变换后分别映射到 I、Q 两个支路上。I 路和 Q 路通过相同的实数值信道化码扩频到指定的码片速率，之后用相同的小区特定扰码进行复数扰码。扩频、加扰之后的复数值码片序列分裂为实部和虚部，再进行 QPSK 调制。

下行链路上不同物理信道的时分多路复用与调制过程如图 7.12 所示。

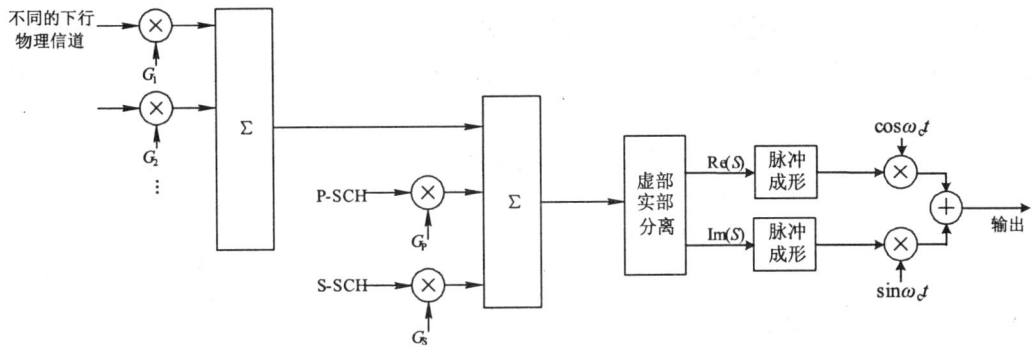

图 7.12　SCH 和下行物理信道的复用与调制

P-SCH 和 S-SCH 是码分多路的，并且在每个时隙的第一个 256 码片中同时传输。SCH 的传输功率可以通过增益因子 G_p 和 G_s 来分别加以调节，与 PCCPCH 的传输功率是不相关的。物理信道复用之后，复数值码片序列分裂为实部和虚部，分别进行脉冲成形、QPSK 调制后发送。脉冲成形滤波器使用的是升余弦滤波器，滚降系数 $\alpha = 0.22$。

5. 功率控制

WCDMA 系统中采用了功率控制技术。

开环功率控制只用于优化 RACH 和 CPCH 信道的初始传输。开环功控的精度很差，正常情况下，开环功控的精度要求在 ±9 dB 之内。

WCDMA 系统采用了快速闭环功率控制。上行链路的闭环功率控制包括两个功率控制环：内环和外环。WCDMA 的内环功率控制过程和 IS-95 中的功控过程类似。WCDMA 的内环功控过程会在每一个功率控制组内执行，每帧 15 次，每秒 1 500 次。

在一个无线帧传输完成之后，功率控制会进入外环功率控制过程。RNC 会对接收到的每个无线帧进行 CRC 校验，并根据当前帧的错误率（BER、FER 或 BLER）设定外环功控的目标值。在每帧的结束点，外环功控根据当前帧的错误率来调节内环功控的目标值。

在 WCDMA 系统中，外环功率控制不仅在上行方向需要，而且在下行方向也需要，因为快速功控在两个方向上都有。而在 IS-95 系统中，外环功控仅用于上行方向，因为下行方向没有快速功控。

6. 发射分集

下行链路发射分集是指基站方通过两根天线发射信号，每根天线被赋予不同的加权系数（包括幅度、相位等），从而使接收方增强接收效果，改进下行链路的性能。

WCDMA 系统可以使用两种类型的发射分集机制：开环发射分集和闭环发射分集。

开环发射分集不需要移动台的反馈，基站的发射先经过空间/时间块编码，再在移动台中进行分集接收解码。闭环发射分集需要移动台的参与，移动台实时监测基站的两个天线发射的信号幅度和相位等，然后在上行信道里通知基站下一次应发射的幅度和相位，从而改善接收效果。

1）开环发射分集

开环发射分集是一种基于空间/时间块编码（STTD）的分集方式，STTD 编码在基站侧是可选的，但 UE 必须支持 STTD 的解码。同步信道还可以使用另一种开环分集方式－时间切换发射分集（TSTD）。

STTD 发射分集的编码过程如图 7.13 所示，输入的信道比特分为 4 bit 一组（b_0, b_1, b_2, b_3），经过 STTD 编码后实际发往天线 1 的比特与原比特同为（b_0, b_1, b_2, b_3），发往天线 2 的比特为（$-b_2$, b_3, b_0, $-b_1$）。

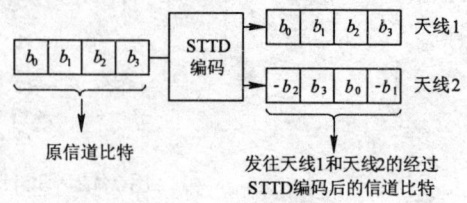

图 7.13 STTD 编码过程

下面以 DPCH 为例说明 STTD 编码的应用，其过程如图 7.14 所示，其中的信道编码、速率匹配和交织与在非分集模式下相同。为了使接收端能够确切地估计每个信道的特性，需要在每个天线上插入导频。

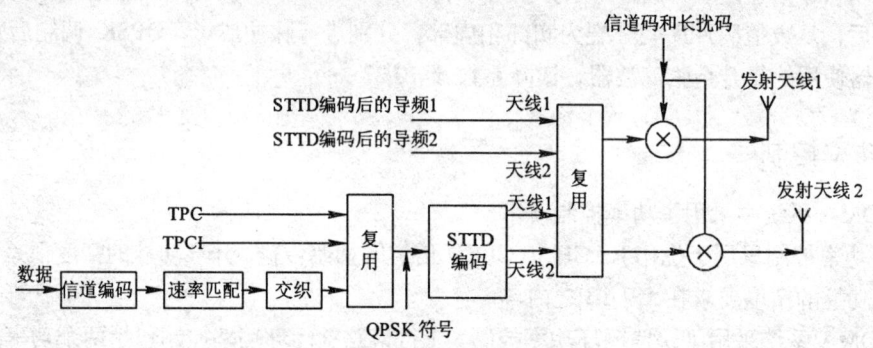

图 7.14 DPCH 的 STTD 编码过程

2）闭环发射分集

闭环发射分集也叫反馈模式的发射分集，只有 DPCH 采用闭环发射分集方式，需要使用上行信道的 FBI 域。DPCH 采用反馈模式发射分集的发射机结构如图 7.15 所示，其与通常的发射机结构的主要不同在于：这里有两个天线的加权因子 w_1 和 w_2（复数）。加权因子由移动台决定，并用上行 DPCCH 的 FBI 域中的 D 域来传送。

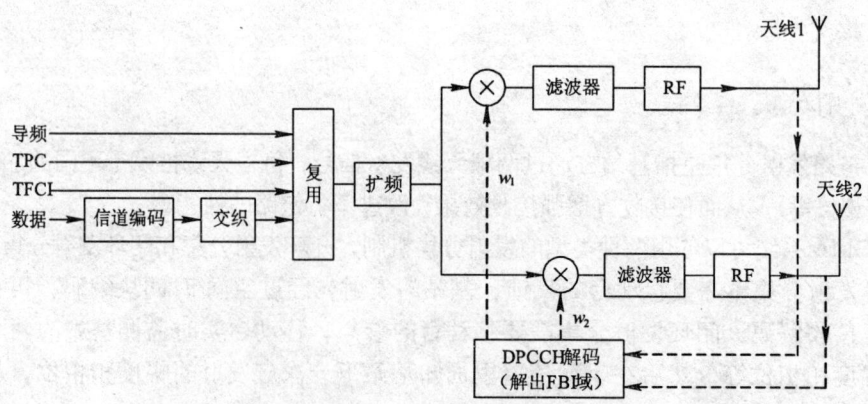

图 7.15 DPCH 采用反馈模式发射分集的发射机结构

7.3 CDMA2000 系统

7.3.1 CDMA2000 技术特点

CDMA2000 是美国推出的满足 ITU 关于第三代移动通信系统要求的标准，同时它还能向后兼容现有的 CDMAOne（IS-95）系列标准。

CDMA2000 系统是在 IS-95 系统基础上发展而来的，在系统的许多方面，如同步方式、帧结构、扩频方式和码片速率等都与 IS-95 系统有类似之处。但为了灵活支持多种业务，提供可靠的服务质量和更高的系统容量，CDMA2000 系统采用了许多新技术，这些技术特点概括如下：

(1) 两种扩展技术－多载波（MC）和直接序列（DS）扩频。前向链路支持 DS 和 MC 两种方式，反向链路仅支持 DS 方式。

(2) 反向链路连续发送。CDMA2000 系统的反向链路对所有的数据速率提供连续波形，包括连续导频和连续数据信道波形。连续波形可以使干扰最小化，可以在低传输速率时增加覆盖范围，同时连续波形也允许整帧交织，而不像突发情况那样只能在发送的一段时间内进行交织，这样可以充分发挥交织的时间分集作用。与 IS-95 相比，CDMA2000 的发射功率峰值与平均值之比明显降低。

(3) 反向链路相干解调。CDMA2000 系统反向链路使用独立的正交信道区分导频和数据信道，因此导频和物理数据信道的相对功率电平可以灵活调节，而不会影响其帧结构或在一帧中符号的功率电平。与 IS-95 相比，CDMA2000 通过反向的相干解调可使信噪比增加 2~3 dB。

(4) 增强的信道结构。例如：引入了前向快速寻呼信道，有效地减少了 MS 的电源消耗，从而延长了 MS 的待机时长；CDMA2000 系统在反向链路和前向链路中均提供称作基本信道和补充信道的两种物理数据信道，每种信道均可以独立地编码、交织，设置不同的发射功率电平和误帧率要求以适应特殊的业务要求；反向链路采用了一个专用控制信道，从而不会对其他导频信道和物理帧结构产生干扰。

(5) 前向链路的辅助导频。在前向链路中采用波束成型天线和自适应天线可以改善链路质量，扩大系统覆盖范围或增加支持的数据速率以增强系统性能。CDMA2000 系统规定了码分复用辅助导频的产生和使用方法，为自适应天线的使用提供了可能。码分辅助导频可以使用准正交函数产生方法。

(6) 前向链路的发射分集。发射分集可以提高信道的抗衰落性能，降低对每信道发射功率的要求，因而可以增加容量。CDMA2000 系统前向链路采用的发射分集有两种：多载波发射分集（MCTD）和正交发射分集（OTD）。MCTD 用于 MC 方式，不同的载波可映射到不同的发射天线；OTD 用于 DS 方式，可将数据流分成两路，每一路映射到一个天线，每个天线上采用不同的正交扩展码。

(7) 前向链路的快速功率控制。移动台在检测了前向链路的 E_b/N_0 后送出功率控制比特，发送功率控制比特的速率是固定 800 b/s，此技术可改善前向链路的容量。

(8) 业务信道可以采用 Turbo 码，它比卷积码高 2 dB 的增益。

(9) 在前向信道中，为了减少和消除小区内的干扰，采用了 Walsh 码。为了增加可用的 Walsh 码数量，在扩展前采用了 QPSK 调制。

(10) 在前向信道中，采用可变长度的 Walsh 码来实现不同的信息比特速率；在反向信道中，采用可变长度的 Walsh 码来实现正交信道。当前向信道受 Walsh 码的数量限制时，可通过将 Walsh

码乘以掩码（Masking）函数来生成更多的码，以该方式产生的码称为准正交码。在 IS-95A/B 中使用了固定长度为 64 的 Walsh 码；在 CDMA2000 中，Walsh 码的长度为 4~128。

（11）在反向信道中，通过将物理信道分配到 I 和 Q 支路，使用复数扩展使得输出信号具有较低的频谱旁瓣。

（12）在软切换方面，将原来的固定门限改变为相对门限，增加了灵活性。

（13）为满足不同的服务质量，支持可变帧长（5 ms，10 ms，20 ms，40 ms，80 ms，160 ms）、可选的交织长度、改进的媒体接入控制（MAC）方案以支持分组操作和多媒体业务。

7.3.2 CDMA2000 无线传输技术

本节简要介绍涉及物理层的 CDMA2000 无线传输技术。

1. 物理信道类型

CDMA2000 空中接口的物理信道分为前向/反向专用物理信道（F/R-DPHCH）和前向/反向公共物理信道（F/R-CPHCH）。前向/反向专用物理信道是以专用和点对点的方式在基站和单个移动台之间传输信息的，具体的信道如图 7.16 所示。前向/反向公共物理信道是以共享和点对多点的方式在基站和多个移动台之间传输信息的，具体的信道如图 7.17 所示。除图示信道以外，前向公共物理信道还包括前向快速寻呼信道（F-QPCH）和前向公共广播信道（F-BCCH）。

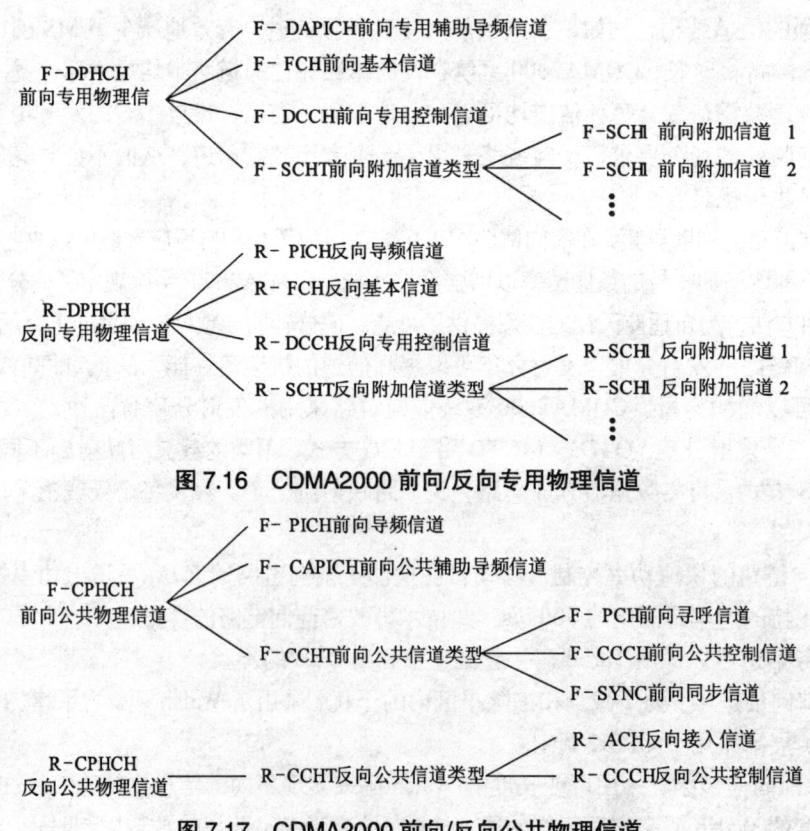

图 7.16 CDMA2000 前向/反向专用物理信道

图 7.17 CDMA2000 前向/反向公共物理信道

2. 前向信道

前向链路支持的码片速率为 $N \times 1.228\,8$ Mc/s, $N=1, 3, 6, 9, 12$。对于 $N=1$ 系统, 扩频的方式类似于 IS-95B。对于 $N \geqslant 3$ 的系统有两种选择: 多载波或直接扩频。在多载波方法中, 将调制符号分接到 N 个间隔为 1.25MHz 的载波上, 每个载波的扩频码速率为 $1.228\,8$ Mc/s; 在 $N>1$ 的直扩方法中采用单载波, 码片速率为 $N \times 1.228\,8$ Mc/s, 如图 7.18 所示。

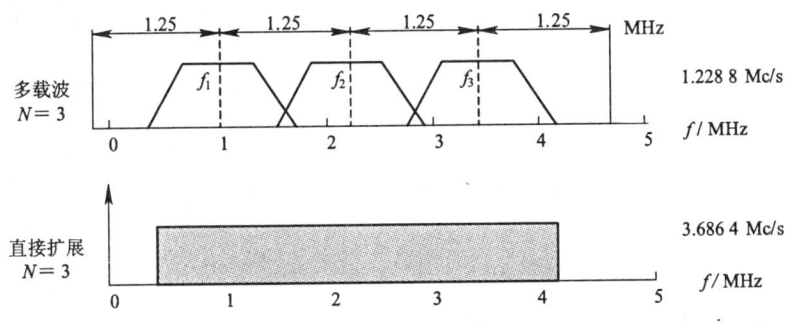

图 7.18　前向链路中的多载波和单载波调制

前向物理信道结构中, 公共物理信道包括了导频信道、同步信道和寻呼信道。$N=1$ 和 $N \geqslant 3$ 系统的差别是: 在 $N=1$ 系统中使用了 1/2 卷积编码, 在 $N \geqslant 3$ 系统中使用了 1/3 卷积编码。在寻呼信道中, 码元重复的次数为 1~2 次。

在前向基本信道 (F-FCH) 中, 使用两种帧长度: 20 ms 和 5 ms。20 ms 帧结构支持两种速率集: RS1 和 RS2。RS1 包括的速率为 9.6 Kb/s、4.8 Kb/s、2.7 Kb/s 和 1.5 Kb/s, RS2 包括的速率为 14.4 Kb/s、7.2 Kb/s、3.6 Kb/s 和 1.8 Kb/s。$N=1$ 且速率集为 RS1 的系统使用 1/2 的卷积编码, 如图 7.19 所示。$N \geqslant 3$ 且速率集为 RS1 的系统使用 1/3 的卷积编码, 其结构图完全类似于图 7.19, 只要将该图中的 1/2 的卷积编码用 1/3 的卷积编码来替换, 输出的比特数进行相应的改动, 并送入多载波调制器即可。$N=1$ 且速率集为 RS2 的系统中, 其结构也类似于图 7.19 中的信道

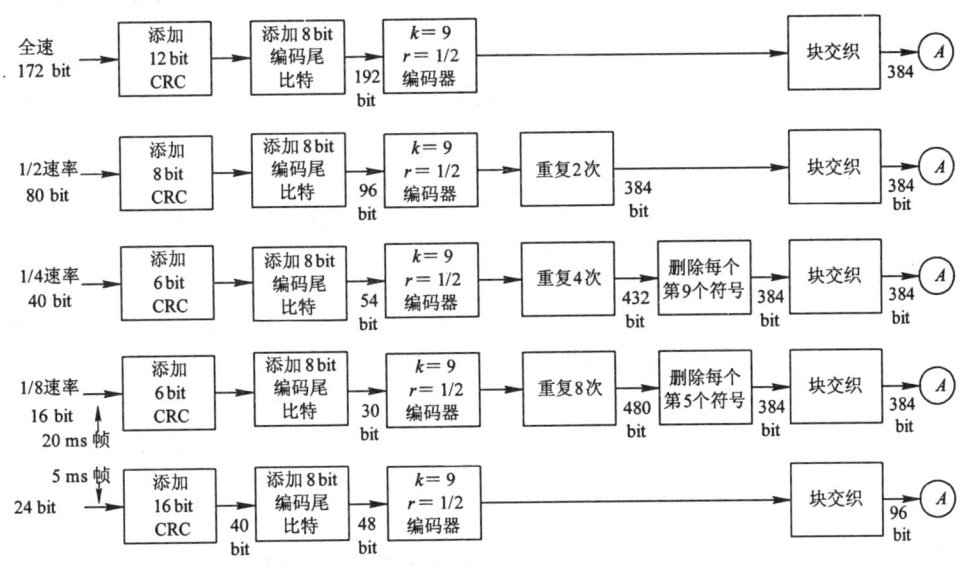

图 7.19　$N=1$ 且速率集为 RS1 系统的 F-FCH

注: 图中信号点 A 将连到图 7.20 中的 A 点

结构，20 ms 帧的全速及 1/8～1/2 速率的信道使用 1/3 的卷积编码加打孔操作（每 9 个比特去掉一个比特），形成 3/8 的编码速率；5 ms 帧结构的信道使用 1/2 的卷积编码。$N \geqslant 3$ 且速率集为 RS2 的系统中，20 ms 帧的全速及 1/8～1/2 速率的信道使用 1/4 或 1/2 的卷积编码，5 ms 帧结构的信道使用 1/3 的卷积编码，其结构图完全类似于图 7.19，只要替换相应的编码器即可。

前向附加信道（F-SCH）有两种工作模式：第一种模式的数据率不超过 14.4 Kb/s，采用盲速率检测技术；第二种模式提供严格的速率信息，支持高速传输。F-SCH 支持 20 ms 的帧结构，在高速模式下，支持 9.6～921.6 Kb/s 的数据速率。$N=1$ 系统的前向附加信道的 RS1 和 RS2 分别类似于图 7.19 中的全速率和 1/4 速率信道。在 $N \geqslant 3$ 的系统中，RS1 使用了 1/3 卷积码，RS2 使用了 1/4 卷积码。在 $N=1$ 的系统中，RS2 使用了打孔操作（每 9 个比特去掉一个比特）。系统可以使用约束长度 $k=9$ 的卷积编码器，此时有 8 个尾比特；也可以采用 $k=4$ 的分量码构成的 Turbo 码。

$N=1$ 系统的前向专用控制信道（F-DCCH）的结构类似于图 7.19 中的全速率和 5 ms 的帧结构。在 $N \geqslant 3$ 的系统中使用了 1/3 的卷积编码。

图 7.20 给出了 $N=1$ 的单载波系统扩频和调制过程；多载波系统的扩频和调制过程如图 7.21 所示；$N=1$，3，6，9 和 12 的单载波系统扩频和调制过程如图 7.22 所示。

在 $N=1$ 的单载波系统中，用户数据经过长 PN 码扰码后进行 I 和 Q 映射、增益控制，插入功率控制比特（采用打孔的方式）和 Walsh 序列扩展，再经过复数 PN 扩展（即完成 $(Y_I + jY_Q) \cdot (PN_I + jPN_Q)$ 运算）、基带滤波和频率搬移后产生已调信号。

在多载波系统中，用户数据经过长 PN 码扰码后分接到 N 个载波上，各路数据在每个载波上进行 I 和 Q 映射及 Walsh 序列扩展，再经过复数 PN 扩展、基带滤波和频率搬移后产生每路载波的已调信号。如果需要，也可以插入 800 b/s 的功率控制比特。

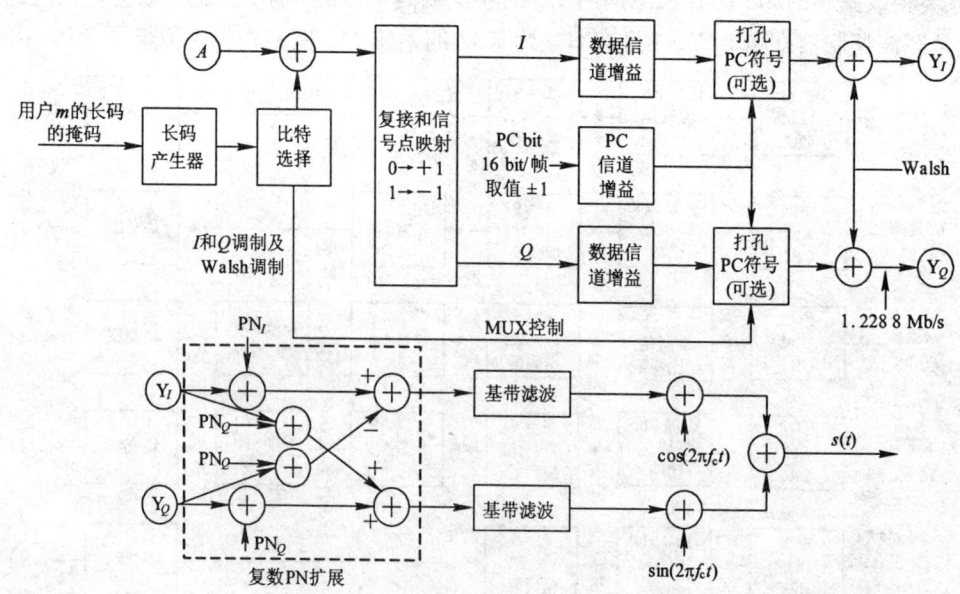

图 7.20　$N=1$ 单载波系统的扩频和调制过程

注：$PN_I = I$ 信道 PN 序列（1.2288 Mc/s），PNQ = Q 信道 PN 序列（1.2288 Mc/s），PC = 功率控制，A 来自图 7.19 中的一路，F-CPHCH、F-FCH、F-SCH 等信道编码交织后的输出

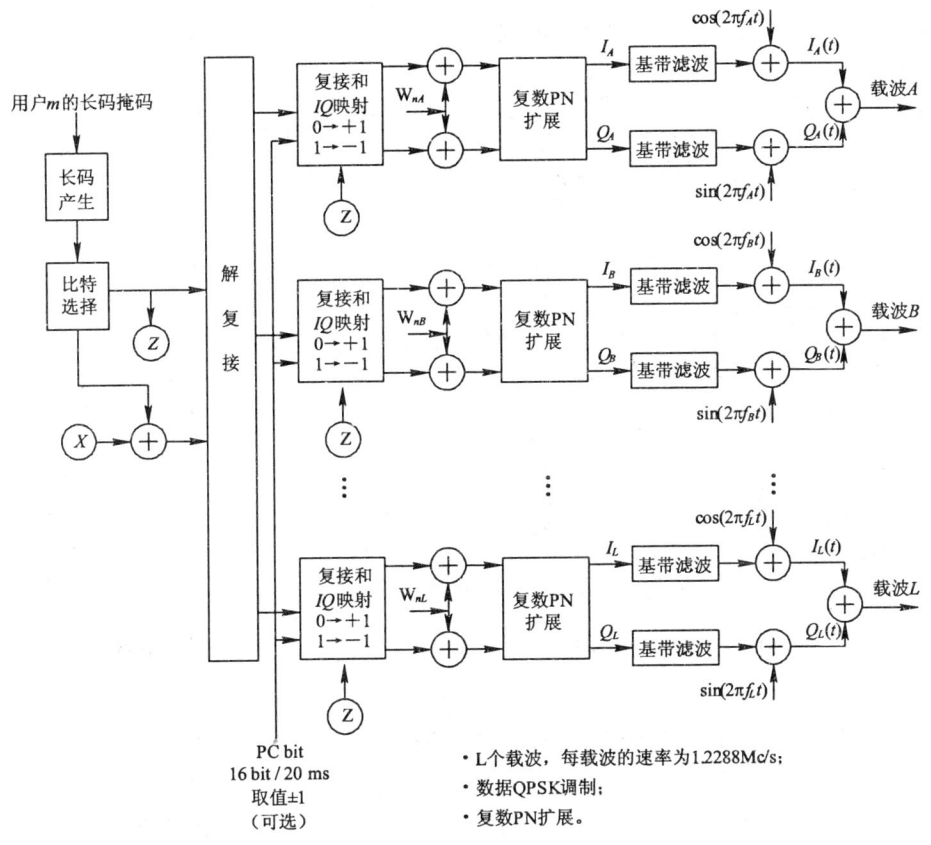

图 7.21 多载波系统的扩频和调制过程

注:X 为多载波 F-CPHCH 和 F-SCH 等信道编码交织后的输出;Z 为比特选择器的输出,它控制各路复接器。

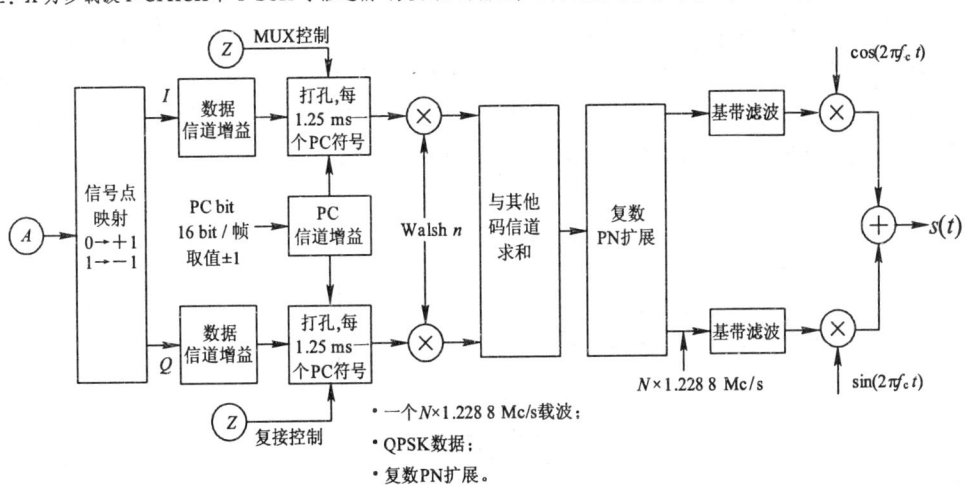

图 7.22 $N=1,3,6,9$ 和 12 的单载波系统扩频和调制过程

3. 反向信道

反向物理信道包括反向公共物理信道(R-ACH、R-CCCH)和反向专用物理信道(R-PICH、R-DCCH、R-FCH、R-SCH)。

反向接入信道（R-ACH）和反向公共控制信道（R-CCCH）的结构如图 7.23 所示。

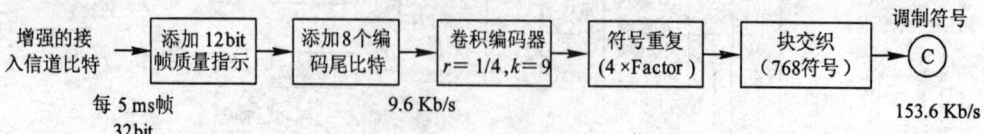

（a）扩展速率 1 时增强接入信道的信道结构

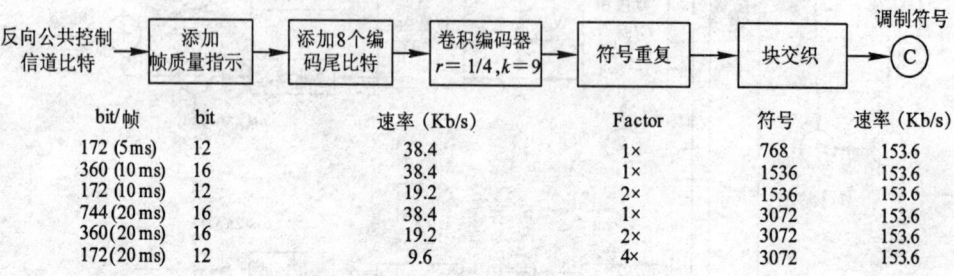

bit/帧	bit	速率（Kb/s）	Factor	符号	速率（Kb/s）
172 (5 ms)	12	38.4	1×	768	153.6
360 (10 ms)	16	38.4	1×	1536	153.6
172 (10 ms)	12	19.2	2×	1536	153.6
744 (20 ms)	16	38.4	1×	3072	153.6
360 (20 ms)	16	19.2	2×	3072	153.6
172 (20 ms)	12	9.6	4×	3072	153.6

（b）扩展速率 1 时反向公共控制信道的信道结构

图 7.23　反向接入信道（R-ACH）和反向公共控制信道（R-CCCH）的结构

注：图中 C 连接到图 7.25 的对应位置。

R-ACH、R-CCCH 用于从移动台到基站的 L3 层和 MAC 层消息的通信。它们都是基于时隙 ALOHA 的多址接入信道，R-CCCH 与 R-ACH 的区别仅在于 R-CCCH 扩展了 R-ACH 的能力，如可以提供低时延的接入步骤。在每个载频上，可以有多个接入信道。在 20 ms 帧 9.6 Kb/s 的速率上，R-CCCH 和 R-ACH 是相同的，但 R-CCCH 还在 5 ms 和 10 ms 帧结构上支持 19.2 Kb/s 和 38.4 Kb/s 的速率。

反向导频信道（R-PICH）用于初始捕获、时间跟踪、RAKE 接收机相干参考的恢复和功率控制测量，其结构如图 7.24 所示。在信道中每个 1.25 ms 的功率组（PCG）中插入 1 个功率控制比特，用于前向功率控制，该功率控制信息采用时分复接方式来传输。导频信道总是存在的，而 R-DCCH、R-FCH 和 R-SCH 等信道可以采用，也可以不采用，这取决于业务种类。

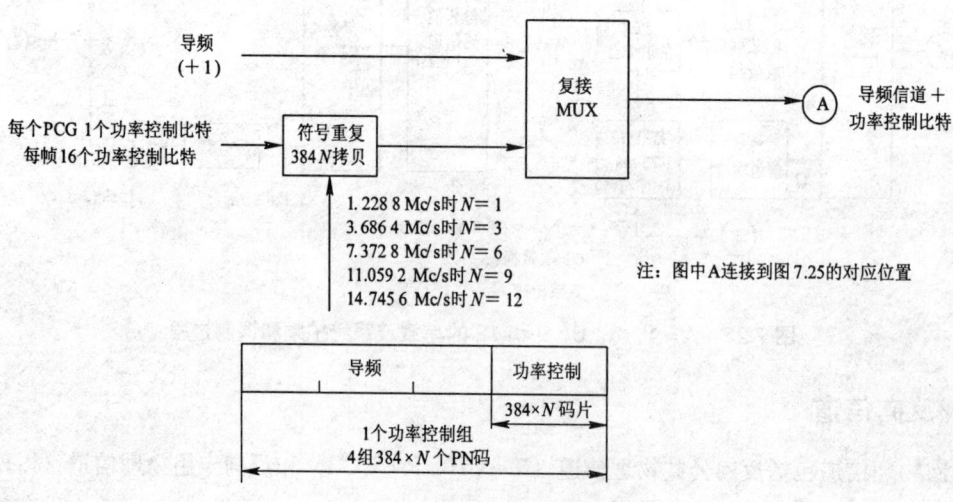

图 7.24　反向导频信道结构

反向专用控制信道（R-DCCH）、反向基本信道（R-FCH）和反向附加信道（R-SCH）的结构类似于图 7.23（b）中的信道结构。R-DCCH 信道使用 1/4 的卷积码，R-FCH 中使用了卷积码或 Turbo 码，R-SCH 中也使用了卷积码或 Turbo 码。R-PICH 和 R-DCCH 在同相 I 支路上传输，R-FCH 和 R-SCH 在正交 Q 支路上传输，如图 7.25 所示。

R-FCH 支持 5 ms 和 20 ms 的帧结构。5 ms 的帧每帧传输 24 bit。在 20 ms 帧中，R-FCH 在 RS3 和 RS5 中支持的速率为 1.5 Kb/s、2.7 Kb/s、4.8 Kb/s 和 9.6 Kb/s，在 RS4 和 RS6 中支持的速率为 1.8 Kb/s、3.6 Kb/s、7.2 Kb/s 和 14.4 Kb/s。在信道中使用的是 $k=9$，$r=1/4$ 的卷积码。

R-SCH 工作在两种模式：第一种模式的数据速率不超过 14.4 Kb/s，采用盲速率检测技术。第二种模式提供严格的速率信息，支持高速传输。在 RS3 中支持的高速分组传输的速率为 9.6 Kb/s、19.2 Kb/s、38.4 Kb/s、76.8 Kb/s 和 153.6 Kb/s。当信道速率不大于 14.4 Kb/s 时，使用 $k=9$，$r=1/4$ 的卷积码；在高速率的情况下，使用 Turbo 编码，所有 R-SCH 使用的 Turbo 码的约束长度为 4，码率为 1/4、1/3 和 1/2。

在基本信道和专用控制信道上，控制信息的传输使用了 5 ms 和 20 ms 的帧结构；而在其他类型的数据（包括语音）传输中，使用了 20 ms 的帧结构。交织和序列重复在一帧内进行。

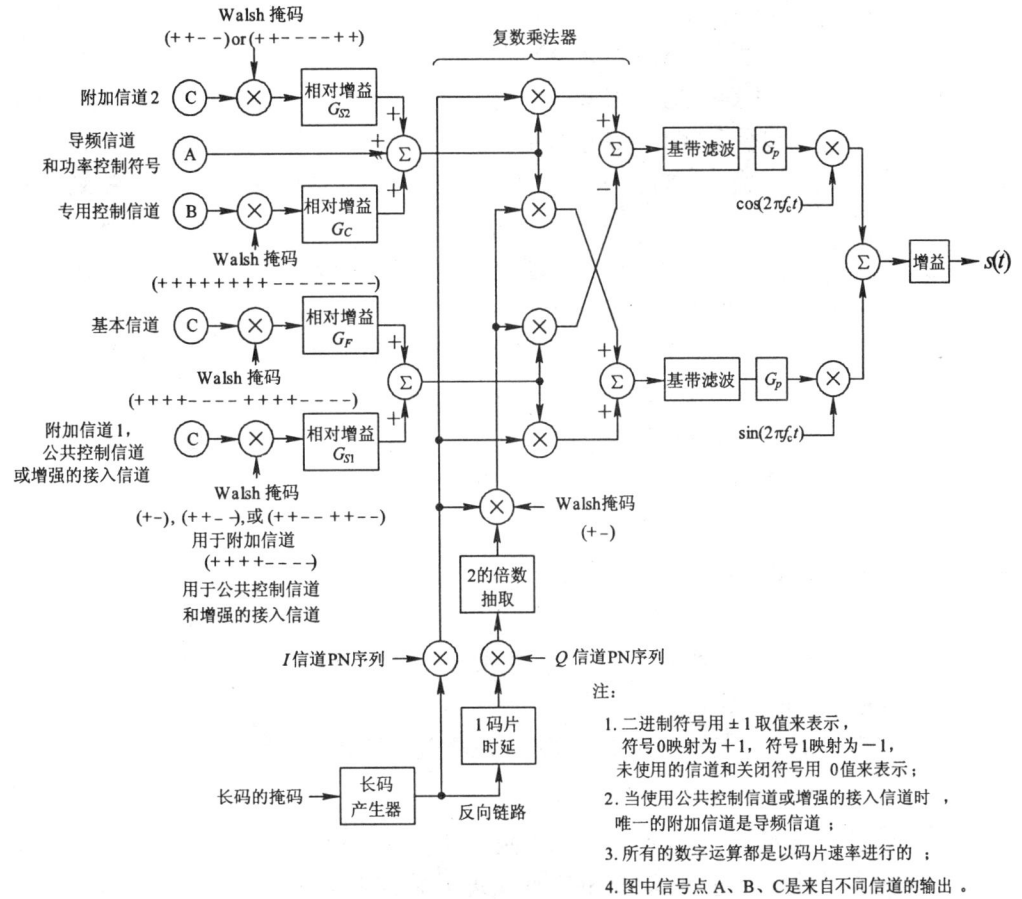

图 7.25　$N=1$ 和 $N=3$ 系统反向链路调制过程中的 I 和 Q 支路的信道映射

7.4 TD-SCDMA 系统

7.4.1 TD-SCDMA 标准及发展

TD-SCDMA（时分同步码分多址）标准是中国百年通信史上第一个具有自主知识产权的国际 3G 标准。TD-SCDMA 结合了 TDD 和 CDMA 的技术优势，不需要成对的频率资源，并采用了智能天线、联合检测、同步 CDMA 等先进的关键技术，在频谱利用率和支持不对称业务等方面，具有突出的优势。

TD-SCDMA 的发展历程如下：

1998 年 6 月 29 日下午，在 ITU 规定接受各国 3G 提案的最后一天，TD-SCDMA 标准文件通过传真发到日内瓦 ITU 总部。

1999 年 11 月，在芬兰赫尔辛基召开的国际电信联盟会议上，TD-SCDMA 被列入 ITU 建议 ITU-R M.1457 中，成为 ITU 认可的第三代移动通信 RTT 主流技术之一。

2000 年 5 月 5 日，在土耳其伊斯坦布尔的世界无线电大会上，TD-SCDMA 被正式接纳为 IMT-2000 标准，从而使 TD-SCDMA 成为与欧洲、日本提出的 WCDMA 以及美国提出的 CDMA2000 并列的三大主流 3G 标准之一。

2000 年 12 月 12 日，TD-SCDMA 技术论坛成立。

2001 年 3 月，在 3GPP RAN 第 11 次全会（美国加州）上，TD-SCDMA 被正式列入 3GPP 关于 3G 系统的技术规范，包含在 3GPP R4 版本中。

2002 年 10 月，我国信息产业部公布 TD-SCDMA 频谱规划，为 TD-SCDMA 标准划分了总计 155MHz 的非对称频段。

2002 年 10 月 30 日，TD-SCDMA 产业联盟成立大会在北京人民大会堂举行，大唐电信、南方高科、华立、华为、联想、中兴、中国电子、中国普天 8 家知名通信企业成为首批成员。

2003 年 6 月 23 日，TD-SCDMA 技术论坛加入 3GPP 合作伙伴计划。

2006 年 1 月 20 日，信息产业部正式颁布 TD-SCDMA 为我国通信行业标准。

2006 年 5 月 16 日，信息产业部又将欧洲提出的 WCDMA 和美国提出的 CDMA2000 颁布为中国通信行业标准。这意味着，中国 3G 进程又有了实质性突破。

7.4.2 TD-SCDMA 物理层

TD-SCDMA 系统的网络结构与 3GPP 制定的 UMTS 网络结构是一样的，其特色在于无线接口（Uu）的物理层，下面简要介绍。

在 TD-SCDMA 系统中，存在三种信道模式：逻辑信道、传输信道和物理信道。

1. 传输信道

TD-SCDMA 的传输信道与 WCDMA 的传输信道基本相同。不同之处在于：TD-SCDMA 传输信道中增加了上行共享信道（USCH），不包括公共分组信道（CPCH）。

2. 物理信道

TD-SCDMA 的物理信道由四层结构组成，即系统帧、无线帧、子帧和时隙/码。时隙用于在时域上区分不同用户信号，具有 TDMA 的特性，图 7.26 给出了物理信道的信号格式。

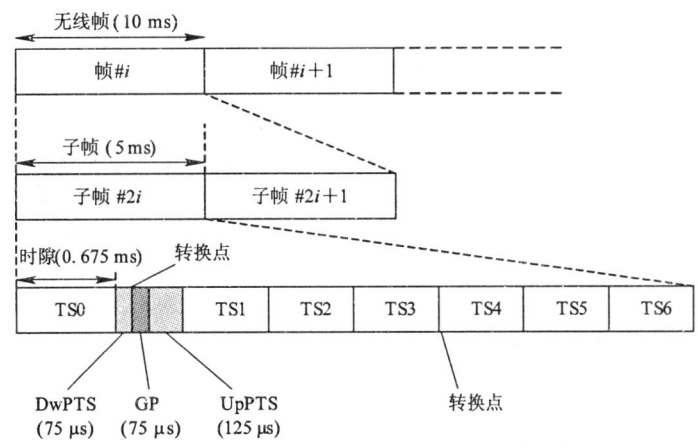

图 7.26 TD-SCDMA 的物理信道信号格式

时隙#n ($n=0$, …, 6)—第 n 个业务时隙，864 个码片长；DwPTS—下行导频时隙，96 个码片长；
UpPTS—上行导频时隙，160 个码片长；GP—主保护时隙，96 个码片长

TDD 模式下的物理信道是将一个突发在所分配的无线帧的特定时隙发射。一个突发由数据部分、midamble 部分和保护间隔组成。突发的持续时间是一个时隙。突发的数据部分由信道码和扰码共同扩频。信道码是一个 OVSF 码，扩频因子可以取 1、2、4、8 或 16，物理信道的数据速率取决于使用的 OVSF 码所采用的扩频因子。发射机可以同时发射几个突发，在这种情况下，几个突发的数据部分必须使用不同 OVSF 的信道码，但应使用相同的扰码。midamble 码部分必须使用同一个基本 midamble 码，但可使用不同偏移码（midamble shift）。

无线帧的分配可以是连续的，即将每一帧的相应时隙都分配给物理信道，也可以是不连续的分配，即将部分无线帧中的相应时隙分配给该物理信道。

因此，物理信道是由频率、时隙、信道码和无线帧分配来定义的。小区使用的扰码和基本 midamble 是广播的，而且可以是不变的。建立一个物理信道的同时，也就给出了它的起始帧号。物理信道的持续时间可以无限长，也可以定义资源分配的持续时间。

1）帧结构

TD-SCDMA 的无线帧结构如图 7.27 所示。TD-SCDMA 帧结构将 10 ms 的无线帧分成两个 5 ms 的子帧，每个子帧又分成长度为 675 μs 的 7 个常规时隙和 3 个特殊时隙。这三个特殊时隙分别为下行导频时隙（DwPTS）、保护时隙（GP）和上行导频时隙（UpPTS）。在 7 个常规时隙中，TS0 总是分配给下行链路，而 TS1 总是分配给上行链路。上行时隙和下行时隙之间由转换点分开，每个 5 ms 的子帧有两个转换点，即上行链路（UL）到下行链路（DL）和 DL 到 UL。通过灵活地配置上下行时隙的个数，使 TD-SCDMA 适用于上下行对称及非对称的业务模式。图 7.28 分别给出了时隙对称分配和不对称分配的例子。

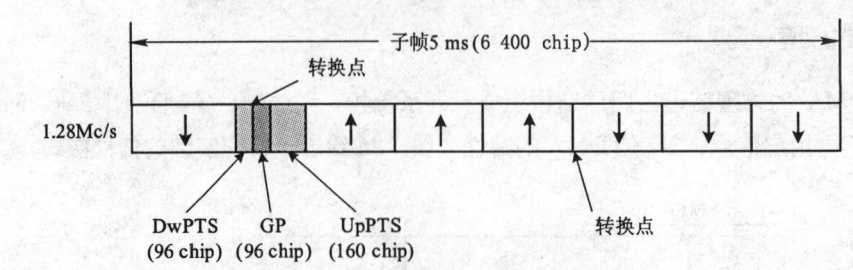

图 7.27 TD-SCDMA 系统的帧结构

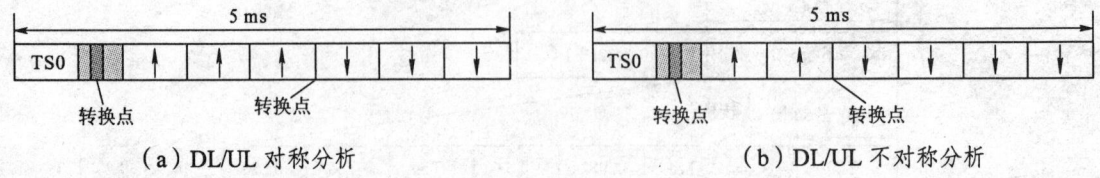

（a）DL/UL 对称分析　　　　　　　　　　（b）DL/UL 不对称分析

图 7.28 TD-SCDMA 系统上下行时隙分配

下行导频时隙（DwPTS）：它是为下行导频和同步而设计的。该时隙由长为 64 chip 的下行同步序列 SYNC-DL 序列和 32 chip 的保护间隔组成，其结构如图 7.29 所示。

SYNC-DL 是一组 PN 码，用于区分相邻小区。系统中定义了 32 个码组，每组对应一个 SYNC-DL 序列，SYNC-DL PN 码集在蜂窝网络中可以复用。将 DwPTS 放在单独的时隙有两个原因：一个是便于下行同步的迅速获取，另外，也可以减小对其他下行信号的干扰。

上行导频时隙（UpPTS）：它是为建立上行同步而设计的，当 UE 处于空中登记和随机接入状态时，它将首先发射 UpPTS，当得到网络的应答后，发送 RACH。该时隙由长为 128 chip 的 SYNC-UL 序列和 32 chip 的保护间隔组成，其结构如图 7.30 所示。

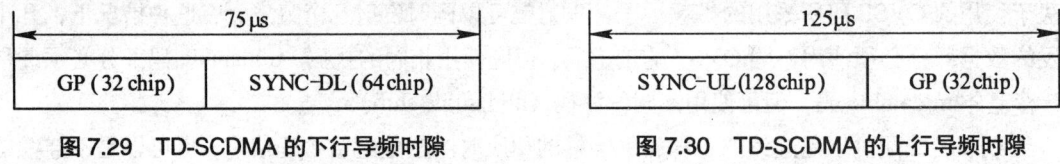

图 7.29 TD-SCDMA 的下行导频时隙　　　　图 7.30 TD-SCDMA 的上行导频时隙

保护时隙（GP）：即在 Node B 侧，由发射向接收转换的保护间隔，时长为 75 μs（96 chip），可用于确定基本的小区覆盖半径约为 11.25 km。同时，较大的保护间隔可以防止上下行信号之间互相干扰，还允许终端提前发出上行同步信号。

2）突发结构

TD-SCDMA 系统采用的突发结构如图 7.31 所示，图中，GP 表示保护间隔，CP 表示码片长度。突发由两个长度分别为 352 chip 的数据块、一个长为 144 chip 的中间码和一个长为 16 chip 的 GP 组成。数据块的总长度为 704 chip，所包含的符号数等于 352 除以扩频因子（1/2/4/8/16）。

数据符号 352 chip	中间码 144 chip	数据符号 352 chip	GP 16 CP
	$864 T_c$		

图 7.31 TD-SCDMA 的突发结构

突发结构中的训练序列（midamble 码），用于进行信道估计、测量，如上行同步的保持以及功率测量等。在同一个小区内，同一时隙内的不同用户所采用的 midamble 码由一个基本的 midamble 码经循环移位后产生。TD-SCDMA 系统中，基本 midamble 码长度为 128 chip，个数为 128 个，分成 32 组，每组 4 个。

3）物理信道类型

物理信道分为两大类：专用物理信道和公共物理信道。

专用物理信道（DPCH）：DCH 映射到 DPCH。专用物理信道采用前面介绍的突发结构，由于支持上下行数据传输，下行通常采用智能天线进行波束赋形。

公共物理信道可以分为以下几种：

(1) 主公共控制物理信道（PCCPCH）。广播信道在物理层映射到 PCCPCH。在 TD-SCDMA 系统中，PCCPCH 的位置（时隙/码）是固定的（TS0）。PCCPCH 需要覆盖整个区域，不进行波束赋形。PCCPCH 采用固定扩频因子 $SF=16$。

(2) 辅助公共控制物理信道（SCCPCH）。PCH 和 FACH 可以映射到一个或多个 SCCPCH，这种方法使 PCH 和 FACH 的数量可以满足不同的需要。SCCPCH 采用固定扩频因子 $SF=16$。

(3) 物理随机接入信道（PRACH）。RACH 映射到一个或多个 PRACH，可以根据运营商的需要，灵活确定 RACH 的容量。PRACH 可以采用扩频因子 $SF=16$、8 或 4。

(4) 快速物理接入信道（FPACH）。这个物理信道是 TD-SCDMA 系统所独有的，它作为对 UE 发出的 UpPTS 信号的应答，用于支持建立上行同步。FPACH 采用固定扩频因子 $SF=16$。

(5) 物理上行共享信道（PUSCH）。USCH 映射到 PUSCH。

(6) 物理下行共享信道（PDSCH）。DSCH 映射到 PDSCH。

(7) 寻呼指示信道（PICH）。用来承载寻呼指示信息。PICH 的扩频因子 $SF=16$。

(8) 下行导频信道（DwPCH）。承载在 DwPCH 时隙上，主要完成下行导频和下行同步。

(9) 上行导频信道（UpPCH）。承载在 UpPCH 时隙上，主要完成用户接入过程中的上行同步。

4）传输信道与物理信道之间的映射

传输信道到物理信道的映射方式见表 7.3。

表 7.3 传输信道到物理信道的映射

传输信道	物理信道
DCH	专用物理信道（DPCH）
BCH	基本公共控制物理信道（P-CCPCH）
PCH	辅助公共控制物理信道（S-CCPCH）
FACH	辅助公共控制物理信道（SCCPCH）
RACH	物理随机接入信道（PRACH）
USCH	物理上行共享信道（PUSCH）
DSCH	物理下行共享信道（PDSCH）
	下行导频信道（DwPCH）
	上行导频信道（UpPCH）
	寻呼指示信道（PICH）
	快速物理接入信道（FPACH）

TD-SCDMA 的信道编码、复用、传输信道到物理信道的映射过程与 WCDMA 系统类似。在 TD-SCDMA 中，经过信道映射后的数据流还要进行数据调制和扩频调制。数据调制可以采用 QPSK 或者 8PSK（针对 2 Mb/s 的业务）方式，即将连续的 2 个比特（采用 QPSK）或者连续的 3 个比特（采用 8PSK）映射成为一个符号，数据调制后的复数符号再进行扩频调制。扩频调制主要分为扩频和加扰两步。首先用扩频码，即采用 OVSF 码对数据信号扩频，其扩频因子范围为 1～16。第二步是加扰码，将扰码加到扩频后的信号中。扩频后的码片速率为 1.28 Mc/s。这里需要说明的是，训练序列部分是不经过扩频和加扰过程的。扩频后进行脉冲成形。脉冲成形滤波器使用的是频率域中滚降系数为 $\alpha = 0.22$ 的升余弦滤波器。此滤波器在发射和接收方均要使用。

7.4.3 TD-SCDMA 关键技术

TD-SCDMA 标准采用了时分双工（TDD）、TDMA/CDMA 多址方式工作，基于同步 CDMA、联合检测、智能天线、软件无线电、动态信道分配（DCA）、接力切换等新技术，其目标是建立具有高频谱效率、高经济效益和先进的移动通信系统。

1. 时分双工（TDD）

TD-SCDMA 系统采用 TDD 的时分双工模式。TDD 模式的移动通信系统中，上行和下行在同一频率信道，但在载波的不同时隙，用保护时间来分离上行和下行信道。TDD 的优势体现在以下几个方面：

（1）提高系统的频谱利用率。TDD 的时隙按照上、下行链路所需的数据量动态分配，这不仅适用于对称业务，如传统的语音业务，而且非常适合于日益增长的非对称的实时和非实时的数据业务，如多媒体 IP 业务。动态地按需分配时隙，可以使频谱资源得到最大、最优的利用。另外，TDD 能使用各种频率资源，不需要成对的频率，它能有效使用零碎的频率资源。在提供同样速率的业务时，TDD 模式占用的带宽比 FDD 模式小。

（2）降低对功率控制的要求。对 TDD 模式的 CDMA 移动通信系统，上下行链路的衰落因子是相关的，系统的开环功率可以做得比较精确。这样的系统设计使系统的发射功率可以更迅速有效地收敛到理想的功率点。

（3）提高终端的接收性能。基于 TDD 模式的系统在上下行链路上的衰落是相同的，基站通过测量它从每个天线接收到的上行链路信号功率估计最强的路径，从而估计和选择最好的天线用于下行链路下一帧的传送。这样终端可在不增加复杂性的情况下，借助基站的天线分集设备实现天线选择分集，使接收性能得以改进。

（4）适合采用智能天线技术。TDD 模式使上下行两个方向中的电波传播条件是相同或者说是对称的，上行链路的估计参数能比较完好地符合下行链路而进入智能天线系统的下行波束赋形器阵列。这样智能天线才能正常工作，并将小区间的干扰降到最低。

（5）更容易实现低功耗的多模小终端。TDD 模式系统具有上下行信道的互惠性，对功率控制的要求相对较低，适合采用智能天线等新技术，使得 TDD 模式的终端可以配置比 FDD 模式终端更少的功能单元，成本比 FDD 系统低 20%～50%，更容易实现低功耗的、小尺寸的多模终端。

和 FDD 系统相比，TDD 系统的主要问题在于终端的移动速度和覆盖距离等方面。

(1) 对系统覆盖的影响。TDD 系统平均功率与峰值功率之比随时隙数的增加而增加，考虑到耗电和成本因素，用户终端的发射功率不可能很大，故通信距离（小区半径）较小，一般不超过 10 km，而 FDD 系统的小区半径可达到几十公里。

(2) 同步要求高：由于基站不能同时接收和发送，移动终端的传送必须在基站停止发送时开始，这意味着同一小区内的不同用户之间、用户与基站之间需严格同步。如果同一小区内的用户间发生不同步行为，则将导致小区内的用户干扰；而如果用户与基站不同步，则可能发生通信阻塞。这是 FDD 的 CDMA 移动通信系统所没有的问题。

(3) 移动速度目前难以与 FDD 模式相比。目前 ITU 要求 TDD 系统达到 120 km/h，而 FDD 系统则要求达到 500 km/h。这主要是因为 FDD 系统是连续控制，而 TDD 系统是时间分割控制的。在高速移动时，多普勒效应将导致快衰落，速度越高，衰落变换频率越高，衰落深度越深。

2. 同步 CDMA（S-CDMA）

TD-SCDMA 中的同步技术一般指上行同步，即要求来自不同位置、不同距离的不同用户终端的上行信号能够同步到达基站。这样使用正交扩频的各个码道在解扩时就可以完全正交，相互之间不产生多址干扰，从而使系统容量随之增加。TD-SCDMA 上行同步过程包括同步的建立和保持。

上行同步的建立：在 UE 开机后首先同基站建立下行同步，进行小区搜索时在下行导频时隙 DwPTS 中获得下行导频序列 SYNC-DL，完成下行同步。只有建立并保持下行同步时，才能开始上行同步过程。当移动台随机接入时（或失步后）需建立上行同步：① 移动台首次在上行导频时隙 UpPTS 发送上行同步序列，上行同步序列 SYNC-UL 突发的发射时刻由 DwPTS 或主公共控制物理信道（PCCPCH）的功率接收强度决定。② 基站通过搜索窗检测到 SYNC-UL 序列后，通过测量接收电平和定时信息，向移动台反馈下次传输所需功率和定时调整量。③ 正常情况下，Node B 将在接受到 SYNC-UL 后的 4 个子帧内作出应答。④ 上行同步建立。

上行同步的保持：保持上行同步要利用每个上行突发的中间码。在每个上行时隙中，每个终端的中间码都是不同的。Node B 可以通过测量每个终端在同一个时隙的中间码来估计其发射功率和发射时间偏移，并在下一个下行时隙中通过同步偏移（SS）和功率控制（TPC）指令调整各移动台的定时偏移和发送功率，以保持同步。

同步 CDMA 的缺点是系统对同步的要求非常严格。上行同步的步长可以配置，范围从 1/8～1 chip，系统可以在每个子帧（5 ms）中检测一次上行同步。同步精度的大小与系统性能好坏密切相关，上行同步精度与基带信号处理能力以及检测能力相关。

3. 联合检测（JD）

CDMA 系统是干扰受限系统，干扰包括多径干扰、小区内的多址干扰（MAI）和小区间干扰。传统的 Rake 接收机技术把 MAI 当做噪声处理，导致信噪比严重恶化，系统容量也随之下降。联合检测技术是多用户检测的一种，其基本思想是：把所有用户的信号都当做有用信号处理，而不是看做干扰，利用用户扩频码和信道冲激响应信息，一步之内将所有用户的信号都分离出来。

联合检测技术可带来以下几方面的好处：

(1) 检测效果优于传统 RAKE 接收机。联合检测不再将本小区内的多址干扰作为噪声，而看做是有用信息用于信息检测之中。

(2) 提高系统容量，增加用户数量。联合检测技术充分利用了 MAI 的所有用户信息，使得在相同误码率前提下，所需的接收信号 SNR 可大大降低，这样就大大提高了接收机性能并增加了系统容量。理想情况下可使系统容量提高近 3 倍，这意味着具有更高的频谱利用率。

(3) 降低用户设备（UE）的发射功率。提高 UE 的待机及通话时间，同时降低了设备成本和故障。

(4) 克服"远近效应"。对功率控制的要求比用 RAKE 接收机的方法低。由于联合检测技术能消除 MAI 干扰，因此削弱了强信号对弱信号的影响，大大减小了"远近效应"对弱信号接收的影响。

与此同时，联合检测也存在着以下缺点：
(1) 抗白噪声能力较差。这是由于算法对白噪声有扩散作用。
(2) 抗多址干扰能力不强。尤其在训练序列较短的情况下，信道估计有一些误差，干扰较大，不能满码道工作，所以应该与智能天线技术联合使用。

只要合理使用联合检测，并结合使用智能天线，便可获得理想效果。

4. 智能天线（SA）

智能天线采用空分多址技术。在无线基站使用的智能天线由一个天线阵和基带数字信号处理单元组成，通过调节各阵元信号的加权幅度和相位来改变阵列的天线方向图，进行多波束赋形，每个波束指向一个特定终端，并能自动跟踪移动终端。在接收模式下，来自窄波束之外的信号被抑制，接收灵敏度提高；在发射模式下，能使期望用户接收的信号功率最大，并使窄波束照射范围以外的非期望用户受到的干扰最小。TDD 制式非常适合采用智能天线技术。这是因为 TDD 方式的收发同频，上下行链路传播特性相同（FDD 则不然），下行信号可以直接根据上行信号的方向进行波束赋形，从而完成链路连接。智能天线的阵元排列方式有直线型、圆环型等几种类型，其中等间距线天线阵最为常见。

智能天线技术的优势体现在如下几个方面：
(1) 提高信号干扰比，改善通信质量。采用窄波束的主瓣接收和发射信号，旁瓣和零点抑制干扰信号，可以降低系统干扰，提高阵列的输出信噪比，即提高系统抗干扰能力。此外，它对于移动系统中的多径干扰也有一定的削弱作用，因此大大改善了通信质量。

(2) 增加系统容量，提高同时通信的用户数量。智能天线采用窄波束接收和发射移动用户信号，降低了其他用户的干扰，因此对于自干扰的 CDMA 系统，可以有效地提高系统容量。同时，采用空分技术复用信道，也增加了系统容量。

(3) 扩大通信覆盖区域，提高频谱利用率。对于使用普通天线的无线基站，其小区的覆盖完全由天线的辐射方向图确定。当在现场安装后，除非更换天线，其辐射方向图是不可改变和很难调整的。但是智能天线阵的辐射图形在理论上可以用软件控制，在网络覆盖需要调整或由于新的建筑物等原因使原覆盖改变时，均可以非常简单地通过软件来优化，非常方便。而且采用智能天线代替普通天线，提高了小区内的频谱复用率，随着移动通信需求的增长，则可以在不新建或尽量少建基站的基础上增加系统容量，降低运营成本。

(4) 降低基站发射功率，减少电磁环境污染。在使用普通天线的无线基站中，发射信号采用的是高功率放大器，而在 TD-SCDMA 中使用了智能天线，由于波束形成的增益可以减小对功放的要求，大大降低了基站的发射功率，同时也减少了电磁环境污染。

智能天线将在第三代及其以后的移动通信系统中获得广泛的应用。采用智能天线技术后必将影响到网络的许多功能，如无线资源管理和移动性管理等。

5. 软件无线电（SDR）

软件无线电是利用数字信号处理技术，在可编程控制的通用硬件平台上，通过软件定义来实现无线电台的各部分功能。其关键技术包括：宽带/多频段天线、A/D/A（模/数/模）转换器件、DSP（数字信号处理）技术和实时操作系统等。

软件无线电的技术优势主要包括如下几个方面：
(1) 系统结构通用，功能实现灵活。
(2) 提供不同系统互操作的可能性。
(3) 降低了产品的开发成本和周期。
(4) 便于系统升级，降低用户设备费用。

对 TD-SCDMA 系统来说，软件无线电可用来实现智能天线、动态时隙分配、同步检测和载波恢复等。同时，采用先进的软件无线电技术，更易实现多模式基站和多模终端，系统更易于升级换代，可在有 GSM 网的大城市热点地区首先建设，以满足局部用户群对多媒体业务的需求，通过 GSM/TD-SCDMA 双模终端可以适应两网并存期的用户漫游需求。用户通过双频双模或多模终端可方便实现全球漫游。

6. 动态信道分配（DCA）

信道分配实际上就是一种无线资源的分配过程。DCA 是指信道不是固定地分给某个小区，而是被集中在一起进行分配。DCA 的资源包括频域、时域、码域以及空域等四种。在频域上，通过改变无线载波进行频域 DCA，以减小目前所使用的无线载波所有时隙中的干扰。在时域上，采用时分多址技术，可以通过选择接入时隙来减小激活用户之间的干扰。每载波多时隙，将受干扰最小的时隙（即此时隙中的同时激活用户数最少）动态地分配给处于激活状态的用户，减少了每个时隙中同时处于激活状态的用户数量。在码域上，通过改变分配的码道来避免偶然出现的码道质量恶化。在空域上，利用智能天线技术，通过用户定位和波束赋形来减少小区内用户之间的干扰，进行空域动态信道分配。

DCA 有两种形式：慢速 DCA 和快速 DCA。慢速 DCA 的主要任务是把资源分配到小区，在每个小区内分配和调整上下行的链路资源（用于上下行业务不对称的情况），测量网络端和用户端的干扰，并根据本地干扰情况为信道分配优先级。快速 DCA 的主要任务是把资源分配到业务，包括信道分配和信道调整两个过程。信道分配是根据其需要的资源单元的多少为承载业务分配一条或多条物理信道。信道调整可以通过 RNC 对小区负荷情况、终端移动情况和信道质量的监测结果，动态地对资源单元进行调配和切换。

在 TDD 系统中采用 DCA 算法，其优势体现在以下两个方面：
(1) 高效性。能够较好地避免干扰，使信道重用距离最小化，从而高效率地利用有限的无线资源，提高系统容量。
(2) 灵活性。灵活地分配时隙资源，可更好地适应 3G 业务的需要，尤其是高速率的上、下行不对称的数据业务和多媒体业务。

但是，DCA 算法相对于固定信道分配来说较为复杂，在信道分配上占用的系统开销比较大。

7. 接力切换（BH）

接力切换（Baton Handover, BH）是 TD-SCDMA 移动通信系统的核心技术之一。其设计思想是利用智能天线和上行同步等技术，在对 UE 的距离和方位进行定位的基础上，根据 UE 方位和距离信息作为辅助信息来判断目前 UE 是否移动到了可进行切换的相邻基站的临近区域。

实现接力切换的必要条件是：网络要准确获得 UE 的位置信息，包括 UE 的信号到达方向（DOA）和 UE 与基站之间的距离。在 TD-SCDMA 系统中，由于采用了智能天线和上行同步技术，系统能够比较容易地获得 UE 的位置信息。具体过程是：

（1）利用智能天线和基带数字信号处理技术，可以使天线阵根据每个 UE 的到达方向（DOA）为其进行自适应的波束赋形。对每个 UE 来讲，好像始终都有一个高增益的天线在自动地跟踪它。基站根据智能天线的计算结果就能够确定 UE 的 DOA，从而获得 UE 的方向信息。

（2）利用上行同步技术，系统可以获得 UE 信号传输的时间偏移，进而计算得到 UE 与基站之间的距离（它等于移动台到基站之间的传输时延乘以电波传播的速度）。

（3）经过前两步之后，系统就可准确获得 UE 的位置信息。接力切换分三个过程，即测量过程、判决过程和执行过程。

测量过程：在 UE 和基站通信过程中，UE 需要对本小区基站和相邻小区基站的导频信号强度进行测量。

判决过程：根据各种测量信息合并综合系统信息，依据一定的准则和算法，来判决 UE 是否应当切换和如何进行切换。

执行过程：当系统收到 UE 发出的切换申请，并且通过算法模块的分析判决，已经同意 UE 可以进行切换的时候（满足切换条件），执行将通信链路由当前服务小区切换到目标小区的过程。

接力切换是介于硬切换和软切换之间的一种新的切换方法。与软切换相比，两者都具有较高的切换成功率、较小的掉话率以及较小的上行干扰等优点。它们的不同之处在于接力切换并不需要同时有多个基站为一个终端提供服务，因而克服了软切换占用信道资源较多、信令复杂导致系统负荷加重等缺点。与硬切换比较，两者都具有较高的资源利用率、较为简单的算法以及系统较轻的信令负荷等优点。不同之处是接力切换断开源基站和目标基站建立通信链路几乎是同时进行的，因而克服了硬切换掉话率高、切换成功率低的缺点。接力切换的突出优点是切换成功率高和信道利用率高。

从测量过程来看，软切换和硬切换都是在不知道 UE 准确位置的情况下进行的，因此需要对所有邻小区进行测量。而接力切换是在精确知道 UE 的位置下进行切换测量的。因此，一般情况下，它没有必要对所有邻小区进行测量，而只需对与 UE 移动方向一致的靠近 UE 一侧少数几个小区进行测量。在接力切换中，UE 所需要的切换测量时间减少，测量工作量减少，切换时延也就相应地减少，所以切换掉话率随之下降。另外，由于需要监测的相邻小区数据减少，因而也相应地减少了 UE、Node B 和 RNC 之间的信令交互，缩短了 UE 测量的时间，减轻了网络的负荷，进而使系统性能能得到优化。

7.5 3G 系统的演进

虽然 3G 技术已经针对 2G 系统的不足,在加强分组数据传输性能方面做了很大的改进,但市场需求的快速增长将使 3G 定义的 2 Mb/s 峰值传输速率显得不足。对此,在第三代移动通信技术的发展过程中,3GPP 在 R5 和 R6 版本规范中分别引入了新的分组接入增强技术,即 HSDPA 和 HSUPA 技术。此外,为了应对 WiMAX 等高速无线上网技术的竞争,3GPP 成立了 3GPP LTE 项目组,致力于制定 3GPP LTE 版本的演进和技术规范。而 3GPP2 则推出了 AIE。

1. HSDPA 技术

HSDPA 是 3GPP 在 R5 协议中为了满足上、下行数据业务不对称的需求而提出的一种增强技术。采用分组接入增强技术可以显著提高数据的传输速率:对于 WCDMA 系统,HSDPA 技术可将其下行数据业务速率提高到 10Mb/s;对于下行增强 HSDPA TD-SCDMA 的峰值速率可提高到 2.8 Mb/s。同样,上行增强的 HSUPA 技术也可大幅度地提升上行分组的峰值速率。利用 HSUPA 技术,上行用户的峰值速率可以提高 2~5 倍。研究表明,HSDPA 在宏小区环境下可有效提高 70% 的系统吞吐率,在微小区中可提高高达 200%的吞吐率。

为了达到提高下行分组数据速率和减少时延的目的,HSDPA 主要采用了自适应调制编码(AMC)、混合自动重传(HARQ)和快速调度技术。其实,上述三种技术都属于链路自适应技术。

1) 自适应调制编码(AMC)

AMC 根据无线信道变化选择合适的调制和编码方式,即根据用户瞬时信道质量状况和目前资源选择最合适的下行链路调制和编码方式,使用户达到尽量高的数据吞吐率。当用户处于有利的通信地点时(如靠近 Node B 或存在视距链路),用户数据发送可以采用高阶调制和高速率的信道编码方式,例如 16QAM 和 3/4 编码速率,从而得到高的峰值速率;而当用户处于不利的通信地点时(如位于小区边缘或者信道深衰落),网络侧则选取低阶调制方式和低速率的信道编码方案来保证通信质量,例如 QPSK 和 1/4 编码速率。

2) 混合自动重传(HARQ)

HARQ 是自动重传请求(ARQ)和前向纠错(FEC)技术相结合的一种纠错方法,通过发送附加冗余信息,灵活地调整有效编码速率来自适应信道条件。HARQ 技术的主要作用是补偿 AMC 选择的传输格式不恰当带来的误码。HSDPA 将 AMC 和 HARQ 技术结合起来可以取得更好的链路自适应效果,即 AMC 基于信道测量结果等信息提供粗略的、慢速的数据速率选择方案,HAQR 在此基础上根据实时信道条件再对数据传输速率进行微调。

3) 快速调度

调度算法控制着共享资源的分配,在很大程度上决定了整个系统的行为。调度时应主要基于信道条件,同时考虑等待发射的数据量以及业务的优先等级等情况,并充分发挥 AMC 和 HARQ 的能力。调度算法应向瞬间具有最好信道条件的用户发射数据,这样在每个瞬间都可以达到最高的用户数据速率和最大的数据吞吐量,但同时还要兼顾每个用户的等级和公平性。HSDPA 技术为了能更好地适应信道的快速变化,将调度功能单元放在 Node B 上而不是 RNC 上,同时也将传输时间间隔（TTI）缩短到 2 ms。

为了保持对前面版本的兼容，便于设备的开发，在 R5 版本中引入 HSDPA 后的改动并不大，主要是在 Node B 加入一个新的媒体接入控制子层（MAC-hs）用于控制高速数据传输，同时增加了几种新的传输信道和物理信道。

新定义的信道主要体现在传输信道和物理信道上。传输信道指高速下行共享信道 HS-DSCH。物理信道包括：

（1）高速下行共享物理信道 HS-PDSCH：负责传输用户数据。

（2）高速下行共享控制信道 HS-SCCH：负责传输对 HS-DSCH 信道解码所必需的控制信息。

（3）高速上行物理控制信道 HS-DPCCH：负责传输必要的控制信息，主要是对 ARQ 的响应以及下行链路质量的反馈信息。

（4）高速上行共享指示信道 HS-SICH（TDD）：作用同 HS-DPCCH。

HSDPA 技术对 Node B 修改比较大，对 RNC 主要修改了算法协议软件，硬件改动较小。如果在原有设备中考虑了 HSDPA 功能升级要求（如 16QAM、缓冲器及处理器的性能等），一般来讲实现 HSDPA 功能不需要硬件升级，只要软件升级即可。

HSDPA 作为增强型分组数据传输技术将提高系统的频谱效率和码资源效率，是一种提升网络性能和容量的有效方式。HSDPA 不仅能有效地支持非实时业务，同时也可以用于支持某些实时业务，如流媒体业务等。

2. HSUPA 技术

HSUPA 原理与 HSDPA 基本一致，采用了一些与 HSDPA 类似的技术。但考虑到上行链路自身的特点，HSUPA 采用了三种主要的技术：物理层混合重传、基于 Node B 的快速调度和 TTI 短帧传输。

1）物理层混合重传

在 R99 中，数据包重传是由 RNC 控制下的 RLC 重传完成的。在确认模式（AM）下，RLC 的重传由于涉及 RLC 信令和 Iub 接口传输，重传延时超过 100ms。在 HSUPA 中定义了一种物理层的数据包重传机制，数据包的重传在移动终端和基站间直接进行，基站收到移动终端发送的数据包后会通过空中接口向移动终端发送 ACK/NACK 信令，如果接收到的数据包正确，则发送 ACK 信号；反之，则发送 NACK 信号，移动终端通过 ACK/NACK 的指示，可以迅速重新发送传输错误的数据包。由于绕开了 Iub 接口传输，在 10 ms TTI 下，重传延时缩短为 40ms。在 HSUPA 的物理层混合重传机制中，还使用到了软合并和增量冗余技术，提高了重传数据包的传输正确率。

2）基于 Node B 的快速调度

在 R99 中，移动终端传输速率的调度由 RNC 控制，移动终端可用的最高传输速率在 DCH 建立时由 RNC 确定。由于 RNC 不能根据小区负载和移动终端的信道状况变化灵活控制移动终端的传输速率，同时为了减少控制信息和测量信息在通过 Iub 接口上传到 RNC 造成的时延，HSUPA 的上行调度工作被安排在 Node B 中实现。基于 Node B 的快速调度的核心思想是由基站来控制移动终端的传输数据速率和传输时间。基站根据小区的负载情况，用户的信道质量和所需传输的数据状况来决定移动终端当前可用的最高传输速率。当移动终端希望用更高的数据速率发送时，移动终端向基站发送请求信号,基站根据小区的负载情况和调度策略决定是否同意移动终端请求。当移动终端一段时间内没有数据发送时,基站将自动降低移动终端的最高可用传输速率。由于这些调度信令是在基站和移动终端间直接传输的,因此基于 Node B 的快速调度机制可以使基站灵活快速地控制小区内各移动终端的传输速率,使无线网络资源更有效地服务于访问突发性数据的用户,从而达到增加小区吞吐量的效果。

3)TTI 短帧传输

R99 中,上行 DCH 的 TTI 为 10 ms、20 ms、40 ms 和 80 ms。在 HSUPA 中,采用了 10 ms TTI 以降低传输延迟。虽然 HSUPA 也引入了 2 ms TTI 的传输方式,进一步降低了传输延迟,但是基于 2 ms TTI 的短帧传输不适合工作于小区的边缘。

采用 HSUPA 技术,用户的峰值速率可达到 1.4~5.8Mb/s。引入 HSUPA 后,在 UE 的 MAC 层和 Node B 上分别增加了一个 MAC-e 子层(MAC 增强子层),用于物理层的调度、混合重传等控制工作,并增加了相应的传输信道:E-DCH、E-UCH(TDD)以及增强控制信道。E-DCH 用来传输 HSUPA 业务,R99 DCH 和 E-DCH 可以共存,因此用户可以享受在 DCH 上的传统语音服务的同时,利用 E-DCH 进行突发的数据传输。

3. LTE/AIE 计划

WiMAX 的挑战,促使 3GPP 认识到在 3G 与 4G 之间还有一段间隙。针对 R7 版本,3GPP 于 2004 年底启动了 LTE(3G 长期演进)的工作。而 3GPP2 则推出了 AIE(空中接口演进计划)。LTE 和 AIE 的共同特点是:数据业务传输速率提高一个数量级,达到 100 Mb/s;引入 OFDM 和 MIMO 等先进技术,进一步提升 3G 系统的技术水平。

LTE/AIE 的具体目标如下:
(1) 更高的数据速率(峰值速率):下行 100 Mb/s/上行 50 Mb/s。
(2) 更高的频谱效率:下行链路 5 (b/s)/Hz(3~4 倍于 R6 HSDPA);
　　　　　　　　　　上行链路 2.5 (b/s)/Hz(2~3 倍于 R6 HSUPA)。
(3) 更高的吞吐率(提高小区边缘的用户吞吐量)。
(4) 适用于不同的带宽:1.25~20 MHz。
(5) 支持 FDD 和 TDD 的频谱分配。
(6) 以分组域业务为主要目标。
(7) 更低的时延用户面和信令面(更短 TTI,信令优化)。
(8) 强调后向兼容,同时也考虑与系统性能的折衷。

本 章 小 结

本章对第三代(3G)移动通信系统进行了介绍,内容涉及 3G 系统的发展和主流标准的制定、系统结构和接口、三种主流标准的无线传输技术和关键技术以及 3G 系统的演进。WCDMA、CDMA2000 和 TD-SCDMA 作为 3G 的三大主流标准,下面分别进行说明。

WCDMA 系统,首先介绍了 WCDMA 标准及发展过程,两个主要的标准化组织——3GPP 和 3GPP2 在 3G 系统发展过程中起了重要的作用。然后重点介绍了 WCDMA 无线传输技术,包括传输信道和物理信道之间的映射关系、信道编码与复用过程、功率控制和发射分集技术，并列举了一些发射分集的实例。

CDMA2000 系统，首先介绍了 CDMA2000 区别与 IS-95 的不同特点，然后重点介绍了 CDMA2000 物理层无线传输技术，包括物理信道的类型、前向信道（多载波和直接扩频）和反向信道的传输过程，并对不同类型物理信道的传输过程进行了一定的说明。

TD-SCDMA 系统是中国百年通信史上第一个具有自主知识产权的国际 3G 标准。这里，首先介绍了 TD-SCDMA 标准及发展历程；接下来重点介绍了 TD-SCDMA 物理层技术，包括物理信道的帧结构及突发结构、物理信道的类型以及它和传输信道之间的映射关系；随后介绍了 TD-SCDMA 系统采用的关键技术，包括时分双工、同步 CDMA、联合检测、智能天线、软件无线电、动态信道分配、接力切换技术等，并对其技术原理进行了必要的分析。

在 3G 系统的演进过程中，3GPP 分别引入了新的分组接入增强技术，即 HSDPA 和 HSUPA 技术，同时为了应对 WiMAX 的挑战，还启动了 LTE（LTE（3G 长期演进）计划。而 3GPP2 则推出了 AIE（空中接口演进计划）。

当然，3G 系统本身仍存在着一些局限性，未来的移动通信将如何发展会在第 9 章进行说明。

思考练习题

7.1 第二代蜂窝移动通信系统将怎样过渡到第三代移动通信系统？请举例说明。
7.2 3G 目前有哪几种主流标准？具有我国自主知识产权的标准是哪个？
7.3 第三代移动通信采用了哪些关键技术？TD-SCDMA 系统的技术优势体现在哪些方面？
7.4 简述 HSDPA/HSUPA 技术原理。
7.5 试画出 3G UTRAN 结构及接口，并简述各功能实体的功能。
7.6 试说明 OVSF 码在 WCDMA 和 TD-SCDMA 系统中的应用。
7.7 在 WCDMA 无线传输过程中，速率适配的作用是什么？
7.8 CDMA2000 系统在 IS-95 基础上作了哪些技术改进？
7.9 请解释硬切换、软切换和接力切换的含义及各自的优缺点。
7.10 请查阅资料了解 3G、4G 的最新发展动态。

第 8 章　移动数据传输

随着社会的发展，人们对计算机的依赖也迅速增加，用户要求互连的计算机数量更多，类型也更为复杂。随着通信和网络技术的发展，使人们可以根据不同的要求选择不同的网络方案，但传统有线网络由于受设计或环境条件的制约，特别是当涉及网络移动或重新布局时，在物理、逻辑和资金方面普遍存在着一系列问题。所以，发展一种可行的无线通信网络技术作为现有数据连接的扩充已成为一种需要。20 世纪 90 年代以来，随着个人数据通信的发展，功能强大的便携式数据终端以及多媒体终端的广泛应用，为了达到任何人在任何时间、任何地点均能实现数据通信的目标，传统的计算机网络由有线向无线，由固定向移动，由单一业务向多媒体发展的要求，更进一步推动了无线网络的发展。

8.1　无线局域网（WLAN）技术

8.1.1　引　言

无线局域网（WLAN）是无线网络领域的一种重要分支，一般用于宽带家庭、大楼内部以及园区内部，典型覆盖距离为几十米至几百米。开发无线局域网的目标是对有线局域网进行无线扩展，通过无线通信的方式实现有线局域网的功能，并以比有线局域网低廉的价格和更加方便、灵活的方式进行网络安装和维护。

目前，全球有三大类型的无线局域网标准，包括美国 IEEE 802.11 标准系列，欧洲 ETSI BRAN 的 HIPERLAN 标准和日本 ARIB 开发的多媒体移动接入通信（MMAC）标准。在上述标准中，IEEE 802.11 标准系列发展最为迅速，得到的业界支持也最为广泛。因此，本节对无线局域网的讲述，将着重于 IEEE 802.11 系列。

IEEE 802.11 系列无线局域网（WLAN）技术的成长始于 20 世纪 80 年代中期，它是由美国联邦通信委员会（FCC）为工业、科研和医学（ISM）频段的公共应用提供授权而产生的。这项政策使各大公司和终端用户不需要获得 FCC 许可证就可以应用无线产品，从而促进了 WLAN 技术的发展和应用。

与有线局域网通过铜线或光纤等导体传输不同的是，无线局域网使用电磁频谱来传递信息。同无线广播和电视类似，无线局域网使用频道发送信息。传输可通过使用无线微波或红外线实现，但要求所用的有效频率和发送功率电平标准在政府机构允许的范围内。

8.1.2　WLAN 技术的优势

WLAN 是指以无线信道作传输媒介的计算机局域网络，是计算机网络与无线通信技术相结合的产物，它以无线多址信道作为传输媒介，提供传统有线局域网的功能，能够使用户真正实现随时、随地、随意的宽带网络接入。

WLAN 技术使网上的计算机具有可移动性，能快速、方便地解决有线方式不易实现的网络信道的连通问题。WLAN 利用电磁波在空气中发送和接收数据，而无需线缆介质。

与有线网络相比，WLAN 具有以下优点：

(1) 安装便捷。无线局域网的安装工作简单，它无需施工许可证，不需要布线或开挖沟槽。它的安装时间只是安装有线网络时间的零头。

(2) 覆盖范围广。在有线网络中，网络设备的安放位置受网络信息点位置的限制。而无线局域网的通信范围，不受环境条件的限制，传输范围大大拓宽，最大传输范围可达几十公里。

(3) 经济节约。由于有线网络缺少灵活性，这就要求网络规划者尽可能地考虑未来发展的需要，所以往往导致预设大量利用率较低的信息点。而一旦网络的发展超出了设计规划，又要花费较多费用进行网络改造。WLAN 不受布线接点位置的限制，具有传统局域网无法比拟的灵活性，可以避免或减少以上情况的发生。

(4) 易于扩展。WLAN 有多种配置方式，能够根据需要灵活选择。这样，WLAN 就能胜任从只有几个用户的小型网络到上千用户的大型网络，并且能够提供像"漫游"（Roaming）等有线网络无法提供的特性。

(5) 传输速率高。WLAN 的数据传输速率现在已经能够达到 11 Mb/s，传输距离可远至 20 km 以上。应用了正交频分复用（OFDM）技术的 WLAN，甚至可以达到 54 Mb/s。

此外，无线局域网的抗干扰性强、网络保密性好。对于有线局域网中的诸多安全问题，在无线局域网中基本上可以避免。而且相对于有线网络，无线局域网的组建、配置和维护较为容易，一般计算机工作人员都可以胜任网络的管理工作。

由于 WLAN 具有多方面的优点，其发展十分迅速。在最近几年里，WLAN 已经在医院、商店、工厂和学校等不适合网络布线的场合得到了广泛的应用。

8.1.3　WLAN 的拓扑结构

WLAN 有两种主要的拓扑结构，即基础结构网络（Infrastructure Network）和自组织网络（也就是对等网络，即人们常称的 Ad-Hoc 网络），如图 8.1 所示。

基础结构型 WLAN 的拓扑结构如图 8.1 (a) 所示。它利用了高速的有线或无线骨干传输网络。在这种拓扑结构中，移动节点在基站（BS）的协调下接入到无线信道。基站的另一个作用是将移动节点与现有的有线网络连接起来。当基站执行这项任务时，它被称为接入点（AP）。基础结构网络虽然也会使用非集中式 MAC 协议，如基于竞争的 802.11 协议可以用于基础结构的拓扑结构中，但大多数基础结构网络都使用集中式 MAC 协议，如轮询机制。由于大多数的协议过程都由接入点执行，移动节点只需要执行一小部分的功能，所以其复杂性大大降低。在基础结构网路中，存在许多基站及基站覆盖范围下的移动节点形成的蜂窝小区。基站在小区内可以实现全网覆盖。

在目前的实际应用中，大部分 WLAN 都是基于基础结构网络。

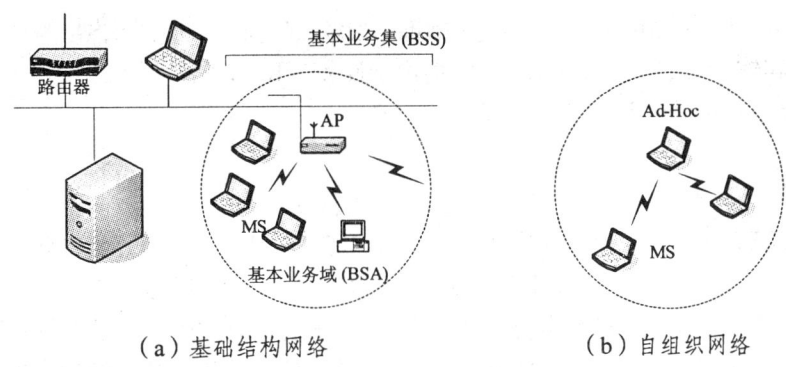

图 8.1　WLAN 的拓扑结构

自组织型 WLAN 是一种对等模型的网络，其拓扑如图 8.1（b）所示。它的建立是为了满足暂时需求的服务。自组织网络是由一组有无线接口卡的无线终端，特别是移动电脑组成。这些无线终端以相同的工作组名、扩展服务集标识号（ESSID）和密码等对等的方式相互直连，在 WLAN 的覆盖范围之内，进行点对点，或点对多点之间的通信。

组建自组织网络不需增添任何网络基础设施，仅需要移动节点配置一种普通协议。在这种拓扑结构中，不需要有中央控制器的协调。因此，自组织网络使用非集中式的 MAC 协议，例如 CSMA/CA。但由于该协议中所有节点具有相同的功能性，因此实施复杂并且造价昂贵。

自组织 WLAN 的另一个特性在于它不能采用全连接的拓扑结构。原因是对于两个移动节点而言，某一个节点可能会暂时处于另一个节点传输范围以外，它接收不到另一个节点的传输信号，因此无法在这两个节点之间直接建立通信。

8.1.4　WLAN 标准的发展

1. IEEE802.11

1990 年 IEEE802 标准化委员会成立了 IEEE802.11WLAN 标准工作组。IEEE802.11 是在 1997 年 6 月由大量的局域网以及计算机专家审定通过的标准，该标准定义物理层和媒体接入控制（MAC）子层规范。物理层定义了数据传输的信号特征和调制方式，定义了两个 RF 传输方法和一个红外线传输方法，RF 传输标准是跳频扩频和直接序列扩频，工作在 2.400 0～2.483 5 GHz 频段。

IEEE802.11 是 IEEE 最初制定的一个无线局域网标准，主要用于解决办公室局域网和校园网中用户与终端的无线接入，业务主要限于数据访问，速率最高只能达到 2 Mb/s。由于它在速率和传输距离上都不能满足人们需要，所以 IEEE802.11 标准被 IEEE802.11b 所取代了。

2. IEEE802.11b

1999 年 9 月 IEEE802.11b 被正式批准，该标准规定 WLAN 工作频段为 2.400 0～2.483 5 GHz，数据传输速率达到 11 Mb/s，传输距离控制在 50～150 英尺。该标准是对 IEEE 802.11 的一个补充，采用补偿编码键控调制方式，采用点对点模式和基本模式两种运作模式，在数据传输速率方面可以根据实际情况在 11 Mb/s、5.5 Mb/s、2 Mb/s、1 Mb/s 的不同速率间自动切换，它改变了 WLAN 设计状况，扩大了 WLAN 的应用领域。

IEEE802.11b 已成为当前主流的 WLAN 标准，被多数厂商所采用，所推出的产品广泛应用于办公室、家庭、宾馆、车站、机场等众多场合。而由于许多 WLAN 的新标准的出现，使 IEEE802.11a 和 IEEE802.11g 更是倍受业界关注。

3. IEEE802.11a

1999 年，IEEE802.11a 标准制定完成，该标准规定 WLAN 工作频段为 5.15～8.825 GHz，数据传输速率达到 54～72 Mb/s，传输距离控制在 10～100 m。该标准也是 IEEE802.11 的一个补充，扩充了标准的物理层，采用正交频分复用（OFDM）的独特扩频技术，采用 QPSK 调制方式，可提供 25 Mb/s 的无线 ATM 接口和 10 Mb/s 的以太网无线帧结构接口，支持多种业务如话音、数据和图像等，一个扇区可以接入多个用户，每个用户可带多个用户终端。

IEEE 802.11a 标准是 IEEE 802.11b 的后续标准，其设计初衷是取代 802.11b 标准。然而，工作于 2.4 GHz 频带是不需要执照的，该频段属于工业、教育、医疗等专用频段，是公开的；工作于 5.15～8.825 GHz 频带则是需要执照的。一些公司仍没有表示对 802.11a 标准的支持。

4. IEEE802.11g

目前，IEEE 推出最新版本 IEEE 802.11g 认证标准，该标准提出拥有 IEEE 802.11a 的传输速率，安全性较 IEEE802.11b 好，采用 2 种调制方式，含 IEEE 802.11a 中采用的 OFDM 与 IEEE 802.11b 中采用的 CCK，做到与 802.11a 和 802.11b 兼容。

5. 中国 WAPI 标准

针对 WLAN 安全问题，中国制定了自己的 WLAN 安全标准——WAPI。

与其他无线局域网安全机制（如 802.11i）相比，WAPI 主要的差别体现在以下几个方面：

1）双向身份鉴别

在 WAPI 安全体制下，无线客户端和 WLAN 设备二者处于对等地位，二者身份的相互鉴别在公信的鉴别服务器控制下实现。双向鉴别机制既可防止假冒的无线客户端接入 WLAN 网络，同时也可杜绝假冒的 WLAN 设备伪装成合法的设备。而在其他安全体制下，只能实现 WLAN 设备对无线客户端的单向鉴别，缺乏有效的 WLAN 设备身份鉴别手段。

2）数字证书身份凭证

WAPI 强制使用数字证书作为无线客户端和 WLAN 设备的身份凭证。

WAPI 基本架构上和 802.11i 采用的 AAA 架构类似，也包括了三个实体，即鉴别请求者系统（WLAN 终端）、鉴别器系统（WLAN 设备）和鉴别服务系统，如图 8.2 所示。

整个 WAPI 协议过程主要包括两个阶段：

（1）WLAN 终端和 WLAN 设备把各自证书发给鉴别服务器，后者负责判断证书的合法性。

（2）WLAN 终端和 WLAN 设备通过报文交互，完成相互的身份认证和密钥协商。

WAPI 一直致力于标准的国际化，但是一直遭遇很大的阻力。在搁浅 5 年之后的 2009 年，我国提出的无线局域网安全技术标准 WAPI 有望获国际认可，晋升国际标准。目前，WAPI 产业联盟宣布，WAPI 已获得国际标准组织 ISO/IECJTC1/SC6 的提案邀请，将作为独立标准重新进入国

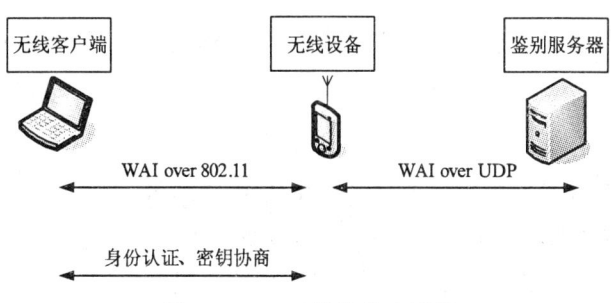

图 8.2　WAPI 协议基本过程

际标准流程。此外，工信部已经明确：只要支持 WAPI，具有 Wi-Fi 功能的手机就可以获得入网许可。总的看来，WAPI 产业当前已经得到了很好的标准和政策支持。

8.1.5　WLAN 的协议体系

图 8.3 给出了 IEEE 802.11 委员会提出的无线局域网协议体系。

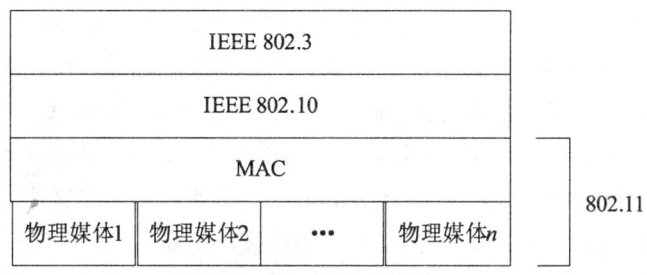

图 8.3　无线局域网协议体系

由图中可以看出，与有线局域网一样，无线局域网的标准化工作主要在逻辑链路层的 LLC 子层以下，即 MAC 层与物理层。由于无线的传输技术与有线传输技术的差异以及无线信道的独特性，需要制定新的 MAC 协议和相应的物理层协议。

1. 802.11 物理层

IEEE802.11 在 1997 年的标准中定义的三个物理层包括了两个扩散频谱技术和一个红外传播规范。红外线方法使用了与电视遥控器相同的方法，其他两种使用的是短距离无线电波。无线传输的频道定义在 2.4 GHz 的 ISM 波段内，这个频段，在各个国际无线管理机构中都是非注册使用频段。这样，使用 802.11 的客户端设备就不需要任何无线许可。扩散频谱技术保证了 802.11 的设备在这个频段上的可用性和可靠的吞吐量，这项技术还可以保证同其他使用同一频段的设备不互相影响。

最初，802.11 无线标准定义的传输速率是 1Mb/s 和 2 Mb/s，可以使用跳频扩频（FH-SS）技术和直接序列扩频（DS-SS）技术。需要指出的是，FH-SS 和 DH-SS 技术在运行机制上是完全不同的，所以采用这两种技术的设备没有互操作性。

1999 年两种新的技术被引入进来，以便达到更高的速率。这两种技术是正交频分复用 OFDM 和高速率直接序列扩频（HR-DSSS）技术，它们的工作速率分别达到 54 Mb/s 和

11 Mb/s。2001 年，第二种 OFDM 调制技术又被引入进来，它与第一种 OFDM 调制技术工作在不同的波段上。

1）FH-SS 技术

FH-SS 技术：2.4 GHz 频道被划分成 75 个 1 MHz 的子频道，从 2.4 GHz ISM 频段的低端开始往上。接收方和发送方协商一个调频的模式，数据则按照这个序列在各个子频道上进行传送，每次在 802.11 网络上进行的会话都可能采用了一种不同的跳频模式，采用这种跳频方式主要是为了避免两个发送端同时采用同一个子频段。

FH-SS 技术采用的方式较为简单，这也限制了它所能获得的最大传输速度不能大于 2 Mb/s，这个限制主要是受 FCC 规定的子频道的划分不得小于 1 MHz。这个限制使得 FHSS 必须在 2.4 GHz 整个频段内经常性跳频，带来了大量跳频上的开销。

2）DS-SS 技术

和 FH-SS 相反的是，直接序列扩频技术将 2.4 GHz 的频宽划分成 14 个 22 MHz 的通道 (Channel)，临近的通道互相重叠，在 14 个频段内，只有 3 个频段是互相不覆盖的，数据就是从这 14 个频段中的一个进行传送而不需要进行频道之间的跳跃。为了弥补特定频段中的噪音开销，一项称为"chipping"的技术被用来解决这个问题。在每个 22 MHz 通道中传输的数据都被转化成一个带冗余校验的 chips 数据，它和真实数据一起进行传输用来提供错误校验和纠错。由于使用了这项技术，大部分传送错误的数据也可以进行纠错而不需要重传，这就增加了网络的吞吐量。

802.11 的 DSSS 标准使用 11 位的 chipping-Barker 序列来将数据编码并发送，每一个 11 位的 chipping 代表一个一位的数字信号 1 或者 0，这个序列被转化成波形（称为一个 Symbol），然后在空气中传播。这些 Symbol 以 1 MS/s（每秒 1 M 的 Symbols）的速度进行传送，传送的机制称为 BPSK。在 2 Mb/s 的传送速率中，使用了一种更加复杂的传送方式称为 QPSK，QPSK 中的数据传输率是 BPSK 的两倍，以此提高了无线传输的带宽。

3）OFDM 技术

第一个高速无线局域网即 802.11a 使用的是 OFDM 技术。在更宽的 5 GHz ISM 频段中它可以达到 54 Mb/s。OFDM 技术使用了不同的频率，在 52 个频率中 48 个用于数据，4 个用于同步，这与 ADSL 相似。其主要思想是：将信道分成若干正交子信道，将高速数据信号转换成并行的低速子数据流，调制到每个子信道上进行传输。正交信号可以通过在接收端采用相关技术来分开，这样可以减少子信道之间的相互干扰 ICI。每个子信道上的信号带宽小于信道的相关带宽，因此每个子信道上的衰落可以看成平坦性衰落，从而可以消除符号间干扰。而且由于每个子信道的带宽仅仅是原信道带宽的一小部分，信道均衡变得相对容易。

OFDM 利用离散傅立叶反变换/离散傅立叶变换（IDFT/DFT）代替多载波调制和解调，调制解调的核心是快速傅立叶运算单元 OFDM 的多个载波相互正交，一个信号内包含整数个载波周期，每个载波的频点和相邻载波零点重叠，这种载波间的部分重叠提高了频带利用率。OFDM 是一种高效的多载波调制技术，其最大的特点是传输速率高，具有很强的抗码间干扰和信道选择性衰落能力。

表 8.1 是对 802.11 协议系列物理层技术的总结。

表 8.1　802.11 协议系列物理层技术总结

协　议	传统 802.11	802.11a	802.11b	802.11g	802.11n
频率/GHz	2.4	5	2.4	2.4	2 或 5
信号	FHSS 或 DSSS	OFDM	HR-DSSS	OFDM	OFDM
最大数据传输率/（Mb/s）	2	54	11	54	540（理论值）
发布时间	1997 年	1999 年	1999 年（先于 802.11a）	2003 年	于 2008 年认证
传输速率/（Mb/s）	1 和 2	6、9、12、18、24、36、48、54	1、2、5.5、11	6、9、12、18、24、36、48、54	1、2、5.5、6、9、11、12、18、24、36、48、54

2. 802.11 数据链路层

802.11 的数据链路层包括两个子层，一是逻辑链路层 LLC，另一个是媒体访问控制层 MAC。

IEEE802.11 定义的是物理层和媒体访问控制层 MAC 协议的规范，这里我们主要介绍媒体访问控制层 MAC。IEEE802.11 和后来相继推出的 IEEE802.11b 以及 IEEE802.11a 都具有相同的 MAC 层结构。主要差别在于工作频段，前者为 5 GHz 后者为 2.4 GHz，因此它们支持的数据传输速率不同。

IEEE802.3 有线局域网标准定义了 CSMA/CD（带有碰撞检测的载波侦听多址接入）MAC 层协议，适用于总线拓扑结构。由于 IEEE802.3 是当前流行的有线局域网标准，CSMA/CD 也是当前使用最多的有线局域网协议。

实现 CSMA/CD 的一个重要前提是：各站能够非常容易地实现碰撞检测功能。在有线局域网的情况下，可根据检测线缆上直流分量的变化容易地实现碰撞检测。在 IEEE 802.11 无线局域网协议中，冲突的检测存在一定的问题，这个问题称为"远近效应"现象，这是由于要检测冲突，设备必须能够一边接收数据信号一边传送数据信号，而这在无线系统中是无法办到的。所以 CSMA/CD 协议不能照搬到无线局域网中去。

为了尽量减少数据的传输碰撞和重试发送，防止各站点无序地争用信道，无线局域网中采用了与以太网 CSMA/CD 类似的 CSMA/CA（载波侦听多址接入/冲突避免）协议。CSMA/CA 通信方式将时间域的划分与帧格式紧密联系起来，保证某一时刻只有一个站点发送，实现了网络系统的集中控制。

1）探询脉冲 CSMA/CA

在 IEEE 802.11 无线局域网中，使用的是探询脉冲 CSMA/CA 协议，它的工作流程是：一个工作站希望在无线网络中传送数据，如果没有探测到网络中正在传送数据，不是立即发送数据，而是在冲突探询窗口之内先发送一些探询脉冲序列，每个脉冲的长度都固定一致。未发送探询脉冲时应先监测信道，如果检测到其他站发送的脉冲序列，则认为其他站正在试探信道。如果正在发送探询脉冲的站在冲突探询窗口时间内检测不到其他站发送的探询脉冲，则认为只有自己在试探信道，在冲突探询窗口时间之后把数据帧发送出去。接收端的工作站如果收到发送端送出的完整的数据则发回一个 ACK 数据包，如果这个 ACK 数据包被发送端接收到，则这个数据发送过程完成,如果发送端没有收到 ACK 数据包,则或者发送的数据没有被完整接收到,或者 ACK 信号的发送失败,不管是哪种情况发生,数据包都在发送端等待一段时间后被重传。

2) RTS/CTS

在无线局域网中存在一个有线局域网没有的特别问题,那就是"隐藏终端"问题。CSMA/CA 协议中提供的是一种竞争发送机制,它的关键在于发送站点要能正确检查出当前介质的状态是繁忙还是空闲。两个互不可见(即无线信号不能互达)的工作站利用一个中心接入点进行连接,这两个工作站都能够"听"到中心接入点的存在,而相互之间则可能由于障碍或者距离原因无法感知到对方的存在。由于两个发送站点都无法检测到介质中有对方的信号,于是都认为此时介质为空闲,可以使用,并同时向中心接入点发送信号。显然,接收信号的中心接入点将无所适从,因为它接收到的实际是两个发送站点送来的相互干扰的信号。

为了解决"隐藏终端"问题,IEEE 802.11 标准在 MAC 层上引入了一个可选的 request/clear to send(RTS/CTS)选项。RTS/CTS 机制的工作原理是:发送站点在向接收站点发送数据包之前,即在 DIFS(DCF 帧间隔)之后不是立即发送数据,而是代之以发送一个请求发送 RTS 帧,以申请对介质的占用,当接收站点收到 RTS 帧后,立即在一个短帧隙 SIFS 之后回应一个准许发送 CTS 帧,告知对方已准备好接收数据。双方在成功交换 RTS/CTS 信号(即完成握手)后才开始真正的数据传递,这就保证了多个互不可见的发送站点同时向同一接收点发送信号时,实际只能是接收到接收站点回应 CTS 帧的那个站点能够进行发送,避免了冲突发生。即使有冲突发生,也只是在发送 RTS 帧时,这种情况下,由于收不到接收站点的 CTS 消息,大家回头再用 CSMA/CA 协议的竞争机制,分配一个随机退守定时值,等待下一次介质空闲 DIFS 后竞争发送 RTS 帧,直到成功为止。这样发送端就可以发送数据和接收 ACK 信号,而不会造成数据的冲突,从而间接解决了"隐藏终端"问题,如图 8.4 所示。

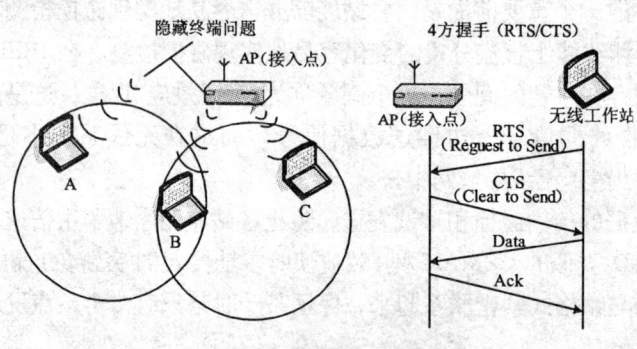

图 8.4 隐藏终端问题

8.1.6 WLAN 技术发展趋势

WLAN 产业蓬勃发展和 WLAN 技术标准不断完善形成了良好的互动。随着 WLAN 早期协议暴露的安全缺陷,由于用户应用不断地呼唤着更高的吞吐量,以及企业等应用对可管理性的要求,IEEE 802.11 工作组陆续推出新的 802.11i、802.11e、802.11n、802.11k 等大量标准。此外,IETF 的 CAPWAP 工作组还制定了无线 AP 的相关管理标准。

我们可以从无线安全、吞吐提高、可管理等方面对 WLAN 相关标准的发展进行分类:

1）实现无线安全

为了解决 802.11 标准中 WEP 等安全机制的缺陷，IEEE 802.11i 工作组提出了 802.11i 标准。此外，中国制定了 WAPI 标准，目前正在申请成为国际标准。无论 802.11i 还是 WAPI，都是为了保障用户无线数据的安全。802.11 协议报文（管理报文）也是安全的重要环节，IEEE 802.11w 工作组负责制定管理报文安全。

2）提高无线可管理性

WLAN 大规模部署、Voice Over WLAN 等需求对无线资源和无线终端管理提出了更高要求，为此 IEEE 成立了 802.11k 和 802.11v 工作组。此外，为了简化大量 AP 设备部署时的操作成本，IETF 成立了 CAPWAP 工作组以制定相关标准。

3）无线吞吐提高

从传统的 802.11a、802.11b 和 802.11g 发展到最新的 802.11n 标准，物理层最高吞吐从 54 Mb/s 提高到了 600 Mb/s。

4）其他标准

为了满足 Voice Over WLAN 等业务对 QoS、快速漫游的要求，IEEE 成立了 802.11e、802.11r 工作组。为了标准化基于 WLAN 的 mesh 网络技术，IEEE 成立了 802.11s 工作组。

8.2 无线城域网（WiMAX）技术

随着移动通信技术和宽带技术的发展，WiMAX（全球微波接入互操作性）技术已经成为全球电信运营商和设备制造商关注的热点问题之一。技术的发展使得越来越多的多媒体应用进入到人们的生活，运营商提供的服务也随之变化。但是从现网的实践来看，大量的多媒体应用给现有移动网络资源造成巨大消耗，远远超过了相关收入的增加。所以解决如何在保证服务质量的前提下，有效的降低每比特成本以更好地满足用户需求，对运营商意义重大。WiMAX 正是这样一种极具潜力的应用。

8.2.1 IEEE802.16 标准和 WiMAX 组织

IEEE802.11 系列标准在无线 LAN 领域获得巨大成功之后，IEEE 进而希望将这种成功的应用模式推向更广阔无线城域网（WMAN）的领域。1999 年，IEEE 专门成立了 IEEE802.16 工作组，为固定/移动模式下宽带无线接入定义 WMAN 的空中接口规范。

IEEE802.16 标准于 2001 年 12 月发布时，因为仅支持 10～66 GHz 的工作频段，只能提供可视范围内的承载服务，市场应用受到很大限制。经过进一步完善，IEEE 在 2003 年 1 月又发布了新的扩展协议 IEEE 802.16a。IEEE 802.16a 引入了新的物理层技术，如利用 OFDM 来抵抗多径效应等，并对 MAC 层做了进一步的强化，工作频段也扩展到 2～11 GHz 的许可频段和非许可频段支持非可视（NLOS）的接入方式。IEEE 802.16a 具有很强的市场竞争力，真正成为可用于城域网的无线接入手段。IEEE 802.16-2004 是 2～66 GHz 固定宽带无线接入系统的标准，是对

IEEE802.16、IEEE 802.16a 和 IEEE 802.16c 的整合和修订。IEEE 802.16e 在继承 IEEE 802.16-2004 能力的基础上增加了对全移动性的支持，理论移动速度可以达到 120 km/h。

IEEE802.16 系列规范提供了统一的空中接口标准，为规范设备能力、实现不同厂家设备之间的互联和技术的全球化打下了坚实的基础，但是对于运营商而言将 IEEE802.16 标准推向市场还需要诸多的要素。因此一个由运营商、设备制造商、周边部件供应商和研究机构组成的非盈利组织 WiMAX 论坛成立起来。WiMAX 论坛的宗旨是在全球范围内推广遵循 IEEE802.16 标准和 ETSI HIPERMAN 标准的宽带无线接入设备，并且对设备的兼容性和互操作性做统一的认证以保证系统互联、方便运营商部署。为此，WiMAX 论坛专门成立了 WiMAX 产品认证的工作组和实验室，保证不同厂商 WiMAX 设备间的互操作性和兼容性。这样，经认证后的 WiMAX 设备具有良好的互操作性和对规范的顺从性。此外，WiMAX 论坛组织还致力于帮助解决技术以外的问题，如各国的频率分配、市场应用案例分析等。

目前 WiMAX 几乎成为 IEEE802.16 标准的别称，其成员也发展到约 300 家。随着 WiMAX 产品商用化的进展，WiMAX 论坛的工作重点将放在设备认证和网络构架的研究上。

8.2.2 WiMAX 技术特点

WiMAX 是采用无线方式代替有线实现"最后一公里"接入的宽带接入技术。WiMAX 的优势主要体现在这一技术集成了 Wi-Fi 无线接入技术的移动性与灵活性以及 xDSL 等基于线缆的传统宽带接入技术的高带宽特性，其技术优势可以概括如下：

1. 传输距离远、接入速度高

WiMAX 采用 OFDM 技术，能有效对抗多径干扰；同时采用自适应编码调制技术可以实现覆盖范围和传输速率的折衷；此外，还利用自适应功率控制，可以根据信道状况动态调整发射功率，从而使得 WiMAX 具有更大的覆盖范围以及更高的接入速率。例如，当信道条件较好时，可以将调制方式调整为 64QAM，同时采用编码效率更高的信道编码，提高传输速率，WiMAX 最高传输速率可以达到 75 Mb/s；反之，当信道传输条件恶劣，基站无法基于 64QAM 建立连接时，可以切换为 16QAM 或 QPSK 调制，同时采用编码效率更低的信道编码，这样可以提高传输的可靠性、增大覆盖范围。

2. 无"最后一公里"瓶颈限制、系统容量大

作为一种宽带无线接入技术，WiMAX 接入灵活、系统容量大。服务提供商无需考虑布线、传输等问题，只需要在相应的场所架设 WiMAX 基站。WiMAX 不仅支持固定无线终端也支持便携式和移动终端，能适应城区、郊区以及农村等各种地形环境。一个 WiMAX 基站可以同时为众多客户提供服务，为每个客户提供独立带宽请求支持。

3. 提供广泛的多媒体通信服务

WiMAX 可以提供面向连接的、具有完善 QoS 保障的电信级服务，满足用户的各种应用需要。按照优先级由高到低依次提供：

（1）主动授予服务（UGS）。提供固定带宽的实时服务，例如 E1、T1 以及 VoIP 等。

(2) 实时轮询服务（rtPS）。rtPS 为可变带宽的实时服务，例如 MPEG 视频流。

(3) 非实时轮询服务（nrtPS）。速率可变的非实时服务，例如大的文件传输。

(4) 尽力投递服务（BE）。根据网络状况提供最大可能的服务，例如 Email。

4. 提供安全保证

WiMAX 系统安全性较好。WiMAX 空中接口专门在 MAC 层上增加了私密子层，不仅可以避免非法用户接入，保证合法用户顺利接入，而且提供加密功能，充分保护用户隐私，例如提供 EAP-SIM 认证。

5. 互操作性好

运营商在网络建设时能够从多个设备制造商处购买 WiMAX 认证的设备，而不必担心兼容性的问题。

6. 应用范围广

WiMAX 可以应用于广域接入、企业宽带接入、家庭"最后一公里"接入、热点覆盖、移动宽带接入以及数据回传等所有宽带接入市场。值得提出的是，在有线基础设施薄弱的地区，尤其是广大农村和山区，WiMAX 更加灵活、成本低，是首选的宽带接入技术。

8.2.3 WiMAX 协议体系结构

IEEE802.16 工作组的主要工作都围绕空中接口展开，空中接口主要由物理层和 MAC 层组成。物理层由传输汇聚（TC）子层和物理媒介依赖（PMD）子层组成，通常说的物理层主要是指 PMD。物理层定义了 TDD 和 FDD 两种双工方式。MAC 层又分为三个子层：面向业务的汇聚子层（CS）、公共部分子层（CPS）和安全子层（SS）。

WiMAX 的协议体系结构如图 8.5 所示。

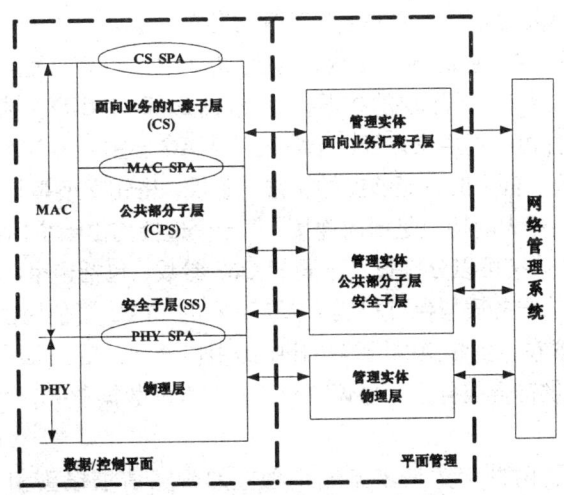

图 8.5 WiMAX 的协议体系结构

从图中我们可以看出，WiMAX/802.16 系统包括两个平面，数据/控制平面与管理平面。系统在数据/控制平面实现的功能主要是保证数据的正确传输。因此，数据/控制平面在定义了必要的传输功能之外，还需要定义一些控制机制来保障传输的顺利进行，而管理平面中定义的管理实体，分别与数据/控制平面的功能实体相对应。通过与数据/控制平面中实体的交互，管理实体可以协助外部的组网管理系统完成有关的管理功能。

1. 物理层

WiMAX/802.16 定义了 5 种不同的物理层规范：无线城域网-单载波（WMAN-SC）、无线城域网-增强单载波（WMAN-SCa）、无线城域网-正交频分复用（WMAN-OFDM）、无线城域网-正交频分多址（WMAN-OFDMA）、无线高速免执照城域网（wireless high-speed unlicensed MAN）。其中最常用的是 OFDM 模式。选用 OFDM 是由于它在保持高频谱效率和最大限度利用可用频谱的同时还支持非视距传输，为了在各种信道环境下提供可靠的特性，WiMAX/802.16 的物理层支持智能天线系统来改善基站服务的范围和容量，同时物理层还采用了 Reed-Solomn 与卷积级联码的前向纠错、动态频率选择、空时编码来减少干扰，提高在衰落环境下的性能。

WiMAX 的物理层支持时分双工（TDD）和频分双工（FDD）两种工作方式。还规定了终端可以采用半双工频分双工（H-FDD）方式，降低了对终端收发器的要求，从而降低了终端成本。

WiMAX 支持灵活地划分载波带宽，系统采用 1.25～20 MHz 之间的带宽。考虑各个国家已有的固定无线接入系统的载波带宽划分，WiMAX 规定了几个系列：1.25 MHz 的倍数，1.75 MHz 的倍数。对于 10～66 GHz 的固定无线接入系统，还可以采用 28 MHz 载波带宽，提供更高的接入速率。

2. MAC 层

MAC 层分为三层：从上到下依次是面向业务的汇聚子层 CS，公共部分子层 CPS 和安全子层（可选）。

CS 子层提供与更高层的接口，按照不同的汇聚方式来适配各种上层协议。将所有从汇聚子层服务接入点（SAP）接收到的外部网络数据与 MAC 层业务流标识（SFID）和连接标识（CID）关联，并映射成 MAC SDU，然后通过 MAC SAP 发送给 MAC CPS。CS 又可以分为 ATM 汇聚子层和包汇聚子层两种，包汇聚子层支持所有的基于分组的协议。

CPS 子层负责执行 MAC 层的核心功能，包括系统接入、带宽分配、连接建立、连接维护等。该子层从 MAC SAP 接收来自 CS 子层的数据，然后根据 SFID 和 CID 分类到不同的 MAC 连接上。QoS 将被应用到传输中并由物理层来保证。通常说的 MAC 层主要指 MAC CPS。

MAC 层包含独立的安全子层，能够提供加密、鉴权、密钥交换等与安全有关的功能。

WiMAX 的 MAC 层最大的特点是面向连接，每一个连接均由一个标识符（CID）来唯一标识。而且，MAC 层针对每个连接可以分别设置不同的 QoS 参数，包括速率、时延和时延抖动等指标，从而为该连接建立专门的服务质量保证机制。WiMAX 的 MAC 层使用由基站（BS）安排的时分多址接入（TDMA）协议在点到多点的网络拓扑中给用户分配容量。采用这种 TDMA 接入机制以后，该系统不仅能够提供符合服务水平协议（SLA）的高速数据业务，而且还能够提供对时延敏感的业务。

MAC 层主要提供了两种带宽请求方式：独立的带宽请求报头和授权管理子头中的捎带（Piggybacking）请求。

3. 网络协议流程

WiMAX 系统一般只包括物理层，MAC 层和网络层，其中 WiMAX 协议标准中只规定了物理层和 MAC 层，而网络层相对简单。此外，为了实现与以太网的通信，WiMAX 系统中还需要以太网驱动单元。WiMAX 系统的协议流程如图 8.6 所示。WiMAX 网络层通过 IP 协议与对等实体通信。网络协议数据包主要处理 ARP 和 IP 协议数据包，根据上层协议类型应用不同的处理流程，实现基站（BS）与核心网络、用户站（SS）与用户驻地网的互通。与对等网络实体互通是通过协议服务访问点与 MAC 层通信，为上层应用协议建立可靠的数据通道，进行业务数据传输。

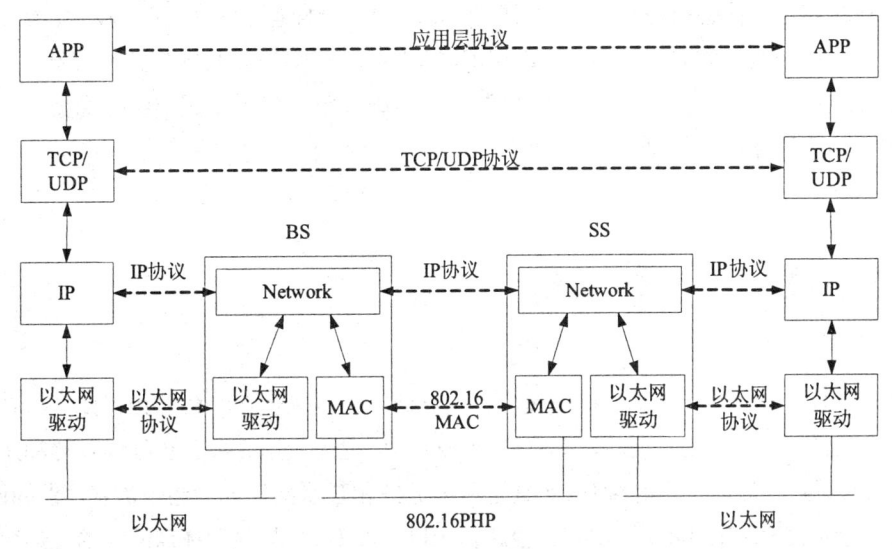

图 8.6 网络协议流程

8.2.4 WiMAX 标准化最新进展

IEEE 802 工作组在完成固定无线接入（IEEE 802.16-2004）和移动无线接入（IEEE802.16e-2005）标准后，目前主要有以下任务组（Task Group）继续保持活跃状态，开展相关的标准化活动：

维护任务组（Maintenance TG）：负责对已有 802.16 标准的维护工作，包括对编辑性错误的勘误工作，对 IEEE 802.16-2004、IEEE 802.16e-2005、IEEE 802.16f-2005 和勘误文件的文档合并工作。

网络维护任务组（Network Management TG）：负责制定固定无线接入、移动无线接入的管理信息库（MIB）。其中，固定无线接入 MIB 标准（IEEE 802.16f）已经通过，移动无线接入 MIB 标准（IEEE 802.16g）在 2007 年 4 月底完成了工作组投票，已经提交 IEEE 执行委员会，待批准发布。

中继任务组（Relay TG）：主要开发 Mobile Multihop Relay 规范，通过引入中继站（Relay Station）的概念，增强了 WiMAX 的网络部署能力，将在一定程度上扩大 WiMAX 的应用。

TGm 工作组致力于对 OFDMA 空中接口规范的增强和演进，使之能满足下一代移动网络的需求。

ITU-R Liaison Group 特设组负责 IEEE 802.16 工作组与 ITU-R WP8A、WP8F 的联络。该特设组负责向 ITU-R WP8F 提交 IP-OFDMA 提案，负责就 IMT-2000 问题与 ITU 进行联络。同时，该特设组还就 ITU IMT-ADVANCED 的进展及相关问题进行讨论。

总体看来，IEEE 802.16 目前的工作主要集中在对已有空中接口标准的完善和开发具备更高性能的空中接口标准。可以预见，自 TGm 任务组成立后，在相当长的时间内 IEEE 802.16 的主要力量将集中在该任务组，直到开发出满足新的需求的空中接口标准。

2007 年 10 月 19 日，国际电信联盟 ITU 宣布，批准 WiMAX 以 OFDMA WMAN TDD 的名义成为 ITU 移动无线标准。这意味着，WiMax 成为 3G 标准中 IMT-2000 家族的一名正式成员，与 WCDMA、CDMA2000 以及我国的 TD-SCDMA 并列，成为全球第四大 3G 标准。

但是，拥有 3G 多项专利和技术的爱立信、高通是 WiMAX 的反对者；它们分别代表着 WCDMA 和 CDMA2000 阵营的核心利益。WiMAX 同 TD-SCDMA 一样均使用了 TDD 技术，如果 WiMAX 成为 3G 技术，在频谱资源方面就会对 TD-SCDMA 构成冲击，所以我国也持反对意见。我国工业和信息化部无线电管理局指出，移动 WiMAX（802.16e）没有经过中国通信标准委员会的审定，不能作为中国的国家标准，不能在中国使用。

8.3 移动蜂窝网和数据网的融合

无线局域网（WLAN）以其价格低廉、组网灵活、支持高速无线数据接入及开放频段等独特的魅力，不仅在金融、商业、制造、零售等行业得到广泛的应用，并且正在受到移动运营商、固网运营商以及新兴电信运营商的青睐。尤其是移动通信和互联网已成为当今信息产业的两大支柱，移动互联网必将成为未来移动通信的发展方向。因此，WLAN 与移动蜂窝网络的互通已成为最新的热点技术。通过建立 WLAN 与蜂窝网络两者的互通，利用 WLAN 高数据接入速率的特点，同时利用移动蜂窝网络覆盖范围广的特点，将为用户提供更快捷、更灵活的移动数据业务，可以预见两者互相融合的前景非常广阔。

本节将以 WLAN 和 GPRS 的融合为例进行说明。

GPRS 目前已经被世界上许多国家的运营商大规模商业部署了，GPRS 终端提供的数据速率最高可达 172 Kb/s（典型值 42 Kb/s）。对 WLAN 而言，802.11b 在 2.4 GHz 的频点上可以提供最高 11 Mb/s 的数据速率，802.11a 和 HiperLAN 在 5 GHz 的频点上可以提供最高 54 Mb/s 的数据速率，相对 GPRS 提供的数据速率要高得多。因此，WLAN 技术可以为 GPRS 蜂窝技术提供完美的带宽补充。但是，相对蜂窝技术而言，WLAN 的覆盖范围要小得多，所以基于节约投资等因素的考虑，WLAN 只能部署在诸如机场、宾馆等热点地区。故此，利用 WLAN 的高接入数据速率的特点，同时考虑到 GPRS 覆盖范围宽的特点，二者的融合，前景广阔。

目前两种主要的融合方案被称为：紧耦合方式（Tight coupling）和松耦合方式（Loose coupling），这两种方案是由 ETSI 来制定的。在松耦合方案中，WLAN 作为 GPRS 的辅助接入网，WLAN 利用 GPRS 网中的用户数据库，而与 GPRS 核心网间并没有直接数据接口。在图 8.7 示意的简化 GPRS 参考模型中，可以认为 WLAN 和 GPRS 间松耦合主要在 Gi 参考点，WLAN 旁路 GPRS 网络，数据直接接入到分组数据网（PDN）。而在紧耦合中，WLAN 数据流量通过 Gb 或 Iu-PS 参考点连接到 GPRS 核心网再送至外部 PDN。

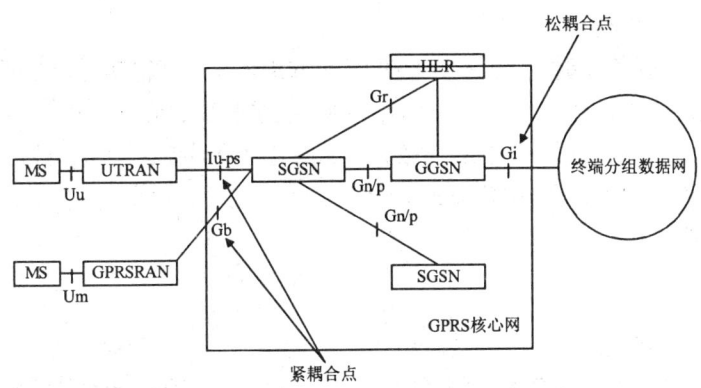

图 8.7 WLAN 与 GPRS 互通接入点的参考模型图

1. 松耦合融合方案

松耦合时 WLAN 不与 GPRS 核心网 (CN) 发生联系，而是直接通过 Gi 接口接入外部分组数据网，松耦合方案中 WLAN 作为 GPRS 接入网的补充，二者的接入控制器完全独立。WLAN 可以与 GPRS 使用同一个用户数据库，但与 GPRS 核心网没有数据接口，也就是说，WLAN 旁路 GPRS 网络，直接接到外部分组数据网中。两种网络间的耦合程度极低，彼此互不干扰，一种网络的建设和发展一般不会影响到另一种网络。在松耦合方案中，WLAN 上层协议使用的是标准的各种 Internet 协议，不必对协议栈进行改造。

2. 紧耦合融合方案

紧耦合方案中，WLAN 和 GPRS 无线接入网一样，通过 Gb 接口直接接入 GPRS 核心网 CN，WLAN 的数据在到达外部分组数据网之前要经过 CN。紧耦合方案中的 WLAN 接入控制器通过 Gb 接口与 SGSN 相连，它为 WLAN 连入 GPRS 核心网提供了标准接口，对 SGSN 屏蔽了 WLAN 的特性，使 SGSN 把 WLAN 看做是一个单独的基站子系统；也可以将接入控制器合并到 SGSN 中。紧耦合方案中 WLAN 和 GPRS 尽可能地采用相同的固定网络资源，彼此仅在无线接入部分相互独立。也就是说，这种方案中 WLAN 是作为 GPRS 网络的一个无线接入网存在的，使用 GPRS 网络的鉴权、计费和认证，上层协议运行的是 GPRS 相关协议，因此需要对 WLAN 协议栈进行改造，增加与 GPRS 协议栈间的接口。在紧耦合方案中，用户使用双模终端可实现在 WLAN 和 GPRS 网络间的无缝切换，对于 GPRS 核心网来说，用户在两个网络间的切换就相当于在两个独立的小区间进行一样。

3. 两种耦合方案的比较

1）松耦合方案的特点

(1) 松耦合的优点包括：

① WLAN 和 GPRS 网络相互独立，互不影响。
② 实现两个网络融合的技术要求较低，不需要对现有网络设备进行大的升级和改造。
③ 对移动终端没有特殊要求，普通的 WLAN 终端也可接入。
④ 应用面宽，既适合于 WLAN 为 GPRS 运营商所拥有的情况，也适用于 WLAN 为第三方运营商所拥有的情况。

(2) 松耦合的其缺点有：

① 当用户采用双模终端时，必须采用移动 IP 的方式才能实现移动终端在两个网络间的切换，而且不能保证切换前后会话的连续性，不适合对 QoS 要求较高的业务。

② 两个网络间仅彼此共用了一个鉴权服务器，融合程度较低。

③ 不同业务区间无法相互分担负荷。

④ 网络管理难度大。

2）紧耦合方案的特点

（1）紧耦合的优点包括：

① 可以共用 GPRS 网络的各种资源（如核心网资源、认证和计费系统等），保护 GPRS 运营商的投资。

② 可采用统一的接入服务器为两个网络提供接入服务，可以方便地把新业务推广到两种网络中。

③ 采用双模终端时，用户可以实现在两个网络间的无缝切换，保证切换前后会话的连续性，对 QoS 支持较好。

④ 不同业务区间可以分担负荷。

⑤ 支持 GPRS 网络的业务如短信、彩信等。

⑥ 安全性高。

（2）紧耦合的其缺点有：

① 实现技术难度大，需要升级和改造现有的网络设备。

② 应用面窄，较适合于 WLAN 为 GPRS 运营商所拥有的情况。

③ 对移动终端有特殊要求，一般采用双模终端，不支持普通的 WLAN 终端，选用哪一种耦合方案是由很多种因素决定的。

总的来说，当网中存在许多不同的 WLAN 运营商和 GPRS 运营商时，松耦合方案是最好的选择；当 WLAN 和 GPRS 为同一个运营商所有时，紧耦合方案更具吸引力。

4. 鉴权、计费与漫游

用户的鉴权和计费模式有两种：一种是基于 SIM 卡的鉴权计费模式。这种模式通过 GPRS 网络的 HLR 进行鉴权。移动终端可以采用支持 WLAN 和 GPRS 的双模终端，可同时识别两套网络，当两套网络同时存在时，可任意选择进入哪一个网络。对于没有采用双模终端的用户，当进入所属的移动运营商布置了 WLAN 的热点地区时，如果使用的是普通的 WLAN 网卡，则需要配置一个专门的读取 SIM 卡的套件，这样就可以得到一个唯一的用户信息，接入控制器将用户信息送到 AAA 服务器，系统会自动检测该用户在 HLR 中存放的用户信息，检查该用户的合法性，合法则可以接入 WLAN，同时 RADIUS 服务器可以提供计费信息。

采用基于 SIM 卡的鉴权计费模式的优点是可以充分发挥 SIM 卡的鉴权优势，实时计费。为了解决上网时手机不能通话的矛盾，可以通过电脑安装相应的软件，在上网的同时通过电脑通话；或者发给用户一个专门用于 WLAN 的 SIM 卡，与手机同一号码，专门用于用户身份识别，不支持手机通话，但对 GPRS 网络的 HLR 要做适当修改。

另一种鉴权和计费方式是通过 RADIUS 进行认证和鉴权，用户信息存放在 RADIUS 服务器中，当用户接入 WLAN 时，接入控制器将用户信息送到 RADIUS 服务器进行鉴权，通过后可以接入

WLAN，接入控制器统计用户流量，将流量信息传送给交换中心，WLAN 上网费用合并在用户手机账单上。这种方式对于 WLAN 终端没有特殊的要求。

WLAN 提供公共接入服务的另一个关键问题是漫游。当采用基于 SIM 卡的鉴权计费模式时，其漫游类似于 GPRS 用户的漫游。而采用 RADIUS 的鉴权计费模式时，当用户漫游到了外地，可以通过漫游地的 RADIUS 与用户所属地的 RADIUS 协商，最终完成该用户的认证和鉴权。

5. 发展前景

将 GPRS 与 WLAN 的优势结合起来，可以实现广域无线接入和热点地区高速接入的自由转换，更加切合经常出差、拥有笔记本电脑或 PDA 的商旅人士的需求，商旅人士将真正享受到随时随地无线上网带来的方便和快捷，其对数据业务的较高需求将得到最大满足。移动运营商也可以借此吸引高端用户，扩大市场份额，提高自身的竞争力。

本章小结

本章探讨了移动数据传输，分别讲述了其中的 WLAN 和 WiMAX 的技术和应用，并描述了它们的发展趋势。

在最近几年里，WLAN 已经在医院、商店、工厂和学校等不适合网络布线的场合得到了广泛的应用。本章对 WLAN 多方面的优点做了详细介绍，回顾了 WLAN 标准的发展历史，并对其物理层技术和 MAC 层技术做了重点介绍。同时，针对 WLAN 发展中存在的问题，介绍了其发展趋势。

WiMAX（全球微波接入互操作性）技术已经成为全球电信运营商和设备制造商的关注热点问题之一。本章对 WiMAX 的发展历史、技术特点做了详细介绍，重点描述了其协议体系结构，并介绍了 WiMAX 将来的发展。

在本章的最后，从移动蜂窝网和数据网融合的角度，以 WLAN 和 2.5G GPRS 网络的融合为例，进行了探讨。两种主要的融合方案被称为：紧耦合方式（Tight coupling）和松耦合方式（Loose coupling）。分别介绍了这两种融合方案的具体实现。两种融合方案各自具有一定的优缺点，适用于一定的应用场景。

思考练习题

8.1 简述 WLAN 技术的优势。
8.2 WLAN 有哪两种主要拓扑结构，请分别加以论述。
8.3 中国 WAPI 标准主要解决 WLAN 中哪个方面的问题？请简述其实现机制。
8.4 请简述 WLAN 中采用 CSMA/CA，而不是直接沿用有线网络 CSMA/CD 协议的原因。
8.5 请描述"隐藏终端"问题，并阐述其解决机制。
8.6 简述 WiMAX 技术的特点。
8.7 WiMAX 应用在我国处于什么状态？
8.8 从实现方式上，论述 WLAN 与 GPRS 紧耦合方式和松耦合方式的异同。

第 9 章 未来移动通信展望

自 2000 年以来，世界各地的移动运营商纷纷开始 3G 网络的建设与商用，在 3G 应用方兴未艾之时，下一代移动通信系统的标准已呼之欲出。本章首先以 3G 为起点，对未来移动通信系统及其技术的发展趋势作简要介绍，然后简要介绍未来移动通信系统中将要采用的多天线技术。

9.1 从 3G 到 4G

在 2G 系统得到广泛应用的 20 年中，Internet 因其自由灵活、业务应用丰富等特点席卷全球。Internet 的快速发展和广泛应用，促使移动通信技术向全 IP 方向发展，为迎合这一趋势，3GPP 和 3GPP2 等标准化组织制定了 3G 的标准。

9.1.1 3G 的特点

3G 和 2G 相比，具有更宽的带宽（≥5 MHz），能够提供最低 384 Kb/s、最高 2 Mb/s 的传输速率，从而可以提供高速数据传输和宽带多媒体业务。3G 把高速移动接入和基于 Internet 的服务相结合，提供包括卫星在内的全球覆盖，可以实现无线网络之间以及无线网络和有线网络之间业务的无缝连接，从而提高了无线频谱利用效率，为用户提供了更经济、内容更丰富的无线通信服务。但 3G 系统仍然存在一些局限性，主要表现在：

（1）难以达到较高的通信速率。由于 3G 系统采用的 CDMA 技术自干扰特性，当用户容量越大时，能为每个用户提供的速率就越低；此外，3G 最高可支持 2 Mb/s 的速率，然而在高速移动环境中，却远远达不到这一速率。

（2）难以提供动态范围多速率业务。由于 3G 空中接口标准对核心网有所限制，因此 3G 将难以提供具有多种 QoS 及性能的各种速率的业务。

（3）难以实现不同频段的不同业务环境间的无缝漫游。由于采用不同频段的不同业务环境需要移动终端配置有相应不同的软、硬件模块，而 3G 移动终端目前尚不能够实现多业务环境的不同配置。

（4）3G 仍然是基于地面的、标准不统一的区域性标准。

由于这些局限性，3G 对无线多媒体业务的提供能力与质量仍无法满足人们参与网络、享受网络生活的通信要求，并且网络的智能化程度仍有待提高，所以，人们对下一代移动通信系统充满了期待。

9.1.2 4G 的概念

事实上，从 2000 年 3G 投入市场伊始，欧洲、韩国、日本等国家、地区就开始了有关下一代移动通信技术的研究工作，并取得了很多研究成果，通常将 3G 之后的技术称作 B3G（Beyond 3G）或 4G 技术。我国也在 2001 年正式启动了未来移动与无线通信发展的 FuTURE 计划，致力于 B3G 及 4G 技术的研究。迄今，FuTURE 计划已完成了具有 B3G 移动通信系统基本技术特征的 FDD/TDD 实验系统的研制开发，能够在移动环境下支持峰值速率为 100Mbps 的无线传输及高清晰度图像业务演示等功能，其高频谱利用率和低发射功率技术的特点代表了新一代移动通信的发展趋势。

在 2007 年 11 月结束的一次国际电信联盟（ITU）的正式会议上，B3G（Beyond 3G）和 4G 技术正式统一命名为 IMT Advanced。与之同时，在 2007 年 11 月闭幕的世界无线电通信大会上通过了适用于全球 3G 与 4G 移动通信系统的频谱划分，其中包括 3.4～3.6 GHz 的 200 MHz 带宽，以及分配给我国 TD-SCDMA 的 2.3～2.4 GHz 的 100 MHz 带宽。目前 ITU-T 已经开始了 4G 标准化工作的进程。

业界对 4G 的描述并不统一，但目前世界各国就 4G 的发展目标已达成基本共识，以下是普遍认可的一种解释：4G 是多功能集成的宽带移动通信系统；是一种宽带接入的 IP 系统和分布式的网络；能提供传输速率达到 100 Mb/s 和 1 Gbit/s 的室外和室内数据传输能力。表 9.1 给出了 4G 与 3G 的比较。

表 9.1 3G 和 4G 特征比较

序号	特　征	3G	4G
1	业务特性	语音、数据、多媒体	融合数据业务和 VoIP
2	网络结构	蜂窝小区	混合结构
3	频率范围	1.6～2.5 GHz	2～8 GHz、800 MHz
4	带　宽	5～20 MHz	100^+ MHz
5	速　率	384 Kb/s～2 Mbps	20～100^+ Mbps
6	接入方式	CDMA	MC-CDMA、OFDMA
7	交换方式	电路交换、分组交换	分组交换
8	移动性	200 km/h	200～350^+ km/h
9	IP	包含 IP	全 IP

9.1.3 3G 到 4G 的演进

目前比较统一的观点是，4G 将不会再是单一的网络体制，它将包括宽带无线固定接入、宽带无线局域网、宽带蜂窝移动通信网以及互操作的广播网络（基于地面和卫星系统）等。而其中最主要的两种类型的网络是 IEEE 802 系列的无线接入网和蜂窝移动通信网络，前者发展的主要方向是提高对移动性的支持，而后者则主要解决高速数据传输的问题。

1. 无线城域网向 4G 的演进

IEEE 802 工作组因其在局域网标准中的成功而闻名于世,它制定了一系列固定/移动宽带无线接入技术,包括无线局域网 802.11、无线个域网 802.15、无线城域网 802.16 和无线广域网 802.20。这些标准的核心网都是 IP 网,其物理层和 MAC 层专为突发性的分组业务设计,能够自适应无线传输环境。802.21 则被发展用来解决 802 系列中各种接入网、固定以太网和蜂窝移动通信网络之间的基于 IP 的漫游和切换问题。这种体制符合通信网络 IP 化和下一代网络(NGN)的技术发展趋势,具有优越的性能。

无线城域网 802.16 最初提供点对点的高速视距无线链路,将 802.11a 无线接入热点连接到互联网,工作频率在 10~60 GHz;之后进一步发展为点到多点模式、非视距传输的宽带无线接入网 802.16a,可用作电缆调制解调器和 xDSL 的补充,提供固定无线宽带接入,工作频段降低到 2~11 GHz;再后来完善成为 802.16d,现在发展成为了支持移动性应用的 802.16e,工作频段在 2~6 GHz,这也就是现在的 WiMAX(全球微波接入互操作性)技术。2007 年 10 月,WiMAX 正式被批准为 ITU 的 3G 移动无线标准,自此开始了它在移动通信领域的发展。

按照 802.16 工作组的规划,IEEE 将于 2009 年底完成 802.16 m 标准的制定,其目标是形成一个具有竞争和突破性的宽带无线接入技术,符合 ITU 对 4G 的要求,同时保持与 WiMAX 标准的互用性。802.16 m 的传输速率目标为固定状态下的 1 Gb/s 和移动状态下的 100 Mb/s,频谱利用率将高达 10 bit/s/Hz,并将提高广播、多媒体以及 VoIP 业务的性能。

2. 蜂窝移动通信系统向 4G 的演进

移动通信和 Internet 是目前通信领域发展最迅速和应用最广泛的两个领域,将二者融合实现移动互联网是业界正在努力实现的目标。3G 系统为适应移动互联网业务的需求,产生了很多链路增强技术,例如 3GPP 的高速分组接入技术(HSPA)和 3GPP2 的高速数据率(HDR)技术等,这些都是 3G 向 4G 演进的必经之路。

3GPP 分别在 3G 协议标准的 R5 和 R6 版本中引入了高速分组下行链路接入(HSDPA)和高速分组上行链路接入(HSUPA)来增加 3G 系统空中接口对分组数据业务的承载能力。此外,为应对 WiMAX 等新兴无线宽带技术的竞争,以及进一步改进和增强现有 3G 技术以提高 3G 技术在宽带无线接入市场的竞争力,2004 年底 3GPP 提出了长期演进(LTE)计划。

由于 LTE 重新定义了空中接口和核心网络,放弃了 CDMA 技术而采用 OFDM 技术,只支持 PS 域等,使得 LTE 与已有 3GPP 各版本标准不兼容。为了让 3G 增强型技术能够较平滑地演进到 LTE,又提出了在 HSPA 和 LTE 之间提供一个中间过渡方案 HSPA+,并已于 2006 年 12 月完成阶段性的技术研究。2008 年 1 月 LTE 已列入 3GPP R8 正式标准。

HSDPA 和 HSUPA 属于 3.5G 技术,而 LTE 通常被认为是 3.9G。随着 LTE 标准化工作的不断推进,从 WCDMA、TD-SCDMA 等现有 3G 技术标准向 LTE 演进的已经有了明确路线。如图 9.1 所示。CDMA 2000 最初确定了通过超移动宽带(UMB)和空中接口演进计划(AIE)向 4G 演进的方向,但目前也转向了 LTE 路线。

LTE 是现有 3G 移动通信技术在 4G 应用前的最终版本,采用了很多原计划用于 B3G/4G 的技术如 OFDM、MIMO 等,使现有 3G 技术能够更平滑的向 4G 过渡。此外,LTE 因 WiMAX 的竞争而产生,在未来的移动通信市场中,WiMAX 技术将会是 LTE 的一个强劲的竞争对手。虽然目

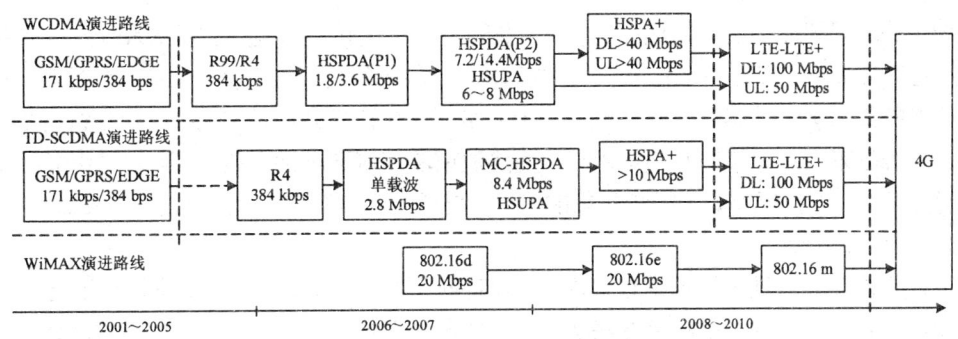

图 9.1　3G 向 4G 的无线技术演进路线

前各种无线宽带技术呈百舸争流之势，但从技术发展的角度上看，不同无线网络的融合已是大势所趋，未来移动通信系统必将是一个多种无线网络相融合的系统。

在无线通信系统中，频谱资源是有限的，特别对于蜂窝移动通信而言，其大范围覆盖的要求、移动通信用户数量的飞速增长、以及未来移动通信系统发展高速数据及图像业务的需要，使得无线资源短缺与通信业务量的飞速增长之间的矛盾愈显突出。在前面介绍的扩频、均衡、分集等技术都是从时域或频域出发来寻找提高系统容量和通信质量的方法。而另一方面，近年来移动通信领域的研究将目标转向空间域（简称空域），并取得了巨大进展，智能天线、多输入多输出（MIMO）和分布式天线是其中 3 类主要的技术，本章以下内容将对其原理及应用做简要介绍。

9.2　智能天线技术

9.2.1　智能天线原理

智能天线源自最初的军用通信雷达和声纳系统中的阵列天线，用于实现空间滤波和定位。随着现代数字信号处理技术（DSP）的快速发展，DSP 芯片的处理能力的提高和价格的下降，使智能天线技术可以用于商用无线通信系统。智能天线技术的主要任务就是研究如何获取和利用接收信号中包含的空间方向信息，并通过阵列信号处理技术改善接收信号的质量从而提高系统的性能。一个典型的智能天线系统如图 9.2 所示，主要由 3 部分组成：实现信号空间采样的天线阵列、对各阵元输出进行加权合并的波束成形网络和更新权值的控制部分。

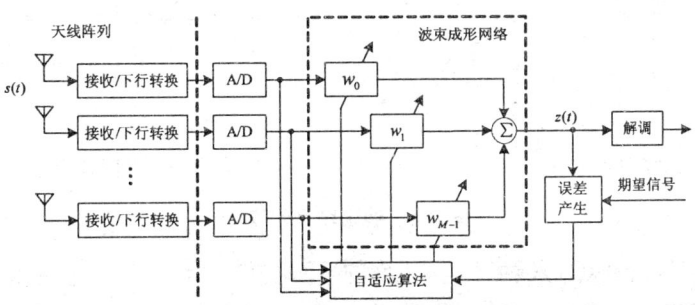

图 9.2　智能天线系统框图

智能天线的"智能"主要体现在天线波束能够在一定范围内根据用户状态和无线通信环境的改变进行自适应调整：以自适应滤波算法和以 DSP 为核心的信号处理器，依据各种准则，产生自适应的最优权值矢量，动态调整数字波束成形网络（DBF）。DBF 对阵元接收信号进行加权求和处理形成天线波束，主波束指向期望用户，而将波束零点对准干扰方向。天线各阵元接收的信号通过自适应网络，根据噪声、干扰和多径的情况，自适应调整权值，达到自适应改变天线方向图，跟踪多个用户的目的。

波束成形网络亦可通过模拟电路实现，但随着阵元数目的增大，会使电路复杂而庞大。为此，未来移动通信智能天线都采用数字方法实现波束成形，即数字波束成形网络。使用软件设计完成自适应算法更新，可以在不改变系统硬件配置的前提下，增加系统的灵活性。

智能天线的阵列可以由多个各向同性的全向天线构成，一般采用均匀间距排放的线形阵、环形阵和平面阵，如图 9.3 所示。实际应用中无论采用哪种结构，决定阵列天线性能的关键因素是各阵元间响应信号的相关性，这与阵元间距和通信环境有着密切关系。在蜂窝移动通信环境中，基站天线一般放置在较高的位置，周围散射体和障碍物较少，基站处来波的入射角扩展较小，所以基站天线阵元间距需要较大才能保证各阵元输出信号具有较低的相关性。而移动台天线经常处于位置较低、周围散射体复杂的环境中，来波的角度扩展和时延扩展较大且呈随机分布，一般情况下，两天线分集接收时，间距大于四分之一波长即可。这里以线形阵列为例说明，如图 9.4 所示。

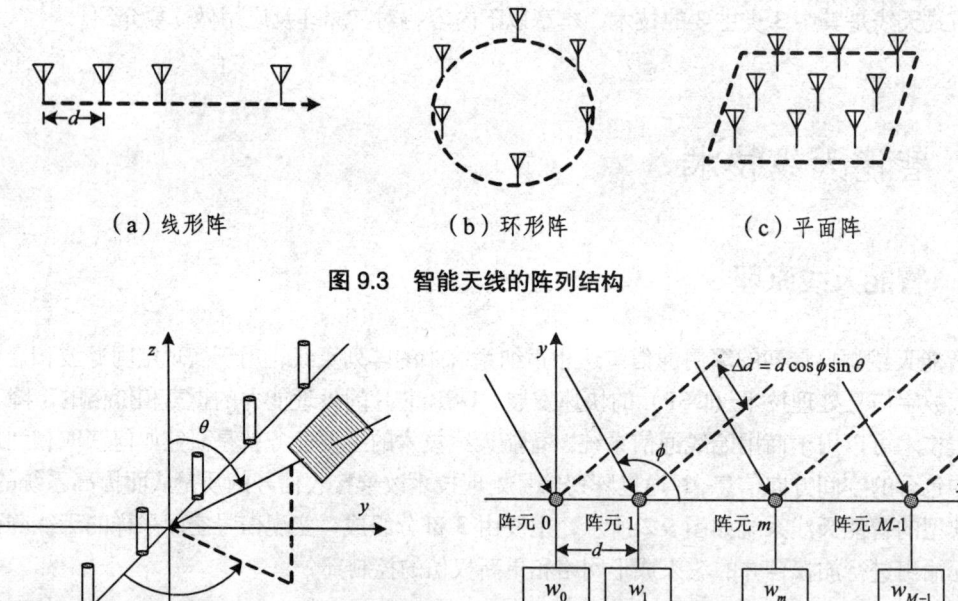

（a）线形阵　　　　　（b）环形阵　　　　　（c）平面阵

图 9.3　智能天线的阵列结构

（a）波达方向示意图　　　　　（b）线形阵信号合成示意图

图 9.4　线形阵列示意图

图 9.4 中，窄带信号 $s(t)$ 入射到阵列上面的平面波方向角为 ϕ，与水平面的夹角为 θ，角度 (ϕ, θ) 可以唯一确定信号的入射方向，因此常称其为电波到达方向（DOA）。对于入射到阵列上

的平面波，在阵元 m 上接收到的信号为

$$u_m(t) = As(t)\exp(-j\beta m\Delta d) = As(t)\exp(-j\beta md\cos\phi\sin\theta) \quad (9.1)$$

式中，A 为增益常数；$\beta = 2\pi/\lambda$ 为相位传播因子；λ 为信号波长，阵列的输出为

$$z(t) = \sum_{m=0}^{M-1} w_m u_m(t) = As(t)\sum_{m=0}^{M-1} w_m \exp(-j\beta md\cos\phi\sin\theta) \quad (9.2)$$

自适应阵列中就是通过调整权值矢量 $\{w_m\}$，使数信号质量最优。确定智能天线性能可以采用不同的性能准则，它们适用于不同的信号与接收环境，但这些不同准则下的最优解都收敛于维纳解，它们包括：最小均方误差准则（MMSE）、最大信干比准则以及最大似然准则等。

9.2.2 智能天线在移动通信中的应用

由于智能天线对提高移动通信系统容量和频谱利用率都很有利，所以已成为 3G 和未来移动通信系统的主要备用技术之一。但由于受移动台体积、电源以及重量等方面因素的制约，目前采用智能天线技术还比较困难，所以在 3G 和未来移动通信系统中将主要用于基站，即基站上行接收和下行发射中。

在实现上，因为 TDD 模式更容易获得进行信道估计的信道状态信息，所以智能天线更适合于 TDD 或 TDMA 系统，例如 GSM、GPRS、TD-SCDMA、UTRA TDD 等。而 WCDMA 的 FDD 模式和 CDMA 2000 均采用 FDD 方式，其上下行频段间隔 90 MHz，已远大于 2G 频段上的信号相关带宽。因此上下行频段的衰落是独立的，这给智能天线的实现带来了技术上的复杂度，此时，智能天线必须建立在反馈闭环信道估计的基础上。

1. 智能天线的上行接收技术

移动通信最初引入智能天线的目的是为了改善上行信道的质量和容量，例如熟知的空分多址（SDMA）方式，多个用户使用相同的频率、时隙或地址码，而根据信号不同的空间传播路径接入，智能天线相当于空时滤波器，在多个指向不同用户的并行天线波束的控制下，可以显著降低用户之间的多址干扰。所以智能天线的上行接收技术相对比较成熟。目前上行接收主要有两种方式：基于全自适应的窄带波束跟踪用户方式和基于预波束的波束切换方式，理论研究者对前者更感兴趣，而工程技术人员更青睐后者。

在全自适应方式中，对应空域或空、时域联合处理的各权值可依据一定的自适应算法进行任意调整，对当前的传输环境实现最大可能的匹配，相应的智能天线接收波束可以任意指向。理论上讲，全自适应方式可以达到最优，但由于移动通信中用户的随机移动和移动信道的时变特性，使得目前提出的一系列算法的收敛速度难以满足实际应用的要求。因此，从工程实现上看，准最优的基于多波束的波束切换方式更有实际应用价值。

在基于预波束的波束切换方式中，整个空域（各种可能的入射角）被一些预先设计好的波束分割覆盖，各组权值对应的波束有不同的主瓣指向，相邻波束的主瓣间通常也会有一些重叠，接收时的主要任务是挑选一个或几个（如有合并的需要）作为工作模式。与全自适应方式相比，这种方式更易于实现。

为了更有效的对抗时延扩展、进行多径合并和滤除干扰，有必要进行空时联合处理。在 DS-CDMA 系统中，常见的空时处理结构包括空时二维 Rake 接收机，简称 2D Rake 接收机，其基本思想是：对每条可分辨的多径分量进行空域滤波，然后对滤波后的多径分量按照一定的准则进行合并。实际应用中的 2D rake 接收机可以具有不同的形式，如在码片级进行空域滤波处理或先进行时域匹配滤波后在符号级进行空域处理，然后做最大比或等增益合并。作为自适应算法的载体，接收机的结构确定后，各种自适应算法可以在这个平台上运行，只是根据使用条件和环境的不同加以调整和改进。从实现角度讲，CDMA 上行基站接收采用智能天线技术正在逐步走向成熟。

2. 智能天线的下行接收技术

基站智能天线下行发射的实现要比基站上行接收更困难，主要在于智能天线的理想工作模式要与下行信道实时的信道状态特性相匹配，而要获得下行信道的实时状态信息需要付出更复杂的操作，特别是对于 FDD 模式下的系统。

在下行实现方案中，一种可行的方法是移动台实时反馈下行信道的状态信息给基站，即通过反馈回路构成闭合环路，类似 IS-95 上行闭环功率控制的操作，但这一方案的实施较复杂，其系统开销大。另一种方法是利用上行信道信息估计下行信道的状态信息，在 TDD 系统，这种方法是可行的，因为对 TDD 系统，上下行占用相同的频段，只是时隙不同，只要上下行时隙帧的长度较短（一般小于 10 ms）即可，TD-SCDMA 系统中使用的就是这种方式；但对于 FDD 系统，采用该方案只能获得智能天线所需的部分信息，例如传播路径的入射角和出射角等，而不能获得准确的下行信道的状态信息。

到目前为止，智能的下行发送问题难以找到简单有效的方法，但是在下行发送技术中又出现了一些新技术，例如空时编码技术等。这些情况表明，对于工程应用，也许可以避开自适应阵列的下行发送，而采用空时编码等技术。

9.3 多输入多输出（MIMO）技术

9.3.1 多输入多输出（MIMO）信道模型与容量

随着数据业务在移动通信业务中比重的迅速提升，采用常规发射分集、接收分集或智能天线技术已不足以解决新一代移动通信系统的大容量与高可靠性需求问题。所以结合空时处理的多输入多输出（MIMO）天线技术一经提出，就引起理论界与业界的高度关注，为未来无线通信系统提供了解决该问题的新途径。目前研究已表明，在一定条件下，采用 MIMO 系统，可以在无需增加频谱资源和发射功率的情况下，成倍提高系统容量，信道容量的增长与天线数目成线性关系。

图 9.5 给出了一个由 M 个发送天线和 N 个接收天线组成的 MIMO 无线通信系统模型。在 $N \times M$ 个收发天线对组成的单发单收信道中，每个接收天线上接收的信号为所有 M 个发送的信号经衰落信道后与噪声干扰的叠加。假如信道经历平坦性衰落，则发送天线 m 与接收天线 n 之间的等效基带信道可用一复系数 h_{nm} 来表示。设 M 个发送天线上发送的信号分别为 $x_1, x_2, \cdots, x_M$，w_n 为第 n 个接收天线上的加性噪声，则第 n 个天线的接收信号 y_n 可表示为

$$y_n = \sum_{m=1}^{M} h_{nm} y_m + w_n, \quad n=1,2,\cdots,N \tag{9.3}$$

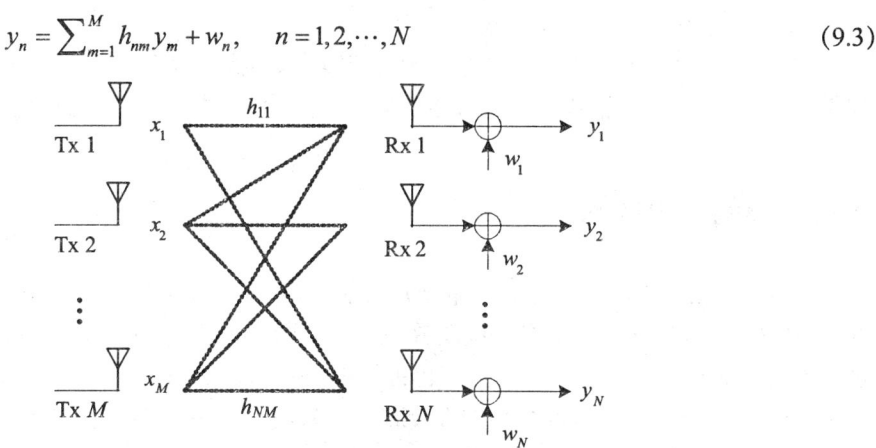

图 9.5　M 个发射天线 N 个接收天线的 MIMO 系统模型

上式可用向量和矩阵表示为

$$y = Hx + w \tag{9.4}$$

式中，向量 $y=(y_1,y_2,\cdots,y_N)^T$，$x=(x_1,x_2,\cdots,x_M)^T$ 及 $w=(w_1,w_2,\cdots,w_N)^T$ 分别表示接收信号向量、发送信号向量和噪声向量；上标 "T" 表示转置；矩阵 H 的第 n 行 m 列元素为 h_{nm}。

假设发送信号向量的相关阵为 R 即 $R = E(xx^T)$，则发送信号的总功率 $P = tr(R)$，$tr(\cdot)$ 表示矩阵的迹。假设噪声向量为零均值互不相关的循环对称复高斯分布随机向量，噪声向量的每一分量的方差 $E(|w_n|^2)=\sigma^2$。MIMO 系统的平均信道容量可表示为

$$\overline{C} = E\{C\} = E\left\{\log_2 \det\left(I_M + \frac{1}{\sigma^2} HRH^H\right)\right\} \text{ (bit/s/Hz)} \tag{9.5}$$

$$\text{s.t. } tr(R) \leqslant P$$

式中，s.t.（subject to）表示约束条件。

在 MIMO 系统中，收发送两端天线比较集中，都处于具有相同路径损耗和阴影衰落的"位置"，可不考虑路径功率损耗和阴影衰落对信道的影响。此时的矩阵 H 服从均值为零，协方差矩阵为单位矩阵的循环复高斯分布。从（9.3）式计算出每个接收天线上的信噪比 $\rho=P/\sigma^2$。当发送端不知道信道信息时，平均分配各天线功率（$R = \rho/M I_M$）可得到最优的容量解，且任一天线发送的功率与接收端的噪声功率之比为 ρ/M。此时信道容量为：

$$C = \log_2 \det\left(I_N + \frac{\rho}{M} HH^H\right) \text{ (bit/s/Hz)}$$

$$= \sum_{i=1}^{\min(M,N)} \log_2\left(1+\frac{\rho}{M}\lambda_i\right) \text{ (bit/s/Hz)} \tag{9.6}$$

式中，λ_i 为 HH^H 的第 i 个非零特征值。(9.6) 式同时表明 MIMO 信道容量可表示为 $\min(M,N)$ 个特征子信道的容量之和。当信噪比 ρ 较大时，已证明平均信道容量 $\overline{C}$ 可表示为

$$\overline{C} = \min(T, M)\log\rho + o(1) \text{ (bit/s/Hz)} \tag{9.7}$$

其中 $o(\ )$ 表示参数的高阶无穷小量，(9.7) 式表明平均信道容量与发送天线数和接收天线数的最

小值呈线性增长关系。

此外,如果发送端已知信道信息,则使传输速率达到信道容量的功率分配表现为注水形式;如果发送端仅知道部分信道信息,如协方差阵等,则可以通过预编码方式提高信道容量。

9.3.2 空间复用技术

通过采用空间复用(Space Multiplex)技术,MIMO 系统可以在相同的带宽条件下取得比单天线系统更高的信道容量。为达到空间复用目的,发送端将高速数据流经过并行编码器变成并行数据流,再经过分层编码后经不同天线发射出去,从而在不增加带宽的条件下提高数据传输速率。空时复用的典型形式是贝尔实验室提出的 BLAST 系统。它是一种特殊的空时编码,包括垂直分层空时编码(V-BLAST),对角分层空时编码(D-BLAST),水平分层空时编码(H-BLAST)等具体形式。当然也可以加入信道编码以达到系统性能和带宽之间折中的目的。其系统结构如图 9.6 所示。

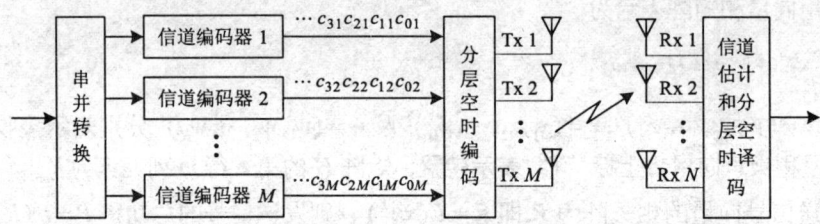

图 9.6 BLAST 系统结构示意图

对于 H-BLAST 系统,编码器接收到从并行信道编码器的输出后,按水平方向进行空时编码,即每个信道编码后的码元直接送到对应的天线发送;V-BLAST 系统按垂直方向进行空时编码后发送;D-BLAST 系统按对角线进行空时编码后发送。以 $M=4$ 为例,如图 9.7 所示。

$\cdots c_{71}\ c_{61}\ c_{51}\ c_{41}\ c_{31}\ c_{21}\ c_{11}\ c_{01} \longrightarrow$ Tx 1

$\cdots c_{72}\ c_{62}\ c_{52}\ c_{42}\ c_{32}\ c_{22}\ c_{12}\ c_{02} \longrightarrow$ Tx 2

$\cdots c_{73}\ c_{63}\ c_{53}\ c_{43}\ c_{33}\ c_{23}\ c_{13}\ c_{03} \longrightarrow$ Tx 3

$\cdots c_{74}\ c_{64}\ c_{54}\ c_{44}\ c_{34}\ c_{24}\ c_{14}\ c_{04} \longrightarrow$ Tx 4

(a) H-BLAST

$\cdots c_{44}\ c_{43}\ c_{42}\ c_{41}\ c_{04}\ c_{03}\ c_{02}\ c_{01} \longrightarrow$ Tx 1

$\cdots c_{54}\ c_{53}\ c_{52}\ c_{51}\ c_{14}\ c_{13}\ c_{12}\ c_{11} \longrightarrow$ Tx 2

$\cdots c_{64}\ c_{63}\ c_{62}\ c_{61}\ c_{24}\ c_{23}\ c_{22}\ c_{21} \longrightarrow$ Tx 3

$\cdots c_{74}\ c_{73}\ c_{72}\ c_{71}\ c_{34}\ c_{33}\ c_{32}\ c_{31} \longrightarrow$ Tx 4

(b) V-BLAST

$\cdots c_{44}\ c_{43}\ c_{42}\ c_{41}\ c_{04}\ c_{03}\ c_{02}\ c_{01} \longrightarrow$ Tx 1

$\cdots c_{54}\ c_{53}\ c_{52}\ c_{51}\ c_{14}\ c_{13}\ c_{12}\ c_{11}\ 0 \longrightarrow$ Tx 2

$\cdots c_{63}\ c_{62}\ c_{61}\ c_{24}\ c_{23}\ c_{22}\ c_{21}\ 0\ 0 \longrightarrow$ Tx 3

$\cdots c_{72}\ c_{71}\ c_{34}\ c_{33}\ c_{32}\ c_{31}\ 0\ 0\ 0 \longrightarrow$ Tx 4

(c) D-BLAST

图 9.7 BLAST 系统编码发射示意图

上述三种分层空时编码方案中,D-BLAST 具有较好的空时特性和层次结构,但是有 $n(n-1)/2$ bit 的传输冗余,而且解码比较复杂,因而不是特别实用。H-BLAST 虽然编译码都很简单,但其空时特性很差。而 V-BLAST 的空时特性虽然比对角分层空时码差一些,但却比水平分层空时码的性能要好得多,且没有传输冗余,编译码复杂度也不太大,因而得到了广泛应用。

接收端信号如（9.3）式,空时信号检测算法有多种方法,如 ZF、MMSE、干扰抵消（SIC）、最大似然（ML）等,依照上述顺序检测器复杂度依次增加,性能依次改善。理论上讲,最大似然译码能获得最优性能,但是译码复杂度也最大。

9.3.3 空时编码技术

MIMO 系统除了能够通过空间复用的方式提高数据传输速率外,还可以通过分集改善通信可靠性。在 MIMO 系统中主要通过空时编码技术提高分集度。有关空时编码的方法很多,Tarokh 等人提出了将信道编码、调制、以及收发分集联合优化的思想,并构造了空时格形码（STTC）,它能在不增加带宽的情况下,既获得完全的分集增益,又能获得非常大的编码增益,同时还能提高系统的频谱效率。随后,各种空时编码得到快速发展,如 Turbo 空时格形码与级联空时码等。

实际上,空时编码的盛行是从空时分组码（STBC）的发现开始的,STBC 编码最先由 Alamouti 提出,采用了简单的两天线发送分集编码方式。这种 STBC 编码的最大优势在于,可以采用线性译码方案,并获得完全的分集增益。Tarokh 进一步将两天线 STBC 编码推广到多天线的形式,并提出了通用的正交设计准则。本节将对 Alamouti 首先提出的两天线 STBC 的编译码原理作简要介绍。

Alamouti 方案是空时码中结构最简单,空间分集与复用折中最优的,同时也是唯一达到最大传输码率的复数 STBC,其系统结构如图 9.8 所示。

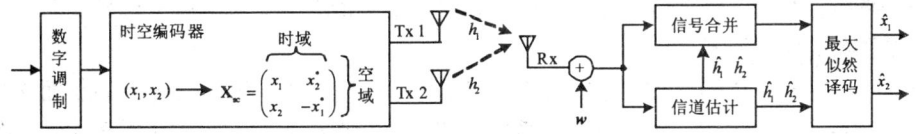

图 9.8 Alamouti 编码方案

对任意两个符号 x_1、x_2,在编码器中经过时域和空域的编码转换,图中"*"表示复数的共轭,空时编码器输出矩阵的第 m（$m=1, 2$）行第 t 列（$t=1, 2$）元素表示从第 m 个天线第 t 个符号周期发送的符号。不难看出 $X_{sc}X_{sc}^H = (|x_1|^2 + |x_2|^2)I_2$,即 X_{sc} 为正交阵,因此亦称之为正交空时分组编码。

Alamouti 方案要求信道在连续两个符号发送周期内保持不变。设接收端只有 1 个天线,接收天线在第 t 个周期接收的符号为 y_t,h_m 表示第 m 个发送天线到接收天线的信道系数,且在 2 个符号发送周期内保持不变,则有下列表达式

$$\begin{pmatrix} y_1 \\ y_2 \end{pmatrix} = \begin{pmatrix} x_1 & x_2 \\ x_2^* & -x_1^* \end{pmatrix} \begin{pmatrix} h_1 \\ h_2 \end{pmatrix} + \begin{pmatrix} w_1 \\ w_2 \end{pmatrix} \tag{9.8}$$

式中,w_t 表示接收天线第 t 个时刻的噪声分量。将（9.8）式变换成如下形式

$$\begin{pmatrix} y_1 \\ y_2^* \end{pmatrix} = \begin{pmatrix} h_1 & h_2 \\ -h_2^* & h_1^* \end{pmatrix} \begin{pmatrix} x_1 \\ x_2 \end{pmatrix} + \begin{pmatrix} w_1 \\ w_2^* \end{pmatrix} \tag{9.9}$$

将上式改写成矩阵形式为

$$y = Hx + w \tag{9.10}$$

在接收端将 (9.10) 两边同乘以 H^H，注意到 $H^H H = \left(\sum_{m=1}^{2} |h_{nm}|^2\right) I_2$，即 H 为正交阵，即 Alamouti 系统转化为以 x 的各分量为发送符号的并行传输系统。加性噪声向量经正交变换后仍为循环对称独立同分布高斯向量，因此可以将 ML 检测变为简单的线性检测。

图 9.9 给出了在不采用 Alamouti 编码的单天线系统和采用 Alamouti 编码的 2 发 1 收、2 发 2 收的误码率对比曲线，采用 Alamouti 编码可以很好地改善系统误码率性能。

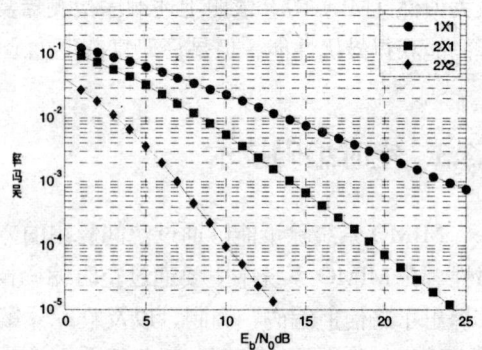

图 9.9 Alamouti 编码方案在准静态衰落信道下的性能比较

9.3.4 MIMO-OFDM 系统

未来移动通信系统将为用户提供高达 1 Gb/s 的高速数据业务，而对于高速数据传输而言，多径时延扩展导致的 ISI 将是系统中最主要的危害之一。一般而言，只要时延扩展远远小于发送符号的周期，则 ISI 的影响可以忽略不计，但高速数据传输中发送符号的周期可以与时延扩展相比拟，甚至小于时延扩展，此时将引入严重的码间干扰，导致系统性能的急剧下降。均衡是一种改善 ISI 的实用技术，但对于高速数据传输，其复杂度将达到难以忍受的程度。多载波的正交频分复用（OFDM）技术既可以维持发送符号周期远远大于多径时延，又能够支持高速的数据业务，并且不需要复杂的信道均衡。

另一方面，用于 MIMO 系统的空时编码技术最初是基于平坦衰落信道设计的，而未来移动通信系统是宽带高速通信系统，属于频率选择性衰落信道，直接采用空时编码需要非常复杂的检测手段。OFDM 系统能将频率选择性衰落信道转化成为多个平坦衰落信道，因此将 OFDM 和 MIMO 技术相结合是技术发展的必然趋势，二者的结合一方面可以实现高速的数据传输，另一方面可以通过分集实现很高的可靠性，学术界称其为 MIMO-OFDM 系统。

图 9.10 给出了 MIMO-OFDM 系统发端原理框图。信源产生的比特流经前向纠错编码交织后映射到数字解调器的星座图上，再进入 OFDM 编码器，首先根据导频模型插入导频符号，然后频域内的符号流经过快速傅利叶逆变换（IFFT）后变换成 OFDM 符号流。每个 OFDM 符号前加一个循环前缀（CP）以减弱信道延迟扩展的影响，每个时隙前加前缀用以定时。输出的符号流平行地传输，每一个符号流对应指定的发射天线，经 IF/RF 器件发射出去。

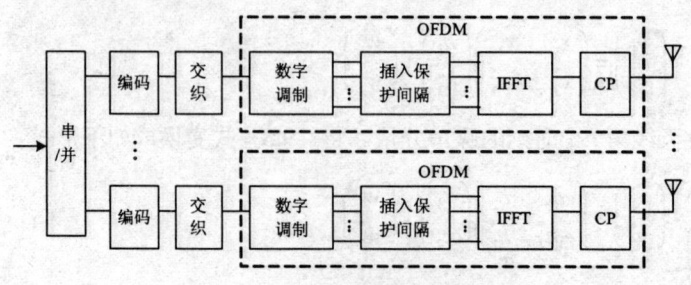

图 9.10 MIMO-OFDM 发端原理框图

MIMO-OFDM 接收端原理框图如图 9.11 所示。接收天线接收的符号流首先进行同步,包括粗略的频率同步和前缀辅助定时等,然后从接收到的符号流中提取出前缀码和循环前缀码,接下来通过 FFT 变换解调剩下的 OFDM 符号。在频域内,从解调后的 OFDM 符号中提取频率导频。然后通过精细的频率同步和定时,准确的提取出导频和数据符号。

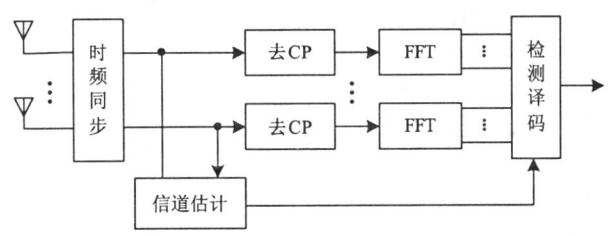

图 9.11 MIMO-OFDM 收端原理框图

9.4 分布式天线系统

9.4.1 分布式天线系统的发展过程

20 世纪 50 年代中期,人们偶然发现屏蔽不好的电缆会不断向外辐射电波,于是由此产生了 Leaky Feeder 技术。最初的分布式天线系统(DAS)就受启于 Leaky Feeder 技术,将其记作 BDAS(Bus-DAS),在 BDAS 中,多根简单的全向天线散布于各处,发送相同的信号,并将接收到的信号通过电缆传回至中央处理器,这种信号收发方式也被称为 Simulcasting。BDAS 主要用于协助覆盖无线传输环境较差的地区,例如建筑物内部、隧道内等,以对抗严重的衰落和信号衰减。但是,由于所有接入节点共用一条馈线,BDAS 不能对上行信号进行有效的分离和合并。鉴于此,星型拓扑结构的 DAS(SDAS)应运而生。在 SDAS 中各个接入节点通过彼此分离的馈线连接到基站,使许多有效的信号合并技术可以在 BS 中得以实现。

Kerpez 最早提出了使用 Simulcasting SDAS 覆盖整个蜂窝小区,构建分布式多天线接入系统的思想。仿真结果和分析结论都表明,采用分布式天线不仅能提高接收信噪比,降低发送功率,而且还减少了切换次数,从而大大改善了系统性能。但此时的分布式天线系统最主要的问题在于 Simulcasting 所带来的自干扰。实际上对于用户而言,接收多个天线发出的信号应该是对性能提高有帮助的,只是当时的分布式天线系统无法利用这一点,直到 20 世纪 90 年代,研究者把 CDMA 技术应用于分布式天线系统中,采用 RAKE 接收机区分各天线发出的信号,从而解决了 Simulcasting 技术带来的自干扰问题。

在基于 CDMA 的分布式天线系统中,发送端预先插入一定延时以保证不同天线发出的信号到达接收端时的时延差至少大于 1 个 chip 宽度,从而使得各天线信号可分。基于 CDMA 的分布式天线系统自从问世以来就引起了业界的广泛兴趣,用于室内无线数据传输的各种分布式天线系统不断面世。

为满足未来移动系统对带宽需求,其工作频点已向 2 GHz 以上的高频段发展,而运行在高频段的移动通信系统将面临一系列新的问题和挑战,其中电波传播模型的变化将严重影响移动通信蜂窝结构的设计。例如在保持同样覆盖范围的条件下，基站采用 3～6 GHz 中的工作频点时，无线电波衰减在典型情况下将比现有系统增加 15 dB 左右，这意味着同样的蜂窝结构和带宽情形下，移动终端和基站的发射功率要增大 15 dB 左右，这将使得移动通信系统的电磁兼容性和终端待机时间恶化到不可接受的程度。而采用分布式天线可以很好地解决这一问题，故进入 21 世纪后，分布式天线系统重新受到业界及学者的关注，并再次成为研究热点。

9.4.2 分布式天线系统结构及特点

由贝尔实验室提出的传统的蜂窝组网方式可以有效地解决移动通信系统出现的频谱匮乏、容量不足、服务质量差及频谱利用率低等问题。但是随着移动通信系统信息交换量的迅猛增长，这些问题又重新显现出来，并且日益尖锐。一方面，如果将小区过度分裂，用很小的蜂窝进行覆盖，会造成切换频繁，给系统带来沉重的负担；另一方面，如果小区半径太大，则每小区的吞吐量又不能满足信息吞吐量的需求。因此需要探索一种新的广义蜂窝通信网络结构，来解决这个矛盾。

此外，未来蜂窝移动通信网的网络结构设计还需要综合考虑以下因素：提高系统功率效率的多天线系统组网方式、降低系统干扰的无线资源配置方法、减少系统信令开销的切换算法以及各种宽带传输技术的合理应用等。为此，我国致力于 B3G/4G 研究的 FuTURE 计划提出了基于分布式天线技术的新一代蜂窝架构—协同分布式无线电网络，并通过技术研究验证了其合理性。

图 9.12 是协同分布式无线电蜂窝移动通信技术的原理图，图中 MT 为移动终端，GN-cell 为广义小区。与传统蜂窝系统相比，该技术具有两个显著的特点：

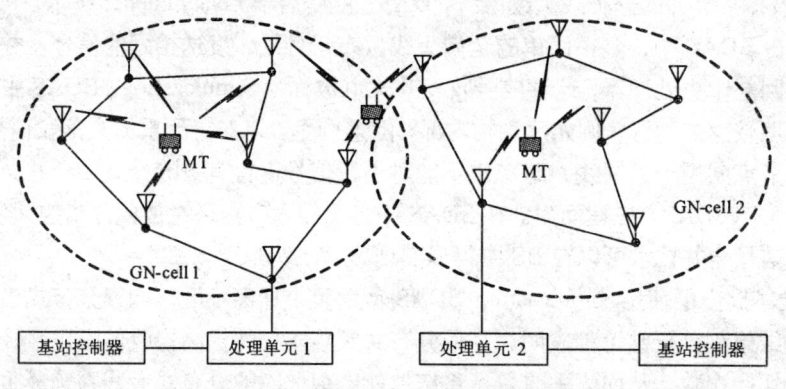

图9.12　协同分布式移动通信系统

第一，基站天线通过某种方式（如 Radio over Fiber—RoF）分散在小区内，而非集中在小区的中央，由于基站发射功率能够更加均匀地辐射到小区各个部位，从而使得基站发射功率能够得到更为有效的利用。另一方面，分布式天线的使用，使得移动终端更靠近基站天线，从而可较大程度上降低移动终端所需要的发射功率。

第二，位于小区内的分布式天线可以根据用户所处的位置，动态地构成与该用户进行通信的多天线系统，从而实现分布式多输入多输出（MIMO）通信系统，以大幅度提高通信系统的容量和频谱利用率。

协同分布式无线通信是移动通信发展的一个重要创新。使用协同分布式无线电技术的蜂窝通信系统理论上可同时解决频谱利用率和功率有效性两大问题，但也带来了一系列全新的技术难题。

首先，协同分布式无线电蜂窝通信较大程度上改变了传统的蜂窝结构配置方法，由于需要协同工作，处于不同地理位置上天线的覆盖范围必须相互深度交叠，这与传统蜂窝通信中不同地理位置上天线的覆盖交叠范围较小形成鲜明的对比。其次，天线的使用是动态的，需要根据用户所处的地理位置所确定，并需要根据用户的位置移动，不断更新进行通信的基站天线，或进行天线之间的切换。第三，分布式系统的资源调配调配更加复杂，除需要考虑时间、频率等资源的调配外，还需要考虑空间（或不同位置的天线）资源的调配。

目前，FuTURE 实验系统采用了 RoF 技术实现分布式无线系统，且通过几年来的努力已掌握了协同分布式无线系统理论建模、功率有效性与频谱有效分析、协同分布式多天线构造与选择切换技术、资源调配与复用等技术。目前分布式天线系统作为 LTE 及 LTE-Advanced 中的一种多天线接入方案，已进入了 3GPP 的标准化程序。

本章小结

本章首先介绍了 3G 存在的局限性，在此基础上给出了 4G 的定义和特点及其与 3G 的比较，接着对目前的 3G 标准（包括 3GPP 的 3G 标准和 IEEE 802 的 WiMAX）向 4G 演进的技术路线做了简要阐述。多天线技术是未来移动通信系统提高传输有效性和可靠性的后备技术，本章中主要介绍了智能天线技术的原理及其在移动通信中的应用、MIMO 技术的信息论基础、空间复用技术和空时编码的基本原理、以及 MIMO-OFDM 系统的原理。

思考练习题

9.1 3G 系统存在哪些局限性？
9.2 简述你对 4G 概念的理解，和 3G 相比，4G 具有哪些特点？
9.3 简述目前 3G 标准向 4G 演进的技术方案。
9.4 智能天线有哪些类型？简述其在移动通信中的应用情况。
9.5 MIMO 空间复用系统中的编码方式有哪几种？各有何特点？
9.6 MIMO 空时编码的基本思想是什么？
9.7 分析说明未来移动通信系统选择 MIMO-OFDM 技术的原因。
9.8 简述分布式天线系统的特点。

附录　缩略词

1G	The 1st Generation Mobile Communication Systems	第一代移动通信系统
2G	The 2nd Generation Mobile Communication Systems	第二代移动通信系统
3G	The 3rd Generation Mobile Communication Systems	第三代移动通信系统
3GPP	Third Generation Partnership Project	第三代合作伙伴计划
3GPP2	Third Generation Partnership Project-2	第三代合作伙伴计划2
4G	The 4th Generation Mobile Communication Systems	第四代移动通信系统

ACK	Acknowledge	确认
ADPCM	Adaptive Differential Pulse Code Modulation	自适应差分脉冲编码调制
ADSL	Asymmetrical Digital Subscriber Line	非对称式数字用户线路
AGCH	Access Grant Channel	接入许可信道
AI	Acquisition Indication	捕获指示
AICH	Acquisition Indication Channel	捕获指示信道
AIE	Air Interface Evolution	空中接口演进计划
AM	Acknowledge Mode	确认模式
AMC	Adaptive Modulation and Code	自适应调制编码
AMPS	Advanced Mobile Phone System	高级移动电话系统
AMR	Adaptive Multi-Rate	自适应多速率
ANSI	American National Standard Institute	美国国家标准协会
AP	Access Point	接入点
APC	Adaptive Power Control	自适应功率控制
AOA	Angle of Arrival	到达角
AoC	Advice of Charge Indication	计费信息
ARIB	Association of Radio Industry Broadcasting	无线工业广播协会
ARFCN	Absolute Radio Frequency Channel Numbers	绝对无线频道序号
ARQ	Automatic Repeat Request	自动重传请求
ASK	Amplitude Shift Keying	幅移键控
AuC	Authentication Center	鉴权中心
AWGN	Additive White Gaussian Noise	加性高斯白噪声

B

B3G	Beyond 3G	后 3G
BAIC	Barring of All Incoming Calls	所有呼入禁止
BAOC	Barring of All Outgoing Calls	所有呼叫禁止
BCCH	Broadcast Control Channel	广播控制信道
BCH	Broadcast Channel	广播信道
BER	Bit Error Rate	误比特率
BG	Border Gateway	边界网关
BGCF	Breakout Gateway Control Function	突破网关控制功能
BH	Baton Handover	接力切换
BIC-Roam	Barring of All Incoming Calls When Roaming outside the home GSM country	漫游出归属国家呼入禁止
BLAST	Bell Lab's Layered Space Time	贝尔实验室分层空时码
BLER	Block Error Rate	块错误率
BOIC	Barring of Outgoing International Calls	国际呼出禁止
BOIC-exHC	Barring of Outgoing International Calls Except those directed to the home GSM country	除拨向归属国家的国际呼出禁止
BS	Base Station	基站
BSC	Base Station Controller	基站控制器
BSIC	Base Station Identity Code	基站识别码
BSS	Base Station Subsystem	基站子系统
BSSGP	Base Station Subsystem GPRS Protocol	基站子系统 GPRS 协议
BT	3dB bandwidth-bit-duration	3dB 带宽与比特时长乘积
BTS	Base Transceiver Station	基站收发信机

C

CAMEL	Customized Application for Mobile Network Enhanced Logic	用户化应用移动网络增强逻辑
CATT	China Academy of Telecommunication Technology	中国电信科学技术研究院
CC	Country Code	国家码
CCCH	Common Control Channel	公共控制信道
CCH	Control Channel	控制信道
CCIR	Consultative Committee for International Radio communication	国际无线电通信咨询委员会
CCITT	International Telegraph and Telephone Consultative Committee	国际电话与电报顾问委员会

CCTrCH	Coded Composite Transport Channel	编码组合传输信道
CDG	CDMA Development Group	CDMA 发展组织
CDMA	Code Division Multiple Access	码分多址
CELP	Code Excited Linear Prediction	码激励线性预测编码
CFB	Call Forward on mobile subscriber Busy	移动台忙时前向呼叫
CFNRc	Call Forwarding on mobile subscriber Not Reachable	移动用户未能达到前向呼叫
CFNRy	Call Forwarding on No Reply	无应答前向呼叫
CFU	Call Forward Unconditional	前向呼叫无条件转移
CI	Code Identity	小区识别码
CID	Connection Identifier	连接标识
C/I	Carrier-to-Interference Ratio	载干比
CLIP	Calling Line Identification Presentation	主叫线号码显示
CLIR	Calling Line Identification Restriction	主叫线号码限制
CN	Core Network	核心网
CoLP	Connection Line Identification Presentation	连接线显示
CoLR	Connection Line Identification Restriction	连接线限制
CPCH	Common Packet Channel	公共分组信道
CPICH	Common Pilot Channel	公共导频信道
CRC	Cyclic Redundancy Code	循环冗余码
CT2	Cordless Telephone-2	第二代无绳电话
CS	Circuit Switch	电路交换
CS	service specific Convergence Sublayer	面向业务的汇聚子层
CPS	Common Part Sublayer	公共部分子层
CS-MGW	Circuit Switch Media Gateway	电路交换媒体网关
CSCF	Call Session Control Function	呼叫会话控制功能
CSMA/CA	Carrier Sense Multiple Access Collision Avoidance	载波侦听多址/冲突避免
CSMA/CD	Carrier Sense Multiple Access Collision Detection	载波侦听多址/冲突检测
CUG	Close User Group	闭合用户组
CW	Call Waiting	呼叫等待

D-AMPS	Digital AMPS	数字 AMPS
DAS	Distributed Antennas System	分布式天线系统
DCA	Dynamic Channel Allocation	动态信道分配
DCCH	Dedicated Control Channel	专用控制信道
DCH	Dedicated Channel	专用信道
DCS1800	Digital Communication System -1800	数字通信系统 1800

DCT	Discrete Cosine Transform	离散余弦变换
DECT	Digital European Cordless Telephone	欧洲数字无绳电话
DFE	Decision Feedback Equalizer	判决反馈均衡器
DL	Down Link	下行链路
DRM	Digital Right Management	数字权限管理
DPCCH	Dedicated Physical Control Channel	专用物理控制信道
DPCH	Dedicated Physical Channel	专用物理信道
DPDCH	Dedicated Physical Data Channel	专用物理数据信道
DRX	Discontinuous Reception	不连续接收
DS	Direct Sequence	直接序列
DS-SS	Direct-Sequence Spread-Spectrum	直接序列扩频
DSP	Digital Signal Processing	数字信号处理
DSP	Digital Signal Processor	数字信号处理器
DSCH	Downlink Share Channel	下行共享信道
DSL	Digital Subscriber Line	数字用户线
DTX	Discontinuous Transmission	不连续发射
DwPTS	Downlink Pilot Time Slot	下行导频时隙

EDGE	Enhanced Data rate for GSM Evolution	增强数据传输技术
EIA	Electronic Industry Association	电子工业协会
EIR	Equipment Identity Register	设备识别寄存器
ETSI	Europe Telecommunication Standard Institute	欧洲电信标准协会

FACCH	Fast Associated Control Channel	快速辅助控制信道
FACH	Forward Access Channel	前向接入信道
FBI	Feedback Information	反馈信息
FCC	Federal Communication Committee	联邦通信委员会（美国）
FCCH	Frequency Correction Channel	频率校正信道
FDD	Frequency Division Duplex	频分双工
FDMA	Frequency Division Multiple Access	频分多址
FEC	Forward Error Correction	前向纠错
FER	Frame Error Rate	误帧率
FH-SS	Frequency Hopping Spread Spectrum	跳频扩频
FPACH	Fast Physical Access Channel	快速物理接入信道
FPLMTS	Future Public Land Mobile Telephone System	未来公共陆地移动通信系统

GEA	GPRS Encryption Algorithm	加密算法
GEO	Geosynchronous Earth Orbit	地球同步轨道
GMSK	Gaussian Minimum Shift Keying	高斯最小移频键控
GGSN	Gateway GPRS Support Node	网关 GPRS 支持节点
GMSC	Gateway Mobile Switch Centre	网关 MSC
GoS	Grade of Service	服务等级
GP	Guard Point	保护时隙
GPRS	General Packet Radio Service	通用分组无线业务
GSM	Global System for Mobile Communications	全球移动通信系统
GSN	GPRS Support Node	GPRS 支持节点
GTP	GRPS Tunneling Protocol	GRPS 隧道协议

HARQ	Hybrid Automatic Repeat Request	混合自动重传
HIPERLAN	High Performance Radio Local Area Network	高性能无线局域网
HLR	Home Location Register	归属位置寄存器
HSCSD	High Speed Circuit Switched Date	高速电路交换数据
HSDPA	High Speed Downlink Packet Access	高速下行分组接入
HSS	Home Subscriber Server	归属用户服务器
HSUPA	High Speed Uplink Packet Access	高速上行分组接入

I

IEEE	Institute of Electrical Electronics Engineers	电气和电子工程师协会
IMEI	International Mobile Equipment Identity	国际移动设备识别码
IM-MGWI	P Multimedia-Media Gateway Function	IP 多媒体－媒体网关功能
IMS	IP Multimedia Core Network Subsystem	IP 多媒体子系统
IMSI	International Mobile Subscriber Identity	国际移动用户识别码
IMT-2000	International Mobile Telecommunication 2000	国际移动电信 2000
IMTS	Improved Mobile Telephone System	改进型移动电话系统
IP	Internet Protocol	互连网协议
IS-54	EIA Interim Standard for U.S. Digital Cellular with Analog Control Channels	美国数字蜂窝 EIA 暂行标准
IS-95	EIA Interim Standard for U.S. Code Division Multiple Access	美国码分多址 EIA 暂行标准

IS-136	EIA Interim Standard 136-USDC with Digital Control		EIA 暂行标准 136
ISDN	Integrated Service Digital Network		综合业务数字网
ISI	Inter-Symbol Interference		符号间干扰
ISM	Industrial, Scientific, and Medical		工业、科学及医学
ISO	International Organization for Standardization		国际标准化组织
ISUP	ISDN User Part		ISDN 用户部分
ITU	International Telecommunication Union		国际电信联盟
ITU-T	ITU Telecommunication Standardization Sector		国际电联电信标准化部门
ITU-R	ITU's Radio communication Sector		国际电联无线电通信部门

J

JD	Joint Detection		联合检测
JPEG	Joint Photographic Experts Group		图片专家联合小组

L

LA	Local Area		位置区域
LAC	Local Area Code		位置区号码
LAI	Local Area Identity		位置区识别码
LAN	Local Area Network		局域网
LCR	Level Cross Rate		电平通过率
LLC	Logical Link Control		逻辑链路控制
LMS	Least Mean Square		最小均方值
LOS	Line of Sight		视距
LPC	Linear Predictive Coding		线性预测编码
LS	Least Square		最小二乘法
LTE	Long Term Evolution		长期演进
LTP	Long Term Prediction		长期预测

M

MAC	Medium Access Control		媒体接入控制
MAHO	Mobile Assisted Handoff		移动台辅助切换
MAI	Multiple Access Interference		多址干扰
MAP	Maximum A Posteriori		最大后验概率
MAP	Mobile Application Part		移动应用部分

MAN	Metropolitan Area Network	城域网
MC	Multicarrier	多载波
MCC	Mobile Country Code	移动国家码
MCTD	Multiple Carrier Transmit Diversity	多载波发射分集
MGCF	Media Gateway Control Function	媒体网关控制功能
MGW	Media Gateway	媒体网关
MIMO	Multi-Input Multi-Output	多输入多输出
ML	Maximum Likelihood	最大似然
MLSE	Maximum Likelihood Sequence Estimation	最大似然序列估计
MM	Mobile Management	移动性管理
MMAC	Multimedia Mobile Access Communication	多媒体移动接入通信
MMSE	Minimum Mean-Squared Error	最小均方误差
MNC	Mobile Network Code	移动网络代码
MPEG	Moving Picture Experts Group	国际运动图像专家组
MPLP	Multi Pulse Linear Predictive	多脉冲激励线性预测
MPTY	Multiparty	多方业务
MRC	Maximum Ratio Combining	最大比合并
MRFC	Media Resource Function Controller	多媒体资源功能控制器
MRFP	Media Resource Function Processor	多媒体资源功能处理器
MS	Mobile Station	移动台
MSC	Mobile Switching Centre	移动业务交换中心
MSISDN	Mobile Subscriber ISDN	移动用户 ISDN 号
MSK	Minimum Shift Keying	最小频移键控
MSRG	Module Sequence Register	模块式移位寄存器
MSRN	Mobile Subscriber Roaming Number	移动用户漫游号码
MT	Mobile Terminal	移动终端

N

NACK	Negative Acknowledge	否定确认
NDC	Nation Destination Code	国家目的代码
NGN	Next Generation Network	下一代网络
NLOS	Non-Line of Sight	非视距
NMT-450	Nordic Mobile Telephone-450	北欧移动电话-450
NS	Network Service	网络服务
NSAPI	Network layer Service Access Point Identifier	网络层业务接入点标识
NSS	Network and Switching Subsystem	网络与交换子系统

O

OFDM	Orthogonal Frequency Division Multiplexing	正交频分复用
OFDMA	Orthogonal Frequency Division Multiplexing Access	正交频分多址
OMC	Operation and Maintenance Centre	操作与维护中心
OQPSK	Offset Quadrature Phase-Shift Keying	偏移四相相移键控
OSI	Open System Interconnect	开放系统互连
OTD	Orthogonal Transmit Diversity	正交发射分集
OVSF	Orthogonal Variable Spreading Factor	正交可变扩频因子
OMS	Operation and Maintenance Subsystem	操作与维护子系统

P

PACCH	Packet Associated Control Channel	分组随路控制信道
PACS	Personal Access Communication System	个人接入通信系统
PAGCH	Packet Access Grant Channel	分组接入许可信道
PAN	Personal Area Network	个域网
PBCCH	Packet Broadcast Control Channel	分组广播控制信道
PCCCH	Packet Common Control Channel	分组公共控制信道
PCCPCH	Primary Common Control Physical Channel	主公共控制物理信道
PCH	Paging Channel	寻呼信道
PCM	Pulse Code Modulation	脉冲编码调制
PCPCH	Physical Common Packet Channel	物理公共分组信道
PCPICH	Primary Common Pilot Channel	主公共导频信道
PCS	Personal Communication System	个人通信系统
PCU	Packet Control Unit	分组控制单元
PDC	Pacific Digital Cellular	太平洋数字蜂窝
PDCCH	Packet Dedicated Control Channel	分组专用控制信道
PDCH	Packet Data Channel	分组数据信道
PDF	Probability Density Function	概率密度函数
PDP	Packet Data Protocol	分组数据协议
PDSCH	Physical Downlink Sharing Channel	物理下行共享信道
PDTCH	Packet Data Traffic Channel	分组数据业务信道
PDU	Packet Data Unit	分组数据单元
PHS	Personal Handyphone System	个人便携电话系统
PICH	Paging Indicator Channel	寻呼指示信道
PIN	Personal Identity Number	个人身份码
PLMN	Public Land Mobile Network	公用陆地移动通信网

PMD	Physical Medium Dependence	物理媒介依赖
PN	Pseudo-noise	伪噪声
PNCH	Packet Notification Channel	分组通知信道
POC	Push to Talk Over Cellular	无线一键通
PPCH	Packet Paging Channel	分组寻呼信道
PPN	Packet Data Network	分组数据网
PRACH	Packet Random Access Channel	分组随机接入信道
PS	Packet Switching	分组交换
PSC	Primary Synchronous Code	主同步码
PSCH	Primary Synchronous Channel	主同步信道
PSD	Power Spectral Density	功率谱密度
PSK	Phase Shift Keying	相移键控
PSTN	Public Switched Telephone Network	公用交换电话网
PTCCH	Packet TA Control Channel	分组时间提前控制信道
PTM	Point To Multipoint	点对多点
PTP	Point To Point	点对点
PTT	Push To Talk	按一讲
PUSCH	Physical Uplink Sharing Channel	物理上行共享信道

Q

QAM	Quadrature Amplitude Modulation	正交振幅调制
QCELP	Qualcomm Code Excited Linear Prediction	Qualcomm 码激励线性预测
QoS	Quality of Service	服务质量
QPCH	Quick Paging Channel	快速寻呼信道
QPSK	Quadrature Phase-Shift Keying	正交相移键控

R

RA	Routing Area	路由区域
RAI	Routing Area Identity	路由区标识
RACH	Random Access Channel	随机接入信道
RAND	Random Number	随机数
RELP	Residual Excited Linear Predictor	余值激励线性预测器
RF	Radio Frequency	射频
RLC	Radio Link Control	无线链路控制
RLS	Recursion Least Square	递归最小二乘算法
RNC	Radio Network Control	无线网络控制器

RNS	Radio Network Subsystem		无线网络子系统
RPE-LTP	Regular Pulse Excitation-Long Term Prediction		规则脉冲激励长期预测
RRC	Radio Resource Control		无线资源控制
RRM	Radio Resource Management		无线资源管理
R-SGW	Roaming Signaling Gateway		漫游信令网关
RTP	Real-time Transport Protocol		实时传输协议
RTT	Radio Transmission Technology		无线传输技术

S

SA	Smart Antenna		智能天线
SACCH	Slow Associated Control Channel		慢速辅助控制信道
SAP	Service Access Point		服务接入点
SC	Selection Combining		选择式合并
SCCPCH	Secondary Common Control Physical Channel		辅助公共控制物理信道
S-CDMA	Synchronization CDMA		同步 CDMA
SCH	Synchronization Channel		同步信道
SCPICH	Secondary Common Pilot Channel		辅助公共导频信道
SDCCH	Stand-alone Dedicated Control Channel		独立专用控制信道
SDMA	Space Division Multiple Access		空分多址
SDR	Soft Defined Radio		软件无线电
SF	Spread Factor		扩频因子
SFID	Service Flow Identifier		业务流标识
SGSN	Serving GPRS Support Node		GPRS 服务支持节点
SHF	Super High Frequency		超高频
S/I	see SIR		信干比
SIM	Subscriber Identity Module		用户识别模块
SIR	Signal to Interference Ratio		信干比
SM	Session Management		会话管理
SMS	Short Message Service		短消息业务
SN	Subscriber Number		用户号码
S/N	see SNR		信噪比
SNDCP	Sub-Network Dependent Convergence Protocol		子网相关汇聚协议
SNR	Signal to Noise Ratio		信噪比
SRES	Signed Response		符号响应
SS	Spread Spectrum		扩频
SS	Security Sublayer		安全子层
SS7	Signaling System No.7		7 号信令系统

SSCH	Secondary Synchronization Channel	辅助同步信道
SSRG	Simple Sequence Register	简单式移位寄存器
STBC	Space Time Block Codes	空时分组码
STC	Space Time Coding	空时编码
STTC	Space Time Trellis Codes	空时格码
STTD	Space Time Transmit Diversity	空时发射分集
SYNC-DL	Synchronous Downlink	下行同步
SYNC-UL	Synchronous Uplink	上行同步

TACS	Total Access Communication System	全接入通信系统
TC	Transmission Convergence	传输汇聚
TCH	Traffic Channel	业务信道
TCP	Transmission Control Protocol	传输控制协议
TDD	Time Division Duplex	时分双工
TDMA	Time Division Multiple Access	时分多址
TD-SCDMA	Time Division-Synchronous Code Division	时分同步码分多址接入
TFCI	Transmit Format Combination Indicator	传输格式组合指示
MA	Multiple Access 多址	
TH-SS	Time-Hopping Spread-Spectrum	跳时扩频
TIA	Telecommunication Industry Association	电信工业协会
TMSI	Temporary Mobile Subscriber Identity	临时移动用户识别码
TPC	Transmit Power Control	发送功率控制
TrCH	Transmit Channel	传输信道
TRAU	Transcoding and Rate Adaptation	码型转换和速率适配单元
T-SGW	Transmit Signaling Gateway	传输信令网关
TTA	Telecommunications Technology Association	电信技术协会
TTC	Telecommunication Technology Commission	电信技术委员会
TTI	Transmit Time Interval	传输时间间隔

UDP	User Datagram Protocol	用户数据报协议
UE	User Equipment	用户设备
UHF	Ultra High Frequency	特高频
UL	Up Link	上行链路
UMTS	Universal Mobile Telecommunication System	通用移动通信系统

UpPTS	Uplink Pilot Time Slot	上行导频时隙
UTRA	UMTS Terrestrial Radio Access	UMTS 陆地无线接入
UTRAN	UMTS Terrestrial Radio Access Network	UMTS 陆地无线接入网
UWCC	Universal Wireless Communications Consortium	通用无线通信联盟

V

VHF	Very High Frequency	甚高频
VLR	Visit Location Register	访问位置寄存器
VSELP	Vector Sum Excited Linear Prediction	矢量和激励线性预测

W

WAN	Wide Area Network	广域网
WARC	World Administrative Radio Conference	世界无线电管理委员会
WCDMA	Wideband CDMA	宽带码分多址
Wi-Fi	Wireless Fidelity	无线保真
WiMAX	Worldwide Interoperability for Microwave Access	全球微波接入互操作性
WLAN	Wireless Local Area Network	无线局域网
WMAN	Wireless Metropolitan Area Network	无线城域网
WPAN	Wireless Personal Area Network	无线个域网
WRC	World Radio Conference	世界无线电会议

Z

ZF	Zero-forcing	迫零

参 考 文 献

[1] 吴伟陵，等. 移动通信原理. 北京：电子工业出版社，2005.

[2] 郭梯云，等. 移动通信（第三版）. 西安：西安电子科技大学出版社，2005.

[3] 张克平. LTE-B3G/4G 移动通信系统无线技术. 北京：电子工业出版社，2008.

[4] 李仲令，等. 现代无线与移动通信技术. 北京：科学出版社，2007.

[5] T. S. Rappaport. 无线通信原理与应用（第二版）. 周文安，等译. 北京：电子工业出版社，2006.

[6] J. S. Lee. CDMA 系统工程手册. 许希斌，等译. 北京：人民邮电出版社，2001.

[7] 韩斌杰. GSM 原理及其网络优化. 北京：机械工业出版社，2001.

[8] 钟章队，等. GPRS 通用分组无线业务. 北京：人民邮电出版社，2001.

[9] 钟章队，等. 铁路 GSM-R 数字移动通信系统. 北京：中国铁道出版社，2007.

[10] 韩斌杰. GPRS 原理及其网络优化. 北京：机械工业出版社，2003.

[11] 章坚武. 移动通信. 西安：西安电子科技大学出版社，2007.

[12] 常永宏. 第三代移动通信系统与技术. 北京：人民邮电出版社，2002.

[13] 彭林，等. 第三代移动通信技术. 北京：电子工业出版社，2003.

[14] 朱东照，等. TD-SCDMA 无线网络规划设计与优化. 北京：人民邮电出版社，2007.

[15] 西瑞克斯（北京）通信设备有限公司. 无线通信的 MATLAB 和 FPGA 实现. 北京：人民邮电出版社，2009.

[16] 杨家玮，等. 移动通信基础. 北京：电子工业出版社，2008.

[17] 吴彦文. 移动通信技术及应用. 北京：清华大学出版社，2009.

[18] 钟章队，等. 无线局域网. 北京：科学出版社，2003.

[19] Jim Geier. 无线局域网. 王群等译. 北京：人民邮电出版社，2001.

[20] 王琼，等. 无线局域网和 GPRS 网络的互通. 重庆邮电学院学报，2001.

[21] 郎为民，等. WiMAX 技术原理与应用. 北京：机械工业出版社，2008.

[22] Kaveh Pahlavan. 无线网络通信原理与应用. 刘剑，等译. 北京：清华大学出版社，2003.

[23] D. Tse，等著. 无线通信基础. 李锵，等译. 北京：人民邮电出版社，2007.

[24] Tarokh V et al. Space-time codes for high data rate wireless communication: performance criterion and code construction. IEEE Transactions on Information Theory, 1988, 44 (2): 744-765.

[25] Alamouti S M. A simple transmit diversity technique for wireless communications. IEEE Journal on Selected Areas in Communications, 1998, 16 (8): 1451-1458.

[26] Roh J C, Rao B D. MIMO Spatial Multiplexing Systems With Limited Feedback. IEEE Proceedings of ICC, 2005, 2: 777-782.

[27] G. J. Foschini, M. J. Gans. On limits of wireless communications in a fading environment when

using multiple antennas. Wireless personal communications, 1998, (6): 311-335.

[28] E. Telatar. Capacity of multi-antenna Gaussian channels. Eur. Trans. Telecomm. ETT, 1999, 10 (6): 585-596.

[29] Y. Kim et al. Beyond 3G: vision, requirements, and enabling technologies. IEEE Commun. Mag., 2003, 41: 120-124.

[30] X. H. You et al. Toward beyond 3G: the Fu-TURE project of China. IEEE Commun. Mag., 2005, 43: 70-75.

[31] S. D. Zhou et al. Distributed wireless communication system: a new architecture for future public wireless access. IEEE Commun. Mag., 2003, 41 (1): 108-113.

[32] K. J. Kerpez. A radio access system with distributed antennas. IEEE Trans. on Vehicular Technology, 1996, 45: 265-275.

[33] 尤肖虎, 等. 分布式无线电和蜂窝移动通信网络结构. 电子学报, 2004, 32 (S1): 16-21.

[34] 尤肖虎. FuTURE B3G 研究开发及关键技术进展. 移动通信, 2006, 30 (6): 18-22.

[35] 陈明, 等. B3G 移动通信系统的研究框架. 中兴通讯技术, 2006, 12 (2): 27-31.

[36] 李忻, 等. MIMO 无线技术的研究现状. 移动通信, 2006, (12): 85-88.

[37] 陈莉. 下一代移动通信中 MIMO-OFDM 技术的研究. 移动通信, 2005, (12): 25-28.

[38] 王怡莹, 等. MIMO 无线技术的研究现状. 中国新通信, 2006, (5): 55-58.